高等职业教育"十四五"规划教材
"双高"建设项目工作手册式教材

园林工程施工

陈 博 李 夺 主编

中国农业大学出版社
·北京·

内 容 简 介

本书根据高等职业教育培养复合型技能人才的要求，结合课程自身特点、规律，专业现行规范条文，以及园林绿化职业资格考试等相关内容，对接园林工程施工相关岗位需求进行编写。全书包括园林工程施工图识图、园林工程施工图设计和园林工程施工技术3个模块。每个模块以工作任务的形式展开阐述，工作任务均配备“思想加油站”“项目演练”和“评价总结”等实践思考性环节，帮助读者营造工作岗位情境，提升专业素养。

本书既可以作为高职园林技术、园林工程等专业教材，也可作为园林工程设计、施工、管理等人员的参考用书。

图书在版编目(CIP)数据

园林工程施工 / 陈博，李夺主编. -- 北京：中国农业大学出版社，2024.4

ISBN 978-7-5655-3145-3

Ⅰ.①园… Ⅱ.①陈… ②李… Ⅲ.①园林-工程施工 Ⅳ.①TU986.3

中国国家版本馆 CIP 数据核字(2023)第 247430 号

书　名　园林工程施工
YuanLin Gongcheng Shigong

作　者　陈　博　李　夺　主编

策划编辑　张　玉　　**责任编辑**　张　玉
封面设计　中通世奥图文设计
出版发行　中国农业大学出版社
社　址　北京市海淀区圆明园西路2号　　**邮政编码**　100193
电　话　发行部 010-62733489，1190　　读者服务部 010-62732336
编辑部 010-62732617，2618　　出　版　部 010-62733440
网　址　http://www.caupress.cn　　**E-mail**　cbsszs@cau.edu.cn
经　销　新华书店
印　刷　涿州市星河印刷有限公司
版　次　2024年4月第1版　　2024年4月第1次印刷
规　格　185 mm×260 mm　　16开本　　15.75 印张　　393 千字
定　价　55.00 元

编写人员

主　　编　陈　博（北京农业职业学院）

　　　　　李　夺（北京绿京华生态园林股份有限公司）

副 主 编　卢承志（杭州博古科技有限公司）

　　　　　肇丹丹（唐山职业技术学院）

　　　　　李玉舒（北京农业职业学院）

　　　　　杨　易（北京农业职业学院）

　　　　　汪仕洋（金华职业技术学院）

参编人员　宋　阳（北京农业职业学院）

　　　　　孙　伟（南京铁道职业技术学院）

　　　　　于　玲（北京农业职业学院）

　　　　　徐　琰（北京农业职业学院）

　　　　　孙玉楠（北京农业职业学院）

　　　　　韩雪颖（辽宁农业职业技术学院）

　　　　　康　柔（北京绿京华生态园林股份有限公司）

　　　　　姜　浩（北京农业职业学院）

主　　审　李志强（北京农业职业学院）

前　言

园林工程通常包括园林土方工程、园路与广场工程、园林景观建筑与小品工程、水景工程、假山与置石工程、绿化工程、园林给排水工程和园林供电工程。园林工程内容庞杂，每一项子工程都具有很强的专业性和实践性，园林工程人员不仅需要掌握大量的专业知识和技能，还需要及时了解国家相关标准中提出的新要求。党的二十大报告提出，教育是国之大计、党之大计。教材在教育教学中发挥着重要作用，是落实职业标准、课程教学标准的重要载体。引导学生较快、较全面地了解和掌握园林工程施工关键知识和技能，养成过硬的职业素养是本教材编写的初衷之一。

园林工程施工包含园林工程施工图设计和园林工程施工技术两方面内容，二者不可分割、相辅相成、互为促进，而工程图纸的识读是进行施工图设计和开展实地施工的前提和基础。因而，本书设置了园林工程施工图识图、园林工程施工图设计和园林工程施工技术 3 个模块，每个模块的内容相对独立和完整，又存在内在的逻辑关系，不同模块间可以自由组合，适用于园林工程施工、园林施工图设计、园林工程施工技术等不同专业课程的教学。一本教材能够通过不同模块间的组合，适应于高职院校普通高职班、“3＋2”中高职衔接班以及 7 年贯通班等不同班型相似课程的教学，是本书编写的另一个初衷。

本书在编写上有以下特色：

(1) 结构上打破传统章节排序

教材结构不再是章节排序，而是以模块和任务的形式出现。结合园林工程行业工作和技能大赛训练对象，提出 3 个模块，10 个工作任务，工作任务下设分项任务 40 个。每个模块前设置模块学习导图、模块知识链接和模块内容导入，每个工作任务后设有思想加油站、知识巩固、项目演练和评价总结，在分项任务中，按照任务描述、知识引领和任务实施的顺序编写。在写法上突出任务实践，注重直观体现。

(2) 教学资源服务于教学设计

本书以二维码的形式提供了学习所需要的辅材，包括工程项目图纸、微课动画和视频、电子课件、行业技术标准规范、训练题答案等。这些新形态立体化教学资源不是孤立出现的，而是服务于教学设计，与教学内容相匹配。比如，模块 2 任务 2.2 中，每一个分项任务配备一个相应的绘图操作视频；模块 3 中，每一个分项任务配备一个相应的施工操作动画。这些教学资源的设计力求帮助初学者降低学习门槛、扩充学习内容、提高学习兴趣，充分体现大数据时代背景下教与学的新模式。

(3) 教材内容融入思政元素

本书以专业课程内容为载体、以思政元素为底色、以党的二十大报告为指引，有机融入劳动精神、工匠精神、爱岗敬业精神、安全责任意识等育人新要求，潜移默化地引导学生树立积极向上的世界观、人生观、价值观，激发学生对本专业的热爱，实现润物细无声的育人成效。

(4)“岗课赛”融通一体化

本书以世界技能大赛园艺项目和国赛园林景观设计与施工赛项为依托，对接职业岗位能力需求，按照竞赛逻辑重新编排教材内容，将转化的大赛成果融入日常教学，实现“以赛促教、以赛促学”，推动“岗课赛”融通，有利于高技能人才培养。

本书由校企教师团队共同合作编写。北京农业职业学院陈博，北京绿京华生态园林股份有限公司李夺担任主编；杭州博古科技有限公司卢承志，唐山职业技术学院肇丹丹，北京农业职业学院李玉舒、杨易，金华职业技术学院汪仕洋担任副主编；南京铁道职业技术学院孙伟，北京农业职业学院宋阳、于玲、徐琰、孙玉楠、姜浩，北京绿京华生态园林股份有限公司康柔参与编写。具体编写分工如下：任务 1.1 由陈博编写，任务 1.2 由于玲编写，任务 2.1 由宋阳、陈博、于玲共同编写，任务 2.2 由杨易和徐琰共同编写，任务 3.1 由李玉舒编写，任务 3.2 由李玉舒、孙伟和肇丹丹共同编写，任务 3.3 由陈博、肇丹丹、孙伟共同编写，任务 3.4 由汪仕洋和陈博共同编写，任务 3.5 由肇丹丹编写，任务 3.6 由李夺编写；书中出现的模型和动画由杭州博古科技有限公司基于编写组录制的操作视频制作完成；施工图绘制视频由杨易录制；施工图纸由孙玉楠、康柔和杨易绘制；韩雪颖和姜浩负责部分图片的搜集和编辑。陈博和李夺负责大纲制订，陈博负责全书统稿。

本书编写过程中，参考和引用了许多优秀的书籍文献资料，恕未在书中一一标注，统列于书后参考文献中，以对原作者表示尊重和感谢！同时还要感谢北京市园林设计工程有限公司孟春牛、北京建祥园林绿化有限公司李志强提供部分实际工程照片以及文字资料，感谢北京农业职业学院贾玲茏、王楠楠和曹文宇同学参与施工操作视频录制。

虽然本书经各编写者通力合作完成，但因编写水平有限，书中难免有不足之处，我们诚挚地希望读者给予批评、指正。

编　者

2023 年 5 月

目　录

模块1　园林工程施工图识图

模块学习导图

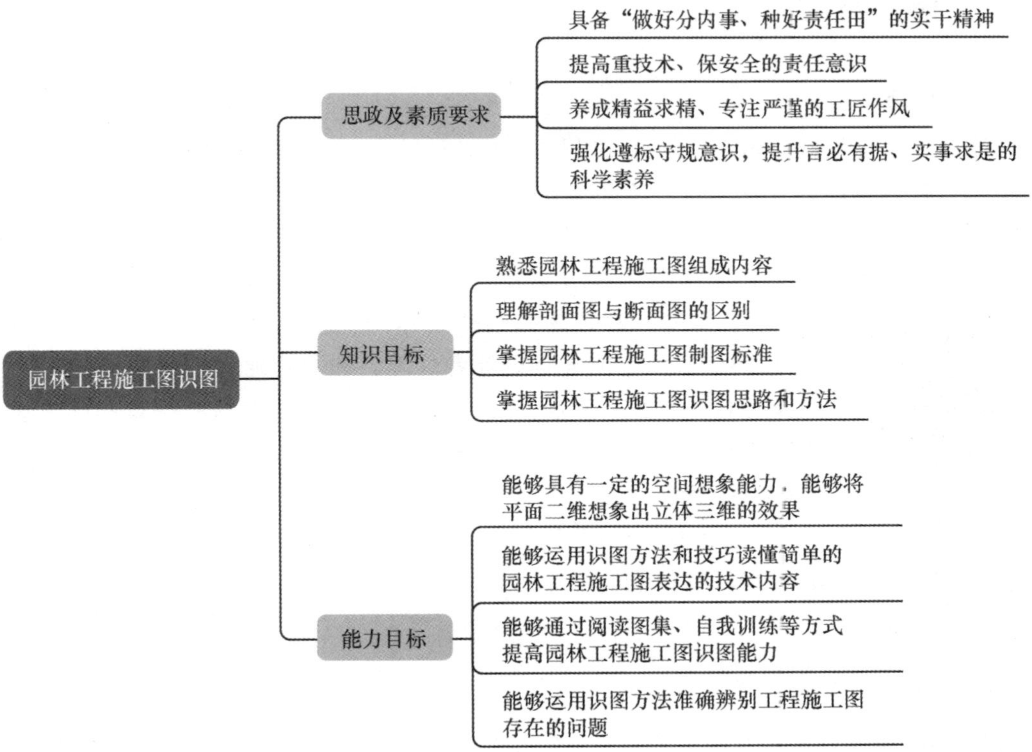

模块知识链接

(1)《公园设计规范》(GB 51192—2016)

(2)《城市绿地设计规范》(GB 50420—2016)

(3)《总图制图标准》(GB/T 50103—2010)

(4)《风景园林制图标准》(CJJ/T 67—2015)

(5)《建筑构造通用图集》[88J10—1(2005)]

二维码1　相关标准文件

模块内容导入

学生在完成园林制图专业基础课程的前提下，掌握了相关的识图基本知识，具备了一定的空间想象能力，在本模块中将继续深入学习园林工程施工图识图重点知识，掌握识图的思路、方法和技巧，夯实识图技能，提高识图水平。识图模块分为园林工程施工图认知和园林工程施工图制图标准2个任务，重点介绍施工图构成、剖面图与断面图等识图知识，图纸幅面、比例、字体、图线、图例、标注、符号等制图标准。

任务1.1 园林工程施工图认知

1.1.1 施工图构成

1.任务描述

园林景观工程设计一般分为3个阶段：方案设计阶段、初步设计阶段和施工图设计阶段。园林工程施工图是在规划设计方案确定之后，根据工程实际情况绘制的指导施工的技术性较强的图纸。园林工程施工图是园林设计人员在掌握园林艺术理论、设计原理、有关工程技术以及制图基本知识的基础上综合运用建筑、山石、水体、道路和植物等造园要素，经过艺术构思和合理布局所绘制的专业图纸；是园林工程设计人员的技术语言，它能够将设计者的理念和要求通过图纸直观、准确地表达出来。拿到一套施工图，首先需要分析施工图的目录和施工说明，明确施工图包括哪些内容，不同规模、不同复杂程度的施工图构成内容有所不同。

二维码2 试题10

任务具体说明：以2022年全国职业院校技能大赛（园艺赛项）试题10为例，分析施工图构成内容，解析施工图目录。

2.知识引领

（1）施工图设计文件内容

图纸目录：图纸目录排列在一套施工图纸的最前面，且不编入图纸的序号中，通常以列表的形式表达；图纸目录的格式依据各设计单位的格式编制，一般图纸目录由序号、图号、图纸名称、图幅、备注等内容组成；序号从“1”开始编号，直到全套施工图纸的最后一张，无空缺和重复。

不同设计单位对图号的设计不同，一般图号由图纸专业缩写编号＋本专业图纸编号组成；或者由总施缩写（ZS）或详施缩写（XS）＋本类图纸编号组成。常用的专业编号包括YS-园施（园建设计图）、JS-结施（结构设计图）、LS-绿施（植物种植设计图/软景设计图）、SS-水施（给排水设计图）、DS-电施（电气设计图）、SM-设计说明。图纸目录中的图号、图纸名称通常与其对应施工图纸中的图号、图纸名称相一致。

施工说明：按设计专业分别编写施工图说明，施工说明的内容以设计依据、工程概况及设计范围、工程技术措施为主。

设计依据包括依据性文件名称，本专业设计所依据的主要法规和主要标准，经批准的可行性研究报告，经相关政府部门批准的方案设计、初步设计审批文件，甲方相关的会议纪要，甲方提供的有关地形图及气象、地理和工程地质资料等；工程概况包括工程名称、建设地点、建设单位、建设规模，工程性质是建筑场地还是公园绿地，如果是住宅或商业绿地，园林是否建在地下车库上等；设计范围是甲乙双方合同约定的基础范围内的室外园林景观设计；技术措施要求包括对施工图中坐标系统、高程系统、尺寸单位的选择，绝对标高和相对标高释义，对通用的铺装留缝、预埋空洞尺寸的要求，通用施工工序的描述，总图和详图间如果出现细小偏差的解决办法，通用施工安装技术措施的注意事项等。

设计图纸：按设计专业分别汇编。

除此之外，施工图设计文件还包括合同要求的工程预算书。

(2)施工图设计文件要求

各专业、专项总平面图上应标注图纸比例、指北针或风玫瑰图、坐标网、图例及注释，要求应符合《风景园林制图标准》(CJJ/T 67—2015)和《总图制图标准》(GB/T 50103—2010)的规定。

经设计单位审核和加盖出图章的设计文件才能作为正式设计文件交付使用。

园林建筑的施工图设计文件应按《建筑工程设计文件编制深度规定》的要求进行编制。

(3)总图设计

①总平面布置图　一般情况下总平面布置图所表现的内容包括：规划用地的现状和范围；对原有地形、地貌的改造和新的规划(也可单独在地形图中表示)；依照比例采用图例标示出规划用地范围内各园林组成要素的位置和外轮廓线，并用文字标注各组成要素的名称；反映出规划用地范围内园林植物的种植位置(也可单独在种植图中表示)，在总体规划设计图纸中园林植物只要求分清常绿、落叶、乔木、灌木即可，不要求标示出具体的种类。

②索引图　索引图是标示总平面图中各设计要素的设计详图在本套施工图文本中所在的位置；若工程内容简单，索引图可与总平面图合并；若工程项目较大、较复杂，还应绘出分幅线进行分幅索引，也可分项目索引。

③尺寸标注图　主要标注景观中重要控制点、景观元素与已建建筑物的关系。一般来说，建筑物的施工都是在景观施工之前，所以在绘制景观尺寸标注图时，可利用已建建筑的定位和坐标点来绘制。和建筑施工图标注一样，景观尺寸标注图有3道尺寸，第一道是构筑物自身的尺寸，第二道是构筑物之间相互关系的尺寸，第三道是总的轮廓尺寸。总图的尺寸标注以能够清楚表达大的空间关系为主要目的，能够在详图里具体标注的尽量不要在总图表示。

④定位放线图　直角坐标网有建筑坐标网和测量坐标网两种标注方式。建筑坐标网是以工程范围内的某一固定点作为相对“O”点，再按一定距离画出网格，一般情况下水平方向为D轴，垂直方向为A轴，便可确定网格坐标。测量坐标网是根据造园所在地的测量基准点的坐标，确定网格的坐标，水平方向为x轴，垂直方向为y轴。定位放线图中需要标明关键点和线的坐标，比如标明自然式园路或水池中心线交点、转折点、控制点的定位坐标。

⑤竖向设计图　竖向设计图是根据总平面图及原地形图绘制的地形详图，它借助标注高程的方法表示地形在垂直方向上的变化情况，它是造园工程土方调配预算和地形改造施工的主要依据。

竖向设计图是表示园林中各个景点、各种设施及地貌等在高程上的高低变化和协调统一的图样，主要表现地形、地貌、建筑物、植物和园林道路系统等各种造园要素的高程等内容，如地形现状及设计高程，山石、道路、水体及出入口的设计高程等。

(4)种植设计

①平面图　应以总平面图和竖向平面图为依据绘制种植设计平面图；标出设计范围内拟保留的植物，如属古树名木应单独标出；分别标出不同植物类别、位置、范围；标出图中每种植物的名称和数量，一般乔木用株数表示，灌木、竹类、地被植物用株/m^2 表示，草坪用 m^2 表示；种植设计图，可根据设计需要分别绘制上木图和下木图；重点景区宜另出设计详图。

②植物材料表　植物材料表可与种植平面图合一也可单列；标出乔木的名称、规格、数量；标出灌木、竹类、地被植物、草坪等的名称、规格、数量；对有特殊要求的植物应在备注栏中加以说明；必要时，应标注植物拉丁文学名。

屋顶绿化设计应配合工程条件增加构造剖面图，标明种植土的厚度及标高，滤水层、排水层、防水层的材料及树木固定装置。

(5)水电布置图

给水排水总平面图以总平面图、竖向平面图和种植平面图为依据，包括全部给水管网及附件和配件的位置和型号、水源接入点，并注明管径、埋置深度和敷设方法。水池配管及详图包括水景喷泉配管平面及剖面图，各管段管径；泵坑位置和尺寸，设备位置；水池的补水、溢水、泄水管道标高、位置。

电气照明总平面图包括照明配电箱及路灯、庭院灯、草坪灯及其他灯具的位置；说明路灯、庭院灯、草坪灯及其他灯的控制方式及地点。配电系统图标出电源进线总设备容量、计算电流，配电箱编号、型号及容量；标明开关、熔断器、导线型号规格、保护管径和敷设方法；标明各回路用电设备名称、设备容量和相序。

3. 任务实施

通过图纸目录和施工说明等文字资料概括了解整套施工图的结构和组成内容。分析2022年全国职业院校技能大赛(园艺赛项)试题10图纸目录(图1-1-1)，可知：此套施工图包括施工说明、总图、详图、水电布置图和植物配置图。其中，总图包括总平面布置图、尺寸标注图、竖向设计图、索引平面图；详图包括黄木纹石墙、砖砌花池、钢板花圃、瓦片景墙、透水砖、小料石、火山岩、花岗岩铺装、木平台、木坐凳、绿墙和水池做法详图。

分析图纸目录内容后发现，整套施工图在A3图幅图纸上绘制，施工图景观设计包括砌筑、铺装、木作、水景和植物造景五大模块。其中，砌筑模块设计了黄木纹干垒石墙、花池和瓦片景墙的砌筑、钢板花圃的切割和组装；铺装模块设计了透水砖、花岗岩、小料石和火山岩碎拼的铺设；木作模块主要包括木平台、木坐凳和绿墙的制作；另外，植物种植设计也是重要组成内容，包括小庭院绿地植物配置、花池植物配置和绿墙植物配置；水池结合水景通过水池做法详图和水电布置图表达设计意图。

此图纸目录包括序号、图名、图纸编号、图幅和张数等内容，序号从“1”开始编号直到“15”，所以，全套施工图纸一共有15张。其中，黄木纹石墙和砖砌花池做法详图分布于一张图纸、钢板花圃和瓦片景墙做法详图分布于一张图纸、透水砖和小料石做法详图分布于一张图纸，火山岩和花岗岩铺装做法详图分布于一张图纸，其他每张图纸均为独立内容。

分析此套图纸施工说明(图1-1-2)可以看出如下重要信息：遵照本图要求进行施工(施工

目录				
序号	图名	图纸编号	画幅	张数
1	施工说明	ZS-SM	A3	1
2	总平面布置图	ZS-01	A3	1
3	尺寸标注图	ZS-02	A3	1
4	竖向设计图	ZS-03	A3	1
5	索引平面图	ZS-04	A3	1
6	水电布置图	DS-01	A3	1
7	植物配置图	LS-01	A3	1
8	黄木纹石墙、砖砌花池做法详图	XS-01	A3	1
9	钢板花圃、瓦片景墙做法详图	XS-02	A3	1
10	透水砖、小料石做法详图	XS-03	A3	1
11	火山岩、花岗岩铺装做法详图	XS-04	A3	1
12	木平台做法详图	XS-05	A3	1
13	木坐凳做法详图	XS-06	A3	1
14	绿墙做法详图	XS-07	A3	1
15	水池做法详图	XS-08	A3	1

图 1-1-1 2022 年全国职业院校技能大赛(园艺赛项)试题 10 图纸目录

依据);规定了砌筑项目、铺装项目、水池开挖和植物种植 4 部分内容的技术措施要求;安排了每天的施工任务,规定的时间段需要完成相应的施工任务。

施工说明

一、本施工图为全国职业院校技能大赛园艺赛项使用,如果和行业施工规范不一致,请遵照本图要求进行实施。

二、所有砌筑项目,基础部分均须进行开挖、夯实。石墙采用黄木纹片岩干垒,垒砌时上下不能通缝,缝隙间不可以填土或细砂,应回填块料或砾石;如果片岩尺寸较小,可分内外两片垒砌,顶层须设置不少于4块的横向连接。花池用标准砖水泥砂浆砌筑,图示尺寸为花池墙体尺寸,压顶板采用外沿悬挑2cm的方式;砂浆填缝须饱满(勾缝)。砌筑用砂浆需选手现场拌和。

三、地面铺装应在素土夯实、找平后进行块料铺装。花岗岩铺装须密缝且错缝铺设 小料石铺装须用细砂填缝,填缝须密实;小料石铺装中,边角部分二次加工须用凿子加工,严禁使用切割机切割。

四、水池开挖完成后,应先进行夯实,再用细砂找平后方可铺防水膜,最后均匀撒铺卵石进行镇压。

五、植物种植应按照"定位→挖种植穴→解除包装物(根、茎、叶、形修饰和摘除标签)→种植回填→浇水"这个基本流程进行;草坪铺设前,应对作业面进行一次夯实,避免不均匀沉降,保证坪床平整。有条件的应该均匀撒铺一层细砂后再铺设草皮卷。铺设完成后,还要进行洒水和夯实。

六、本图纸第一天须完成放线、黄木纹石墙干垒、瓦片景墙;

第二天须完成砖砌花池、木平台、钢板花圃;

第三天须完成木坐凳、绿墙、全部铺装;

第四天须完成水景、植物种植。

七、本说明未尽之处,由技术专家组最终解释。

图名	施工说明		制图	
图号	ZS-SM	园艺赛项试题	设计阶段	施工图
比例	1:30		日期	2023年1月

图 1-1-2 2022 年全国职业院校技能大赛(园艺赛项)试题 10 图纸施工说明

1.1.2 剖面图与断面图

1. 任务描述

在我们生活的三维空间里，一切形体都有长度、宽度和高度，在一个只有长度和宽度的图纸上，要想准确且全面地表达出形体的形状和大小，可以通过投影图来实现。投影图虽能清楚地表达出物体的外部形状，但内部形状却需用虚线来表示，当物体的内部形状较为复杂时，投影图中就会出现很多虚线，易造成虚、实线互相重叠或交叉，给画图、读图和标注尺寸均带来不便，也容易产生差错。为此，在制图中常采用剖面图和断面图来解决这一问题；施工图中常采用剖面图或断面图来表达景观要素内部结构，从而指导施工做法。

任务具体说明：此任务以 2022 年全国职业院校技能大赛(园艺赛项)试题 10 中砖砌花坛为例，如图 1-1-3，探究花坛剖面图和断面图表达方式的异同，根据剖切位置，绘制出相应的剖面图和断面图。

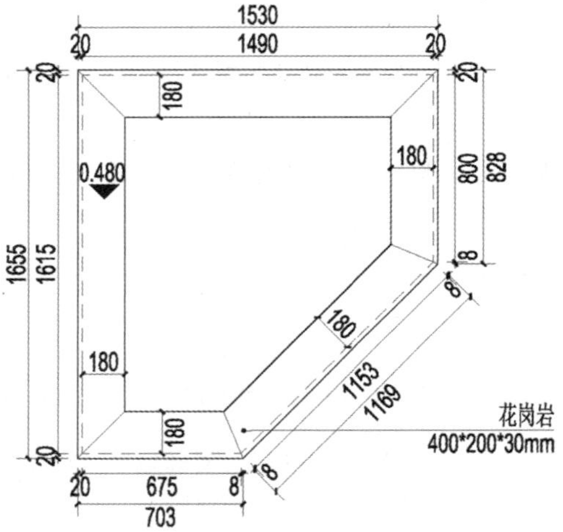

图 1-1-3 2022 年全国职业院校技能大赛(园艺赛项)试题 10 砖砌花坛平面图

2. 知识引领

(1)剖面图的形式与画法

①剖面图的形式 为了分析和表达景观要素内部结构，假想用一个平面沿其对称面剖开，这个平面称为剖切面。将处于观察者与剖切面之间的部分移去，将余下的部分向投影面投射，所得的图形称为剖面图。剖切面与物体接触部分为剖面区域，如图 1-1-4 所示。

综上所述，“剖视”的概念，可以归纳为以下三个字。

“剖”——假想用剖切面剖开物体。

“移”——将处于观察者与剖切面之间的部分移去。

“视”——将其余部分向投影面投射。

②剖面图的画法 由于剖切面是假想的，并非把形体真正剖开，只是在某一投影方向上需

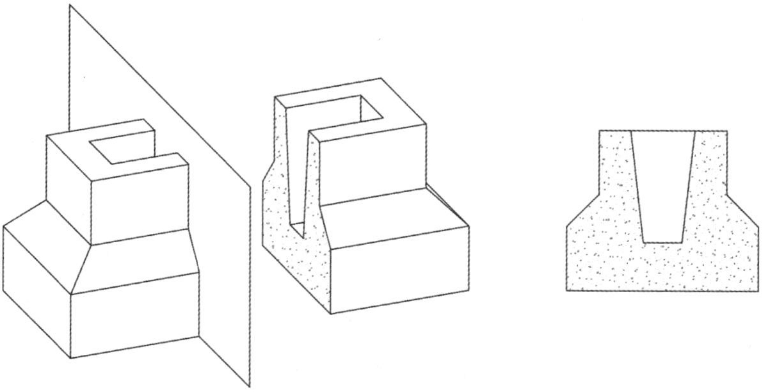

图 1-1-4　剖面图的形成

要表示内部形状时，才假想将形体剖去一部分，画出此方向的剖面图。而其他方向的投影应按完整的形体画出。

作剖面图时，剖切平面的方向一般选择与某一投影面平行，以便在剖面图中得到该部分的实形。同时，要使剖切平面尽量通过形体上的孔、洞、槽等隐蔽形体的中心线，将形体内部尽量表现清楚。

形体剖开之后，都有一个截口，即截交线围成的平面图形，称为截面。在剖面图中，规定要在断面上画出材料图例，以区别断面(剖到的部分)和非断面(看到的)部分。各种材料图例必须遵照“国标建筑材料图例”规定的画法，在被剖到的图形上画图例线。

二维码 3　图例

(2)断面图的形式与画法

①断面图的形式　当剖切面剖切物体后，只表示被剖切面剖到的部分的图形叫作断面图。

②断面图的画法　用一个剖切平面将形体剖开之后，形体上的截口，即交线所围成的平面图形，称为断面。如果只把这个断面投射到与它平行的投影面上所得的投影，表示断面的实形，则为断面图。

与剖面图一样，断面图也是用来表示形体内部形状的。以台阶的断面图和剖面图对比分析为例(图 1-1-5)，阐释断面图与剖面图的区别，并总结如表 1-1-1。

二维码 4　断面图与剖面图

3. 任务实施

分析砖砌花坛剖面图和断面图的任务可知，在绘制剖面图或断面图前，需要在花坛平面图上确定剖切位置，并绘制相应的剖切符号以表达。同理，识读剖面图或断面图需要按照平面图中标明的剖切位置和剖视方向，检核剖面图所标明的轴线号、剖切部位和内容与平面图是否一致。校对尺寸、标高是否与平面图、立面图相一致；校对剖面图中材料图例是否符合规范。

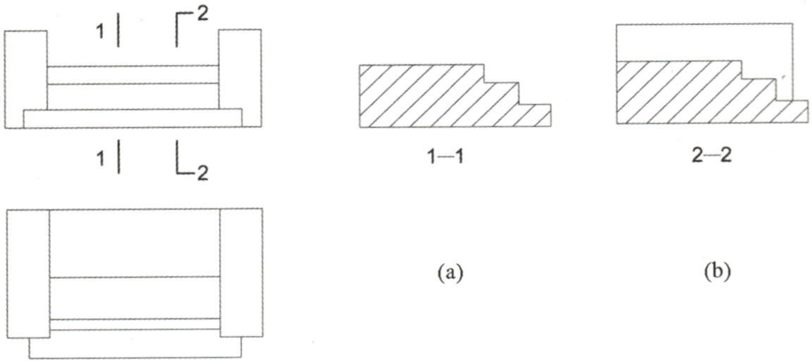

图 1-1-5　台阶的断面图(a)和剖面图(b)

表 1-1-1　剖面图与断面图的区别

序号	主要内容
1	断面图只画出形体被剖开后断面的投影，如图 1-1-5(a)所示，而剖面图要画出形体被剖开后整个剩余部分的投影，如图 1-1-5(b)所示。
2	剖面图是被剖开形体的投影，是体的投影，而断面只是一个截口的投影，是面的投影。被剖开的形体必有一个截口，所以剖面图必然包含断面图在内，而断面图虽然属于剖面图的一部分，但一般单独画出。
3	剖切符号的标注不同。断面图的剖切符号只画出剖切位置线，不画出剖切方向线，且只用编号的注写位置来表示剖切方向。
4	剖面图中的剖切平面可转折，断面图中的剖切平面不可转折。

根据图 1-1-6 中花坛平面图剖切位置和方向可知，1-1 剖面和 2-2 断面的模型如图 1-1-7(a)和图 1-1-7(b)所示。从图 1-1-7 可见，此砖砌花坛最上一层为花岗岩压顶，截面上包含左右两侧花坛壁和种植土等内容，种植土后边的花坛壁能够看到但不在截面上。基于此，绘制出砖砌花坛的剖面图和断面图(图 1-1-8、图 1-1-9)。

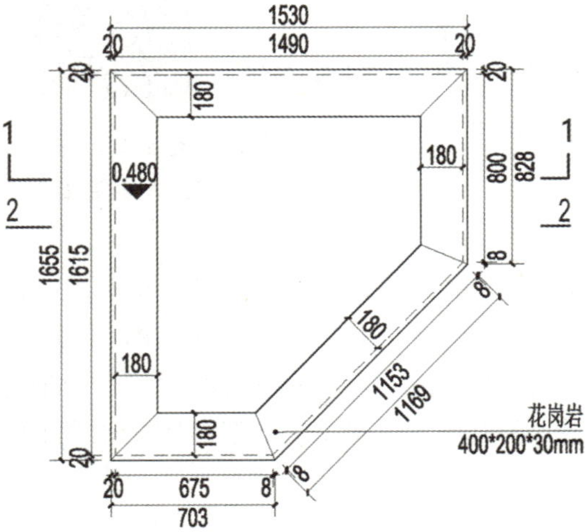

图 1-1-6　砖砌花坛平面大样图

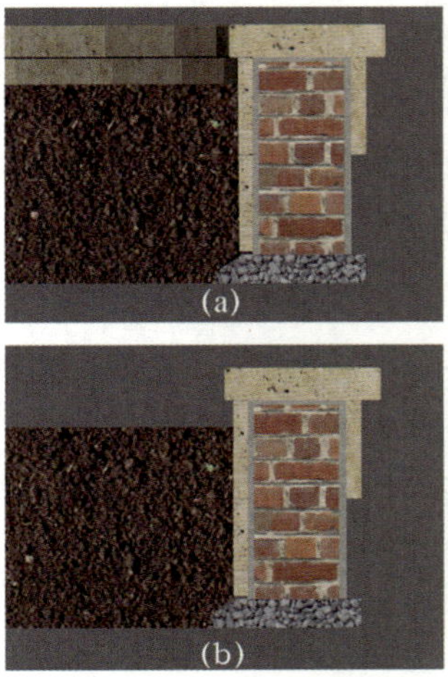

图 1-1-7　砖砌花坛剖面图(a)和断面图(b)

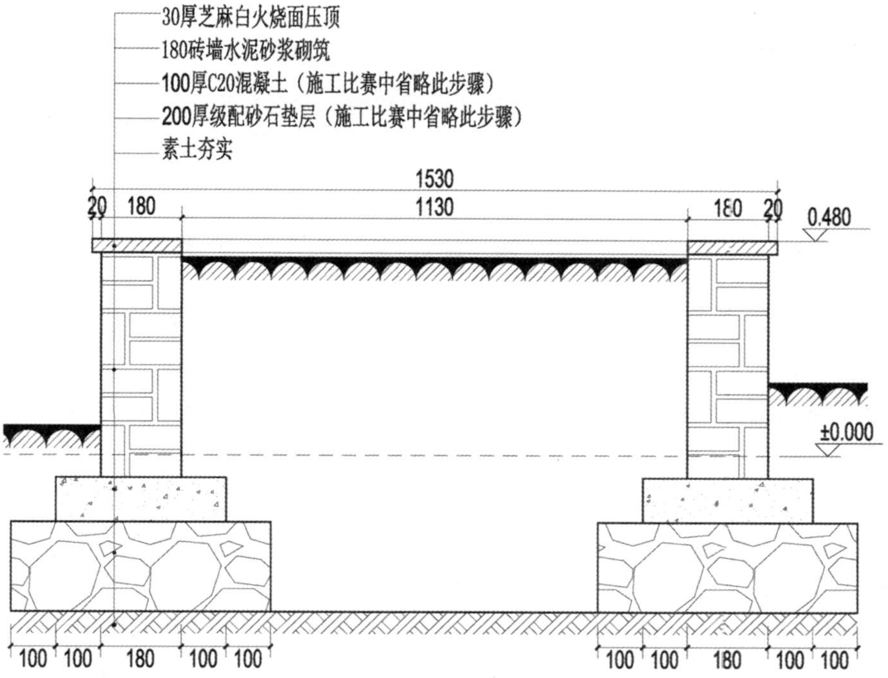

图 1-1-8　1-1　砖砌花坛的剖面图

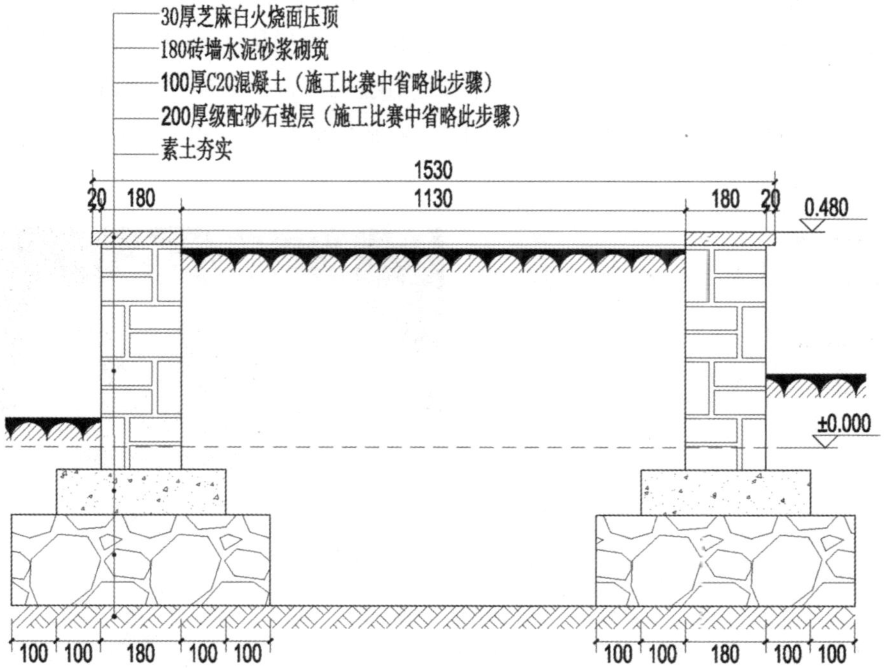

图 1-1-9　2-2　砖砌花坛的断面图

思想加油站

“伟大出自平凡，平凡造就伟大。只要有坚定的理想信念、不懈的奋斗精神，脚踏实地把每件平凡的事做好，一切平凡的人都可以获得不平凡的人生，一切平凡的工作都可以创造不平凡的成就。”

——2019 年 9 月 29 日习近平总书记在国家勋章和国家荣誉称号颁授仪式上的讲话

园林施工图是指导生产施工与管理的技术文件，是工程经济管理结算以及造价结算的依据。识读、绘制和使用施工图纸是进行园林工程建设的基础。看懂方案是施工图设计的基本要求，看懂施工图是更为基本的要求，看似容易的事情，但如果不深究，不知其然、更不知其所以然的话，则不仅仅会闹出笑话，还会影响工程效果甚至存在安全隐患。下面以一个反面案例来阐释读懂施工图的重要性。

图 1-1-10(a)为部分施工图，图 1-1-10(b)为按图施工的成品，此案例被称为史上最强按图施工。分析图 1-1-10 施工图可知，设计师设计了 4 步入户台阶，最上一步台阶较宽敞的区域为集散场地；虚线为范围线，引出线、圆圈和圆圈内的数字等组合成索引符号。以上符号和文字表达的意思为：范围线内形体的做法详图请查阅图号为 A6.10 图纸的 2 号图。反观图 1-1-10(b)施工成品不难发现，施工人员没有读懂施工图，虽然施工技术高超，但是歪曲了施工图所表达的意思，将虚线理解成删除线、引出线误解为第 5 步台阶轮廓线、索引符号错当成图案雕刻在台阶上。虽然这是一个比较极端的案例，但是能够清晰地告诫园林工程相关人员施工图的重要性和读懂施工图的必要性。园林施工图表达的不是图画而是工程，所以设计人员要科学、严谨、规范地设计和绘制施工图，施工人员须清楚、深刻、全面地读懂施工图，只有全员踏踏实实做好“分内事”，保证每个环节均可靠、可信，才能创造出高品质的园林工程作品。

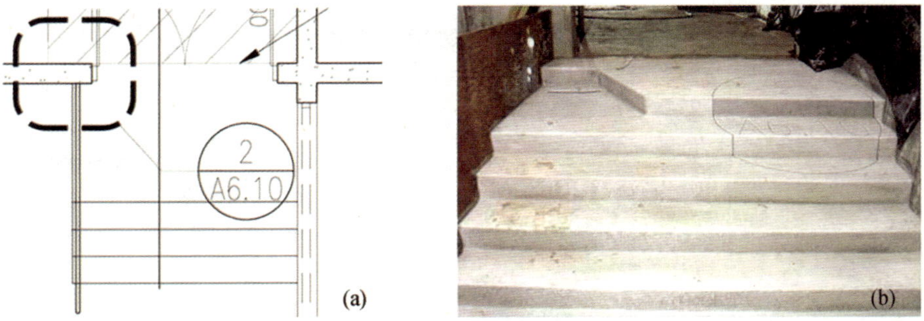

图 1-1-10　“按图施工”案例

既然了解了施工图识图的重要性，就要考虑如何提高识图的能力。在此有两点建议供参考：

第一，掌握图纸识别的总体思路。先看图名、比例、设计说明和指北针(附件)，根据图名、设计说明、指北针、比例等，了解到总体规划设计的意图和工程性质、设计范围、工程的面积和朝向等基本概况，为进一步地了解图纸做好准备；再看等高线和水位线（两线），了解地形和水体布置情况，明确全园的地形骨架；接着看图例和文字说明（主体），明确新建景物平面位置，了解总体布局情况；最后看坐标或尺寸（数据），根据坐标或尺寸查找施工放样的依据。总结起来可以归纳为 16 个字，即“先附件、后两线、看主体、究尺寸”。

第二，熟读图集以强化练习。“熟读唐诗三百首，不会作诗也会吟”，对于初学者来说，模仿训练是重要的学习方法。运用图纸识别方法分析图集内容，一方面加深对施工图纸构成内容和表达含义的认知，另一方面了解施工图纸规范表达的方法。推荐参考《建筑构造通用图集》[88J10—1(2005)]。

知识巩固

一、选择题

1. 当剖切面剖切物体后，只表示被剖切面剖到的部分的图形叫作（　　）。

A. 剖面图　　B. 断面图　　C. 截面图　　D. 立面图

2. 和建筑施工图标注一样，景观尺寸标注图有（　　）道尺寸。

A. 1　　B. 2　　C. 3　　D. 4

3. 直角坐标网有建筑坐标网和（　　）两种标注方式。

A. 地理坐标网　　B. 方格坐标网　　C. 大地坐标网　　D. 测量坐标网

二、判断题

1. 图纸目录排列在一套施工图纸的最前面，且编入图纸的序号中。（　　）

2. 植物材料表不可与种植平面图合一，只能单列，标出乔木的名称、规格、数量。（　　）

3. 竖向设计图是根据总平面图及原地形图绘制的地形详图，它借助标注高程的方法表示地形在垂直方向上的变化情况，它是造园工程土方调配预算和地形改造施工的主要依据。（　　）

三、简答题

1. 一整套小庭院园林施工图包括哪些组成内容？

2. 剖面图与断面图的区别有哪些？

3. 某校区绿地为 300 m×100 m，如果采用 1∶500 的比例绘图，应该用多大的图纸？

项目演练

小组合作完成 5 m×6 m 小庭院“藏青园”施工图识图任务（施工图见二维码 5），基本要求见表 1-1-2 所列。

二维码 5　藏青园施工图

表 1-1-2　基本要求

类型	时长	训练内容	考评点
4 人小组合作	1.5 h	解析施工图目录	施工图构成内容和施工图目录规范表达
		分析施工说明	施工说明包含的内容概述
		提炼尺寸标注重要数据	铺装、花池、景墙、木平台长宽尺寸
		提炼竖向设计重要数据，并转化为施工数据	铺装、花池、景墙、水池、木平台标高和水平尺标高读数
		阐释剖面图或断面图表达的内容	施工材料、尺寸、结构层、每层结构的做法

实践过程记录

评价总结

请结合本项目识图部分的学习过程完成学习评价，并自主从知识重难点、技能核心点、自我感受等方面进行梳理和总结，并记录在表 1-1-3 评价总结表中。

表 1-1-3　项目评价总结

序号	评价任务	评价标准		满分	评价		综合评价
		评分项	评价描述		自评 40%	师评 60%	
1	解析施工图目录	列出的施工图构成内容是否齐全	内容齐全 3 分；50%以上内容 2 分；不足 50% 的 0 分	3			
		评判施工图目录表达是否准确(是/否)	序号、图号、图名、图幅等内容表达情况	3			
2	分析施工说明	概述施工说明包含的内容	全面、准确地列举施工说明所表达的重要信息	3			
		总结施工说明对施工的指导作用	清晰、明了地阐释施工说明对施工的指导作用	2			
3	提炼尺寸标注数据	列出各要素长宽尺寸	铺装长宽、花池边长、景墙长宽、木平台边长	4			
4	提炼竖向设计数据	列出各要素标高数据	铺装标高、花池标高、景墙标高、水池池底标高、木平台标高	5			
5	转化竖向设计数据	计算各要素施工时标高读数	铺装标高读数、花池标高读数、景墙标高读数、水池池底标高读数、木平台标高读数	10			
6	阐释剖面图或者断面图	剖析铺装剖面图或断面图表达的内容	施工材料、尺寸、结构层、每层结构的做法是否阐述清楚	4			
		剖析花池剖面图或断面图表达的内容	施工材料、尺寸、结构层、每层结构的做法是否阐述清楚	4			
		剖析景墙剖面图或断面图表达的内容	施工材料、尺寸、结构层、每层结构的做法是否阐述清楚	4			
		剖析水池剖面图或断面图表达的内容	施工材料、尺寸、结构层、每层结构的做法是否阐述清楚	4			
		剖析木平台剖面图或断面图表达的内容	施工材料、尺寸、结构层、每层结构的做法是否阐述清楚	4			
	合计			50			

任务 1.2　施工图制图标准

1.2.1　图纸幅面

1. 任务描述

园林工程施工图应根据相关法律、法规、规范的要求进行绘制。本单元根据园林工程施工图设计的特点，以《风景园林制图标准》(CJJ/T 67—2015)、《房屋建筑制图统一标准》(GB/T 50001—2017)等设计规范为依据，选取部分适合园林工程施工的图纸幅面制图标准，供读者参考学习。

任务具体说明：

按照施工图制图标准，对图 1-2-1 所示图纸幅面找茬改错。

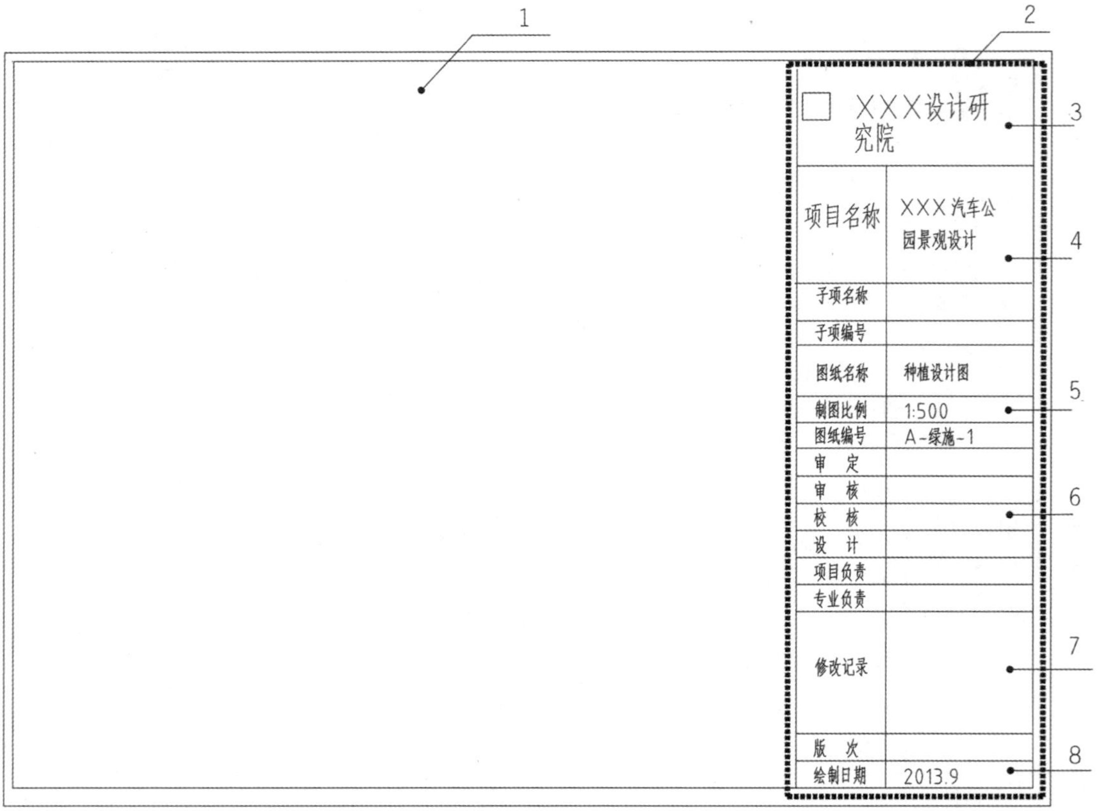

图 1-2-1　图纸幅面找茬改错

2. 知识引领

(1)图纸幅面

图纸幅面又称图幅，是宽度与长度组成的图纸图面(图 1-2-2)。具体分为 0 号(A0)、1 号(A1)、2 号(A2)、3 号(A3)、4 号(A4)图幅。图纸封面应包含项目名称、设计阶段、设计出图单位、出图时间及出图版本。图幅具体图框尺寸应符合表 1-2-1 规定。

表 1-2-1　图纸幅面和图框尺寸　　mm

图纸幅面	0 号图幅 (A0)	1 号图幅 (A1)	2 号图幅 (A2)	3 号图幅 (A3)	4 号图幅 (A4)
宽度 b ×长度 l	841×1189	594×841	420×594	297×420	210×297
图框边的宽度 c	10	10	10	5	5
装订边的宽度 a	25	25	25	25	25

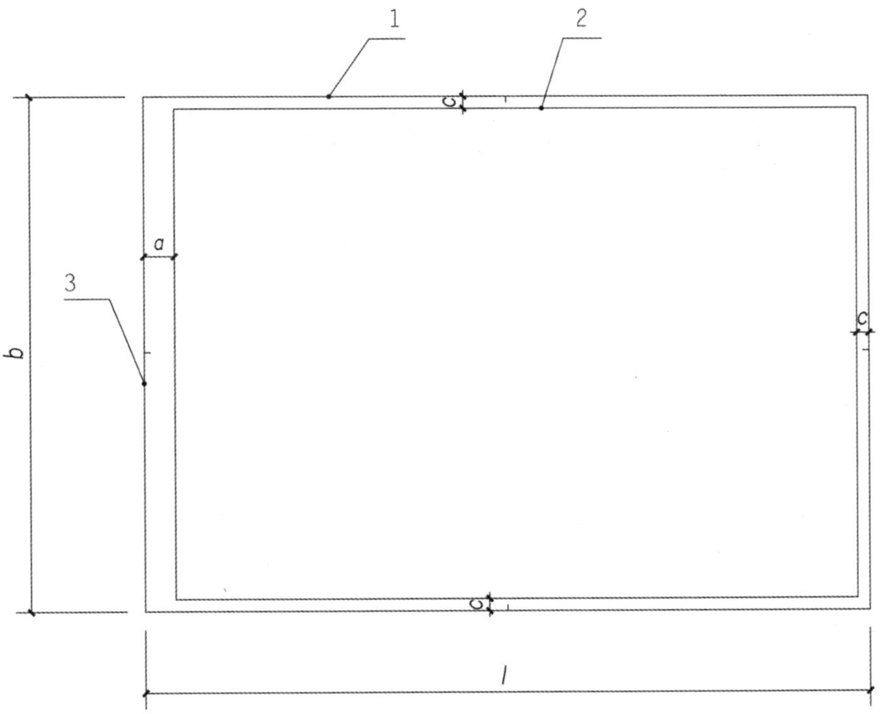

图 1-2-2　图纸图幅和图框尺寸示意图

b—图幅短边的尺寸；l—图幅长边的尺寸；c—图幅线与图框边的宽度；a—图幅线与装订边的宽度；1—图幅线；2—图框边线；3—装订边

(2)标题栏

施工图设计图纸标题栏分为右侧标题栏或下侧标题栏两种形式。标题栏应注明设计单位及资质等级、项目名称、项目编号、工作阶段、图纸名称、图纸编号、图纸比例、项目负责人、修改记录、编绘日期等内容。标题栏与图框线距离为 40～70 mm，见图 1-2-3 和图 1-2-4 所示。

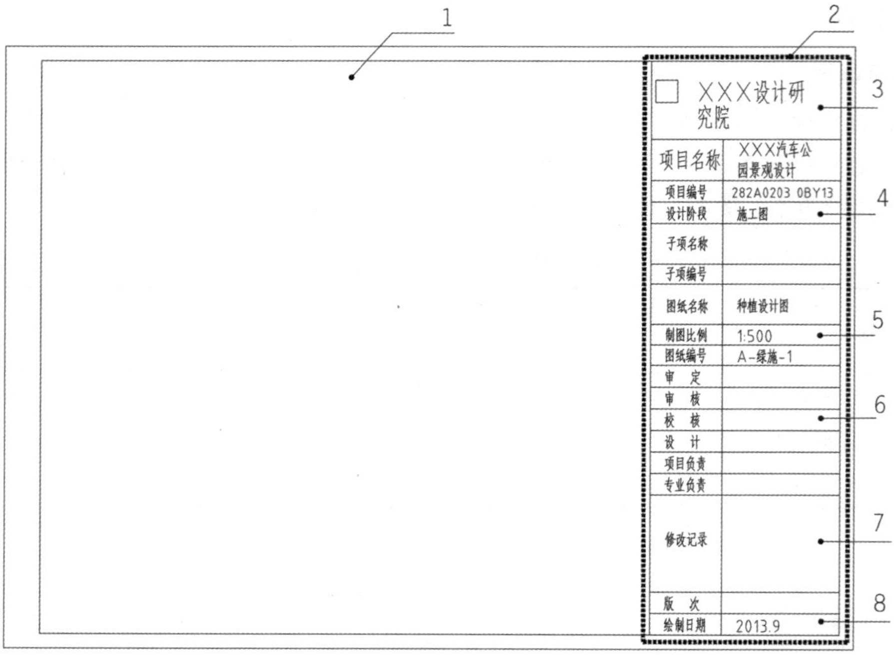

图 1-2-3　右侧标题栏示意图

（应注明设计单位及资质等级、项目名称、项目编号、工作阶段、图纸名称、图纸编号、图纸比例、项目负责人、修改记录、编绘日期等内容）

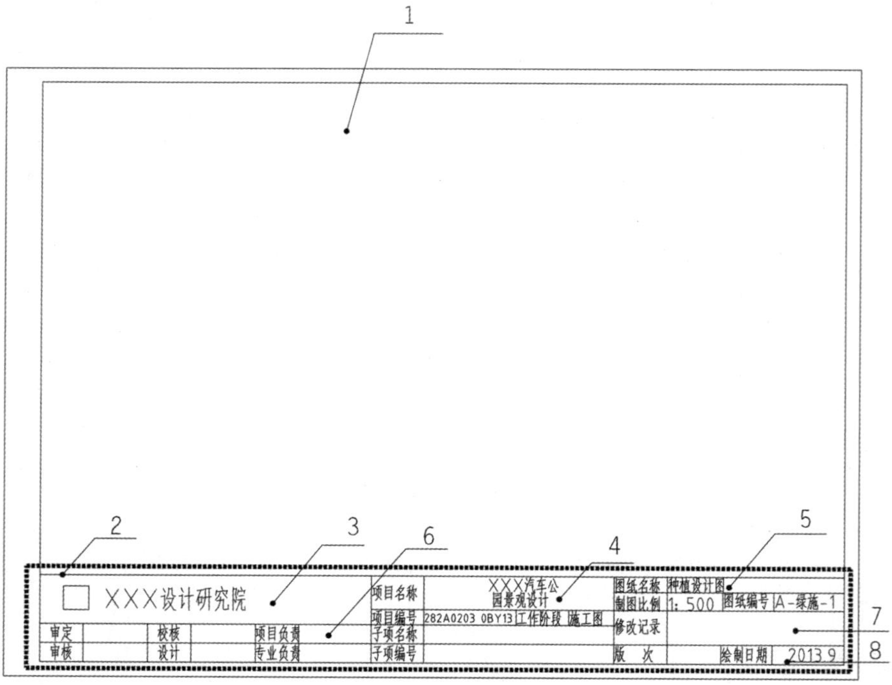

图 1-2-4　下侧标题栏示意图

（应注明设计单位及资质等级、项目名称、项目编号、工作阶段、图纸名称、图纸编号、图纸比例、项目负责人、修改记录、编绘日期等内容）

(3)会签栏

会签栏是工程图纸上由会签人员填写所代表的有关专业、姓名、日期等的表格，通常位于图框左上角，如图 1-2-5 所示。

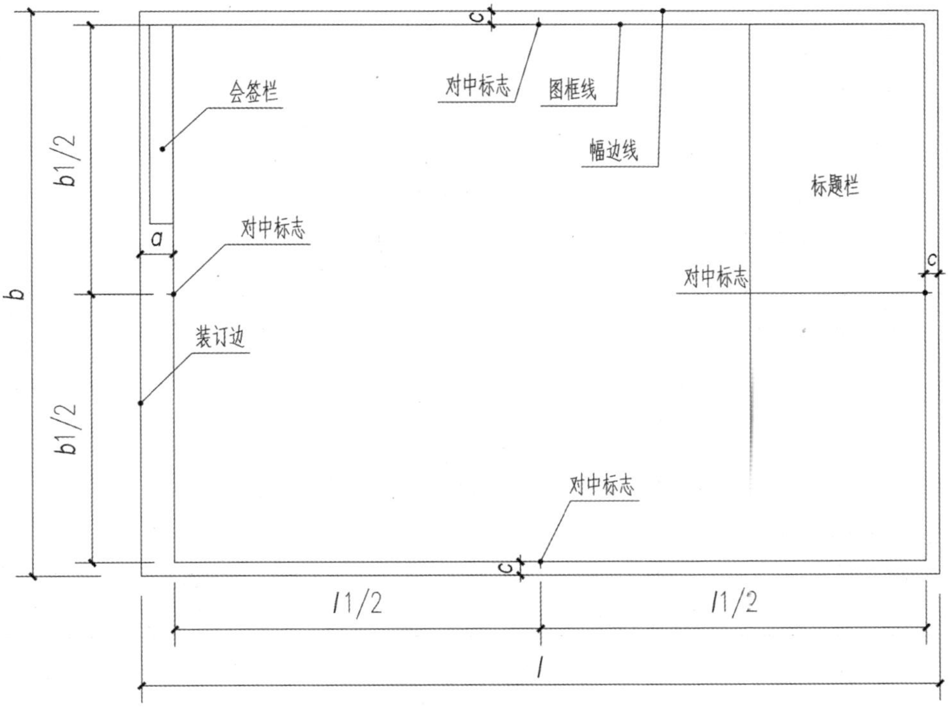

图 1-2-5　会签栏示意图

(4)需要注意的问题

施工图设计制图中，当按照规定的图纸比例一张图幅放不下时，应增绘分区(分幅)图，并应在其分图右上角绘制索引标示。图纸编排顺序应为封面、目录、设计说明和设计图纸。

3. 任务实施

按照施工图制图标准，图 1-2-1 图纸幅面存在问题：

A3 图纸中，图幅线与图框边线距离 c 与图框边线与装订边宽度 a 都是 5 mm，不符合要求。标题栏缺少项目编号、设计阶段等内容。

答案：A3 图纸中，图幅线与图框边线距离 c 应为 25 mm。图框边线与装订边的宽度 a 应为 5 mm。标题栏应包括项目编号、设计阶段等内容，见图 1-2-3。

1.2.2　比例

1. 任务描述

任务具体说明：按照施工图制图标准，对下面的图 1-2-6 图纸比例找茬改错。

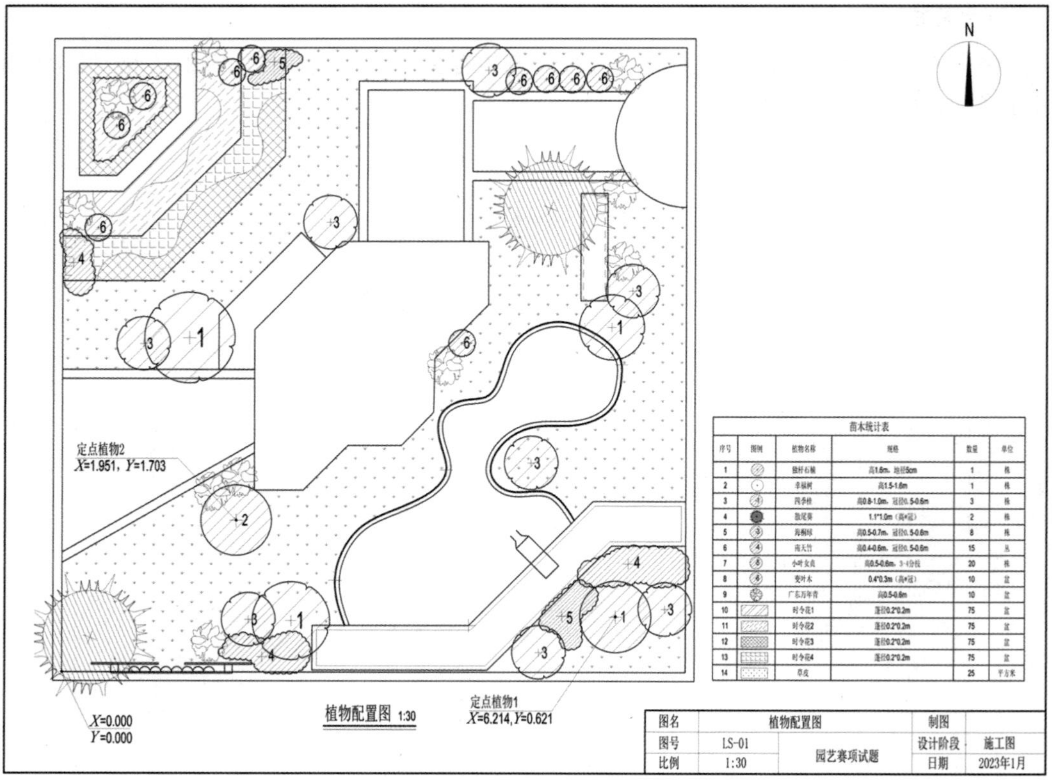

图 1-2-6　图纸比例找茬改错

2. 知识引领

图 1-2-7　比例的注写

(1)比例是指图中图形与实物相应要素的线性尺寸之比。

(2)比例的符号应以"："表示，宜注写在图名右侧，字的基准线应取水平；字高比图名字高小一号或二号。见图 1-2-7。

(3)园林工程施工图设计图纸常用比例见表 1-2-2。

表 1-2-2　园林工程施工图设计图纸常用比例

图纸类型	施工图设计图纸常用比例
总平面图(索引图)	1：200，1：500，1：1 000
分区(分幅)图	可无比例
放线图、竖向设计图	1：200，1：500
种植设计图	1：200，1：500
园路铺装及部分详图索引平面图	1：100，1：200
园林设备、电气平面图	1：200，1：500
建筑、构筑物、山石、园林小品设计图	1：50，1：100
做法详图	1：5，1：10，1：20

(4)一般情况下,一个图样应选用一种比例。若专业制图需要,同一图样也可选用两种比例。

3. 任务实施

按照施工图制图标准,图 1-2-6 比例存在问题:比例的字高和图名字高一样大,详图比例 1∶5,图太大放不下。

答案:比例的字高比图名字高应该小一号或二号,详图比例应该用 1∶15,1∶20,1∶30。见图 1-2-8。

1.2.3　字体

1. 任务描述

任务具体说明:按照施工图制图标准,对图 1-2-9 图纸字体找茬改错。

2. 知识引领

(1)基本要求:图纸上所需书写的文字、数字或符号等,均应笔画清楚、字体端正、排列整齐、间隔均匀;标点符号应准确清楚。

(2)汉字字体:汉字宜采用长仿宋体,字体高度应不小于 3.5 mm,选用 3.5、5、7、10、14、20 mm。其字高、字宽要求见表 1-2-3。

表 1-2-3　长仿宋体字高、字宽要求　　mm

名称	字体尺寸					
字高	20	14	10	7	5	3.5
字宽	14	10	7	5	3.5	2.5

(3)数字字母:阿拉伯数字、罗马数字、拉丁字母字高不应小于 2.5 mm,写成直体或斜体,斜体斜度应从字底线逆时针向上倾斜 75°。

(4)数量的数值注写:宜采用直体阿拉伯数字;分数、百分数和比例数注写,应采用阿拉伯数字和数学符号,如:3/4、25%和 1∶20。

3. 任务实施

按照施工图制图标准,图 1-2-9 字体存在问题:字体不对,文字大小不统一,透水砖平面大样图标题字体过小,且文字字高、字宽关系不符合要求。

答案:汉字宜采用长仿宋体,字宽是字高的 0.7 倍,字体高度应不小于 3.5 mm,选用 3.5、5、7、10、14、20 mm。见图 1-2-10。

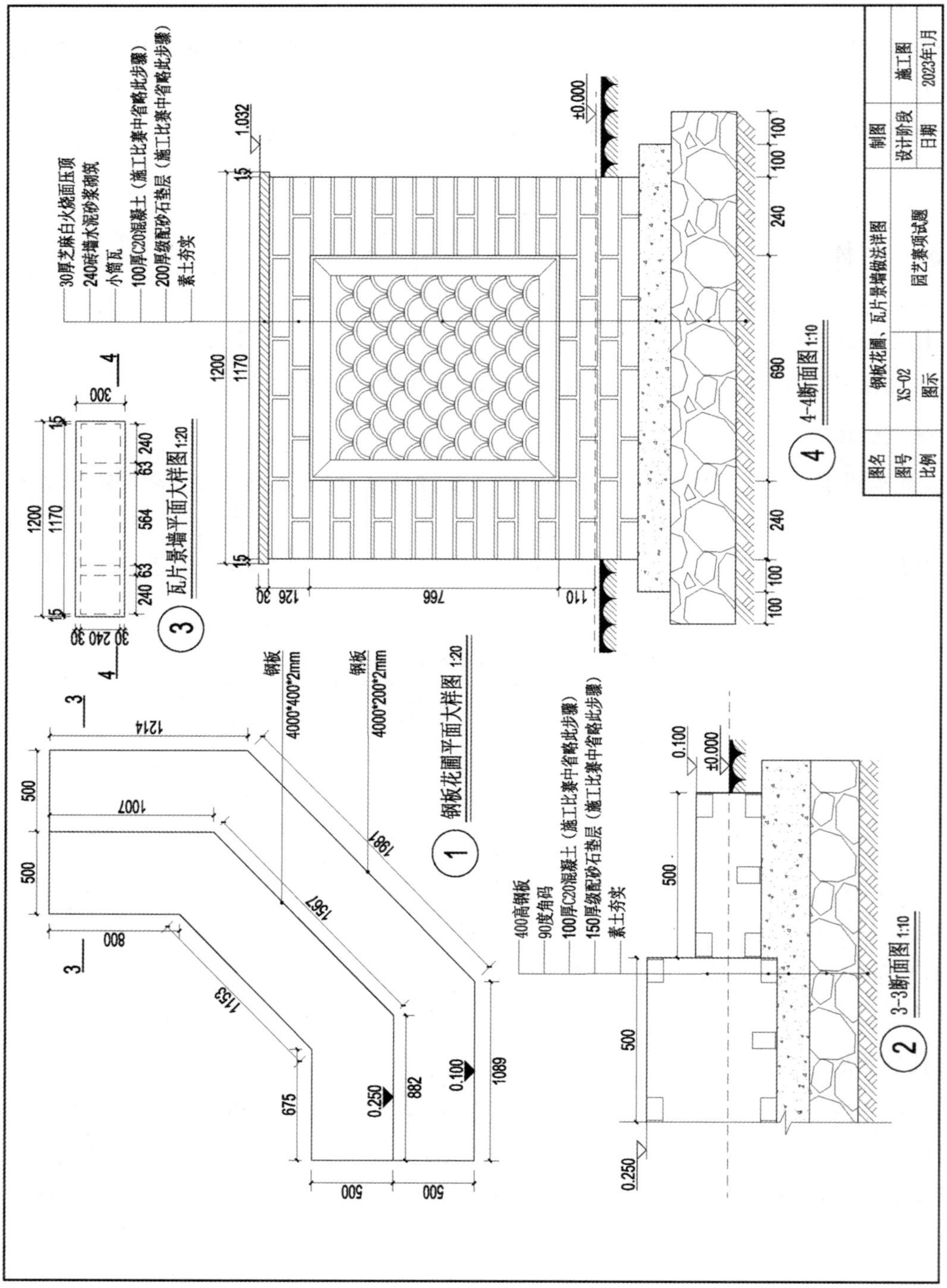

图1-2-8 图纸比例找茬改错正确参考图

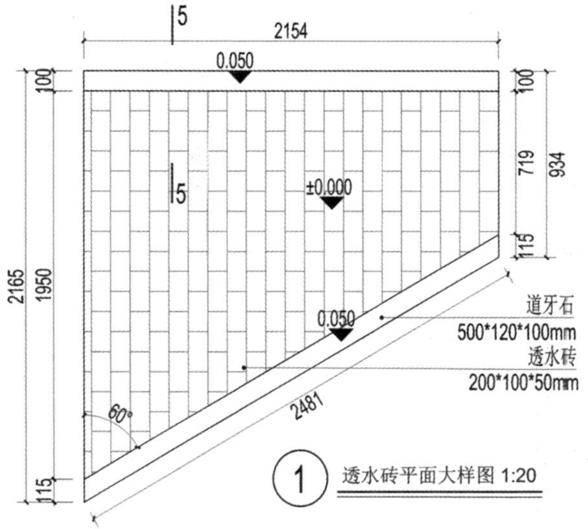

图 1-2-9　图纸字体找茬改错

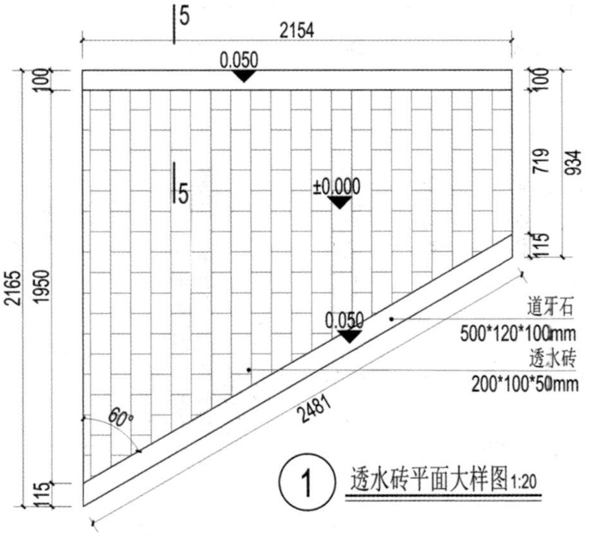

图 1-2-10　图纸字体找茬改错正确参考图

1.2.4　图线

1. 任务描述

任务具体说明：按照施工图制图标准，对图 1-2-11 图纸图线找茬改错。

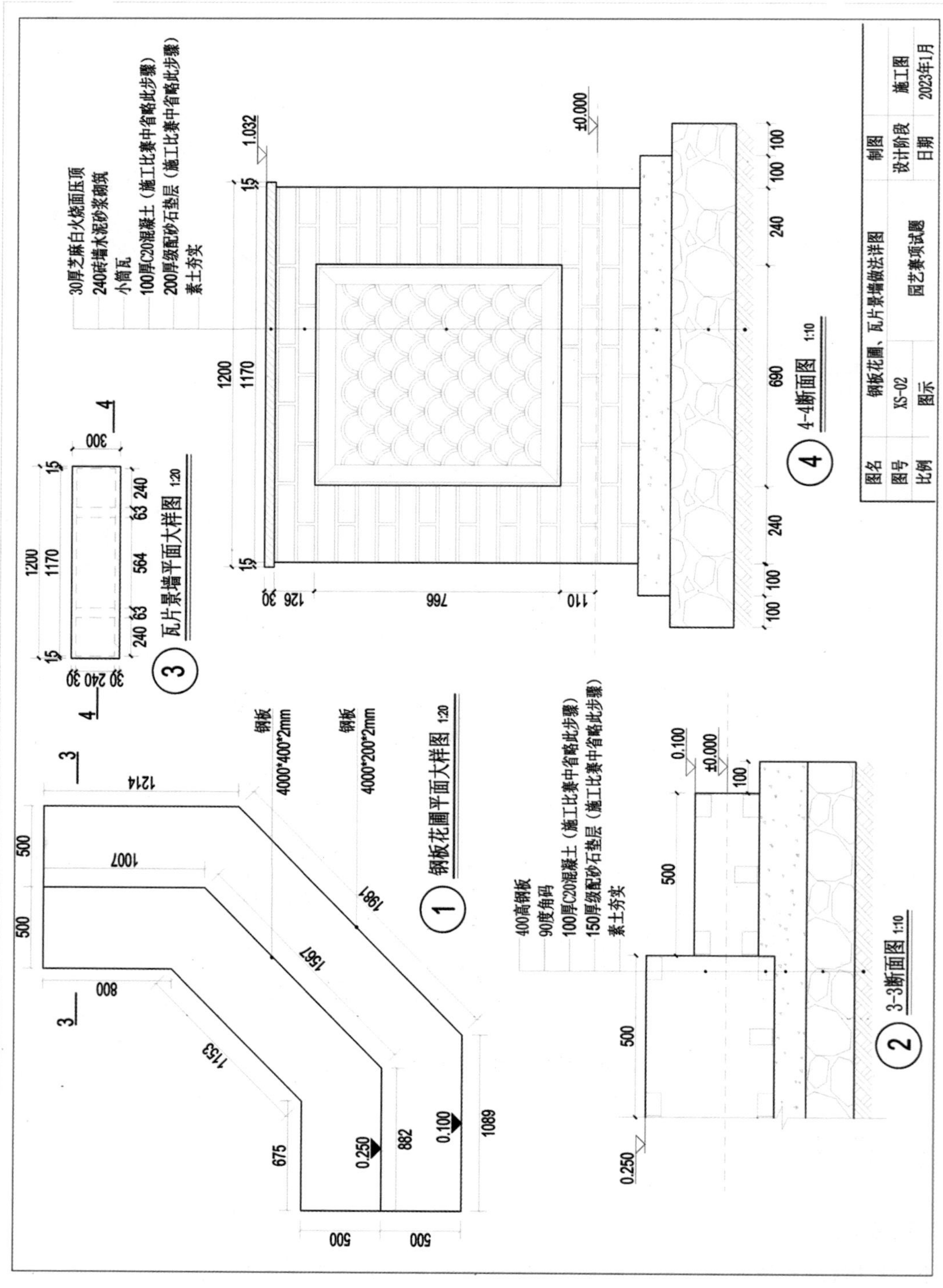

图1-2-11　图纸图线找茬改错

2. 知识引领

(1)图线指图纸上的所有线条。施工图设计图样应先根据图线复杂程度及比例关系,选定基本线宽 b。常见图线线宽如表 1-2-4 所示。

表 1-2-4　图线线宽组

线宽比	线宽组			
b	1.4	1.0	0.7	0.5
$0.7b$	1.0	0.7	0.5	0.35
$0.5b$	0.7	0.5	0.35	0.25
$0.25b$	0.35	0.25	0.18	0.13

注:需要缩小打印图纸,不适宜采用 0.18 及更细的线宽;同一张图纸内容,各个不同线宽中的细线,可统一采用较细线宽组的细线。

二维码 6　风景园林制图标准

图纸线型、线宽及用途应符合《风景园林制图标准》(CJJ/T 67—2015)中表 4-3-1 的规定,标准见二维码 6。

(2)同一张图纸,相同比例的图样选用相同的线宽粗。

(3)图纸的图框线、标题栏线、对中标志线宽表 1-2-5 所示。

表 1-2-5　图框线宽、标题栏线宽和对中标志线宽

幅面代号	图框线宽	标题栏外框线宽、对中标志线宽	标题栏分隔线宽
A0、A1	b	$0.7b$	$0.35b$
A2、A3、A4	b	$0.5b$	$0.25b$

(4)线型注意事项:虚线、单点画线、双点画线的实线段长度和间隔要相等;相互平行的图线,间隙不小于粗实线的宽度,且不小于 0.7 mm;单点划线或双点划线,当在较小图形中绘制有困难时,可用实线代替;单点划线或双点划线两端,不应是点;点划线与点划线交接或与其他图线交接时,应是线段交接;虚线与虚线交接或与其他图线交接时,应是线段交接;虚线为实线的延长线时,不得与实线连接;图线不得与文字、数字或符号重叠、混淆,不可避免时,应先保证文字清晰。

3. 任务实施

按照施工图制图标准,图 1-2-11 图线存在问题:图框线线型是细实线 $0.25b$。钢板花圃平面大样图的尺寸起止符号是细实线。

答案:图框线线型应为粗实线 b。尺寸起止符号应为中粗实线 $0.5b$。见图 1-2-12。

1.2.5　图例

1. 任务描述

子任务 1,按照施工图制图标准,对图 1-2-13 图纸图例找茬改错。

子任务 2,按照施工图制图标准,对图 1-2-14 图纸图例找茬改错。

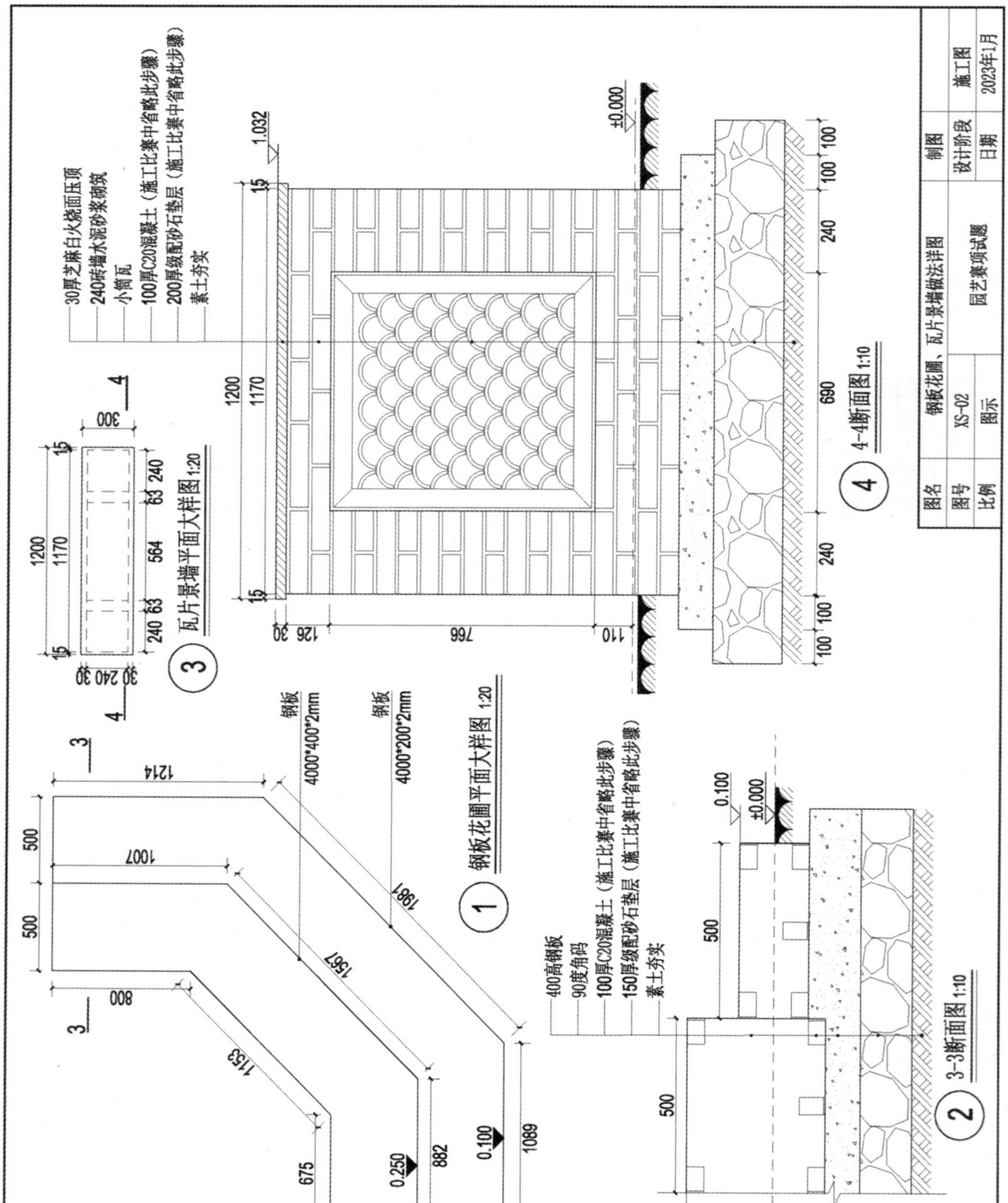

图1-2-12　图纸图线找茬改错正确参考图

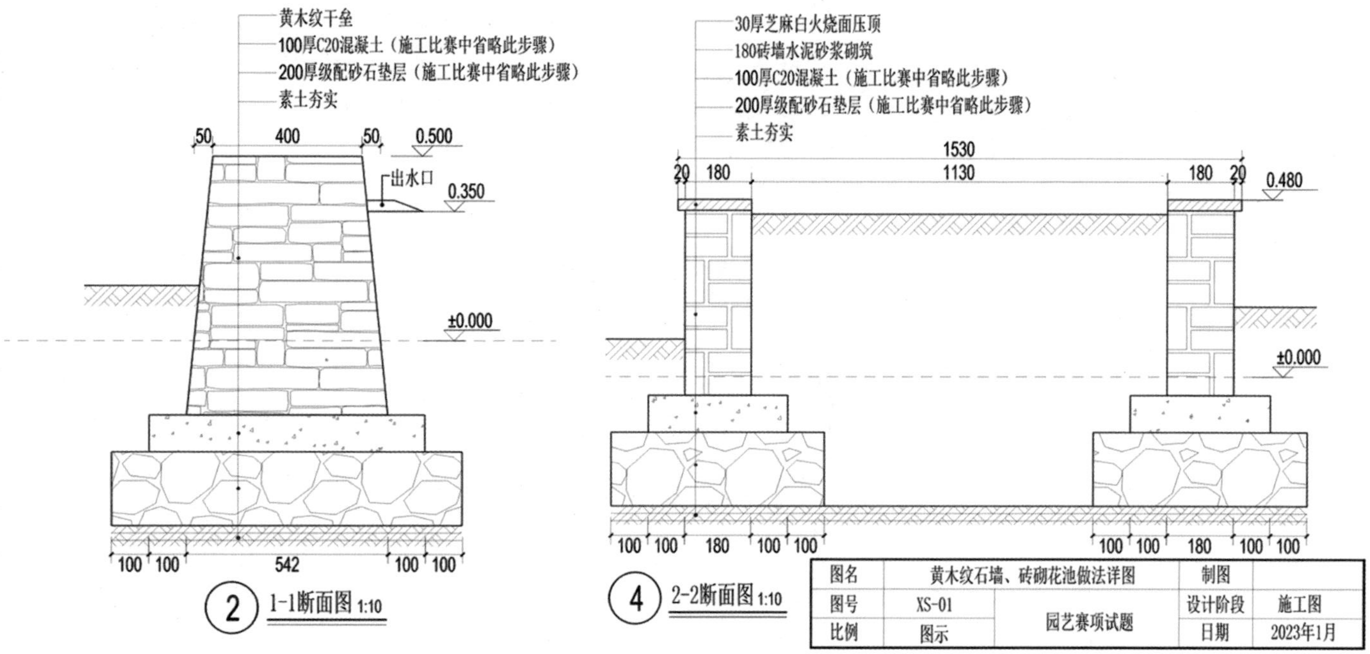

图1-2-13 图纸图例找茬改错(子任务1)

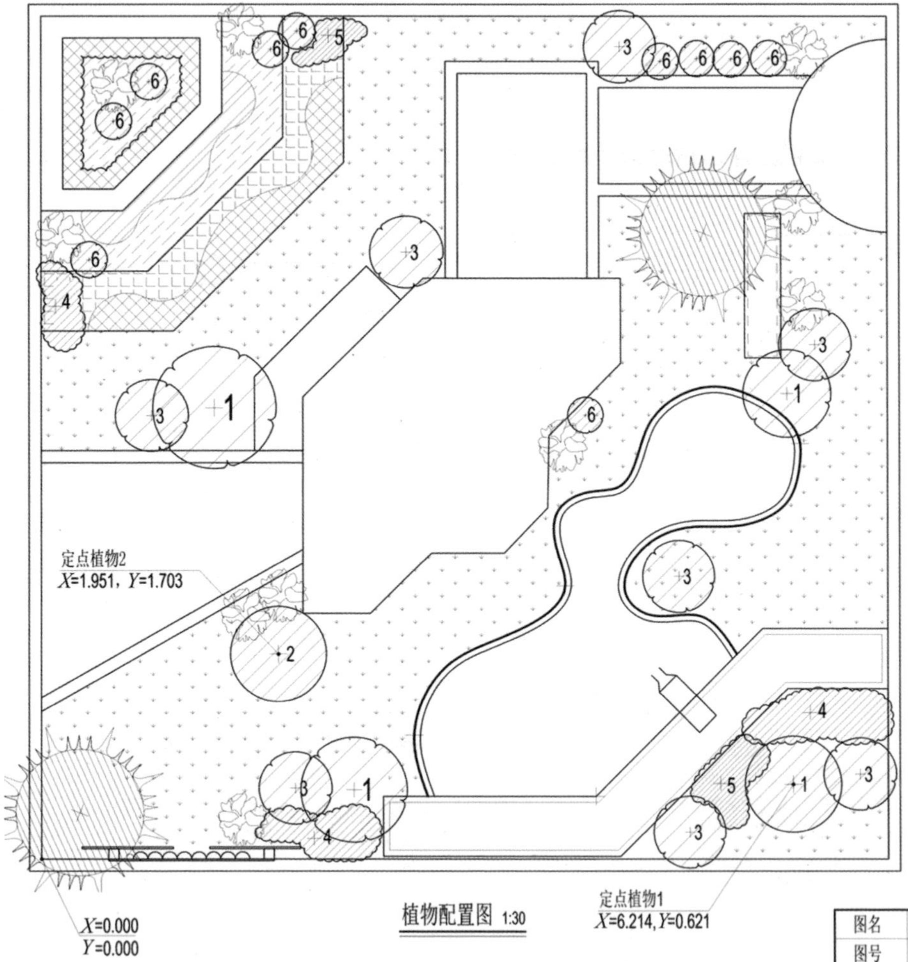

苗木统计表					
序号	图例	植物名称	规格	数量	单位
1		独杆石楠	高1.6m，地径5cm	1	株
2		幸福树	高1.5-1.6m	1	株
3	1	四季桂	高0.8-1.0m，冠径0.5-0.6m	3	株
4		散尾葵	1.1*1.0m（高*冠）	2	株
5	3	海桐球	高0.5-0.7m，冠径0.5-0.6m	8	株
6	4	南天竹	高0.4-0.6m，冠径0.5-0.6m	15	丛
7	5	小叶女贞	高0.5-0.6m，3-4分枝	20	株
8	6	变叶木	0.4*0.3m（高*冠）	10	盆
9		广东万年青	高0.5-0.6m	10	盆
10		时令花1	蓬径0.2*0.2m	75	盆
11		时令花2	蓬径0.2*0.2m	75	盆
12		时令花3	蓬径0.2*0.2m	75	盆
13		时令花4	蓬径0.2*0.2m	75	盆
14		草皮		25	平方米

图名	植物配置图		制图	
图号	LS-01	园艺赛项试题	设计阶段	施工图
比例	1:30		日期	2023年1月

图1-2-14　图纸图例找茬改错(子任务2)

2. 知识引领

（1）图例是集中于图纸上各种符号和颜色所代表的内容与指标的说明。图例线应间隔均匀、疏密适度，绘制正确、表示清楚。园林工程施工设计常用图例包括建筑、等高线、山石、水体、常用景观小品、建筑材料、植物、水电设备等图例。图例绘制应符合《风景园林制图标准》（CJJ/T 67—2015）中设计规范规定，图例规定见本书第 7 页二维码 3。

（2）建筑和等高线图例具体要求见表 1-2-6。

表 1-2-6 建筑和等高线图例

序号	名称	图形	说明
1	温室建筑		依据设计绘制具体形状
2	原有地形等高线		用细实线表达
3	设计地形等高线		施工图中等高距值与图纸比例应符合如下规定：图纸比例 1∶1 000，等高距值 1.00 m；图纸比例 1∶500，等高距值 0.50 m；图纸比例 1∶200，等高距值 0.20 m

（3）山石、水体、常用景观小品图例具体要求见表 1-2-7。

表 1-2-7 山石、水体、常用景观小品图例

序号	名称	图形	说明
1	山石假山		根据设计绘制具体形状，人工塑山需要标注文字
2	土石假山		包括“土包石”“石包土”及土假山，依据设计绘制具体形状
3	独立景石		依据设计绘制具体形状
4	自然水体		依据设计绘制具体形状，用于总图
5	规则水体		依据设计绘制具体形状，用于总图
6	跌水、瀑布		依据设计绘制具体形状，用于总图
7	绿化	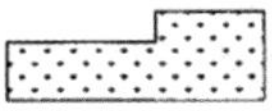	施工图总平面图中绿地不宜标示植物，以填充及文字进行表达
8	花架	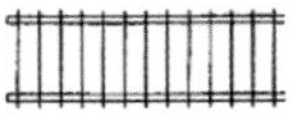	依据设计绘制具体形状，用于总图
9	坐凳		用于表示坐凳的安放位置，单独设计的根据设计形状绘制，文字说明
10	花池、花台	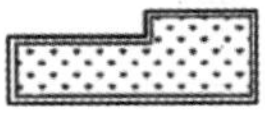	依据设计绘制具体形状，用于总图
11	雕塑		仅表示位置，不表示具体形态

（4）建筑材料图例具体要求见表 1-2-8。

表 1-2-8　主要建筑材料图例

序号	名称	图形	说明
1	自然土		包括各种自然土壤
2	夯实土壤		—
3	砂、灰土	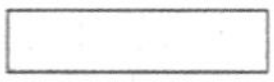	—
4	天然石材	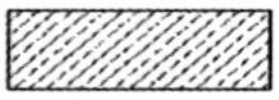	—
5	普通砖	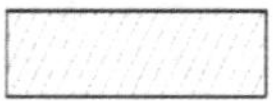	—
6	混凝土	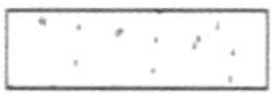	—
7	钢筋混凝土	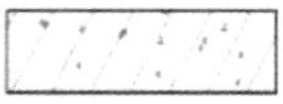	—
8	木材		—
9	金属	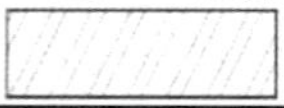	—

(5)种植设计图应区分乔木(常绿、落叶)、灌木(常绿、落叶)、地被植物(草坪、花卉)。有较复杂植物种植层次或地形变化丰富的区域,应用立面或剖面图清楚地表达该区植物的形态特点。当乔木与灌木重叠较多时,可分别绘制乔木、灌木及地被种植设计图。施工图植物图例应符合《风景园林制图标准》中植物图例规定。

(6)水电设备图例具体要求见表 1-2-9。

表 1-2-9　水电设备图例

序号	名称	图形	说明
1	配电箱		场外供电设施
2	插座		用于潜水泵、草坪灯
3	闸阀		—
4	阀门		用于供水管、排空管
5	潜水泵		用于景观水池水循环
6	草坪灯		用于场地照明
7	控制器	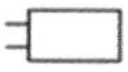	—
8	电缆线		用于潜水泵、草坪灯
9	塑料软管		用于供水管、连接潜水泵
10	PVC 管		用于溢水管、排水管
11	止回阀		—

(7)不同品种同类材料使用同一图例时,应在图上附加必要的说明。两个相同的图例相接时,图例线倾斜方向相反(图 1-2-15b)或错开为宜(图 1-2-15a)。

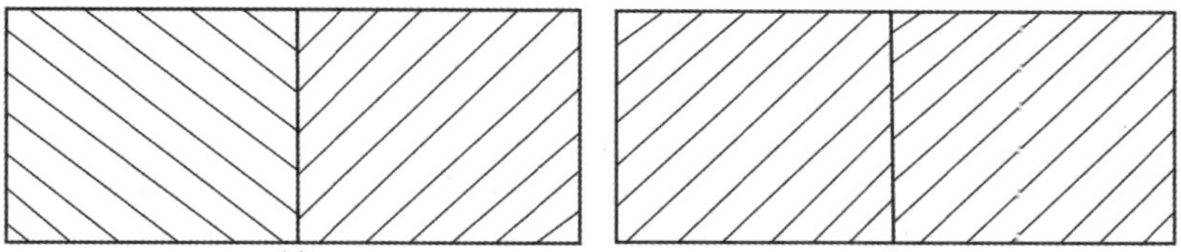

(a)　　　　　　　　　　(b)

图 1-2-15　相同图例相接时的画法

3. 任务实施

◇ **子任务 1**

按照施工图制图标准，图 1-2-13 图例存在问题：素土夯实图例画错，不应该有横线；花池中自然土壤图例画成了素土夯实的图例。

答案：素土夯实图例不应该有横线；花池中自然土壤图例应为。见图 1-2-16。

◇ **子任务 2**

按照施工图制图标准，图 1-2-14 图例存在问题：植物图例大小失当，冠幅大小有问题；没有根据植物类型选择相应的图例，落叶阔叶树幸福树图例用错成常绿阔叶树图例，常绿阔叶树散尾葵图例用错成常绿针叶图例。

答案：植物图例应根据植物合理冠幅选择大小；根据植物类型选择相应图例。见图1-2-17。

1.2.6　标注

1. 任务描述

子任务 1，按照施工图制图标准，对下面图 1-2-18 图纸标注找茬改错。

子任务 2，按照施工图制图标准，对下面图 1-2-19 图纸标注找茬改错。

2. 知识引领

(1)尺寸标注

由尺寸界线、尺寸线、尺寸起止符和尺寸数字组成(图 1-2-20)。

尺寸界线：一般与被注长度垂直，其一端应离开图样轮廓线不小于 2 mm，另一端宜超出尺寸线 2～3 mm。用细实线绘制。必要时，图样轮廓线也可用作尺寸界线。

尺寸线：一般与被注长度平行，画在两尺寸界线之间，用来注写尺寸，用细实线绘制。

尺寸起止符：其倾斜方向应与尺寸界线成顺时针 45°角，长度宜为 2～3 mm。用中实线的斜短划线绘制(图 1-2-21)。

半径、直径、角度与弧长的尺寸起止符号用箭头表示。

尺寸数字：用阿拉伯数字标注实际尺寸。图样上的尺寸单位除标高及在总平面图中网格的单位为米(m)外，都必须以毫米(mm)为单位。

尺寸数字标注方向应与尺寸线方向一致。若尺寸数字在 30°斜线区内，可按图形式标注(图 1-2-22)。

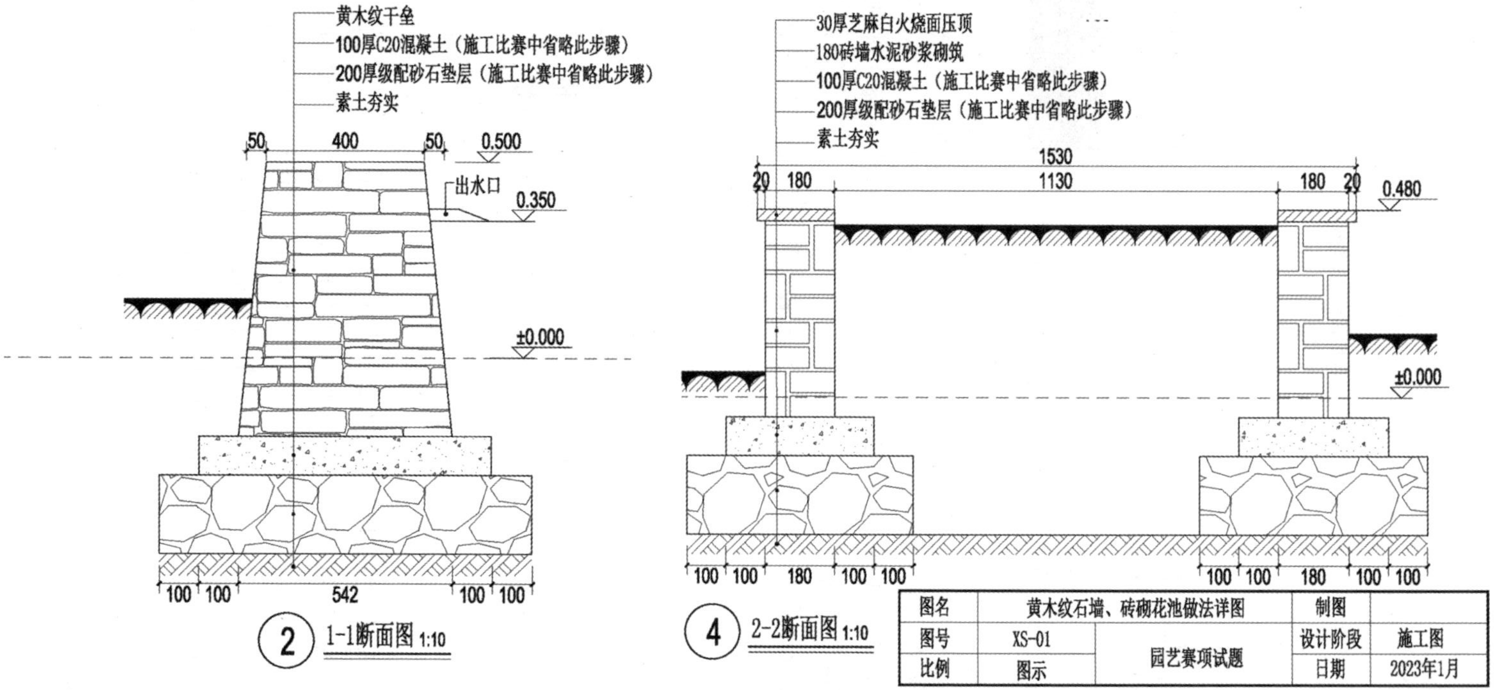

图1-2-16　图纸图例找茬改错正确参考图(子任务1)

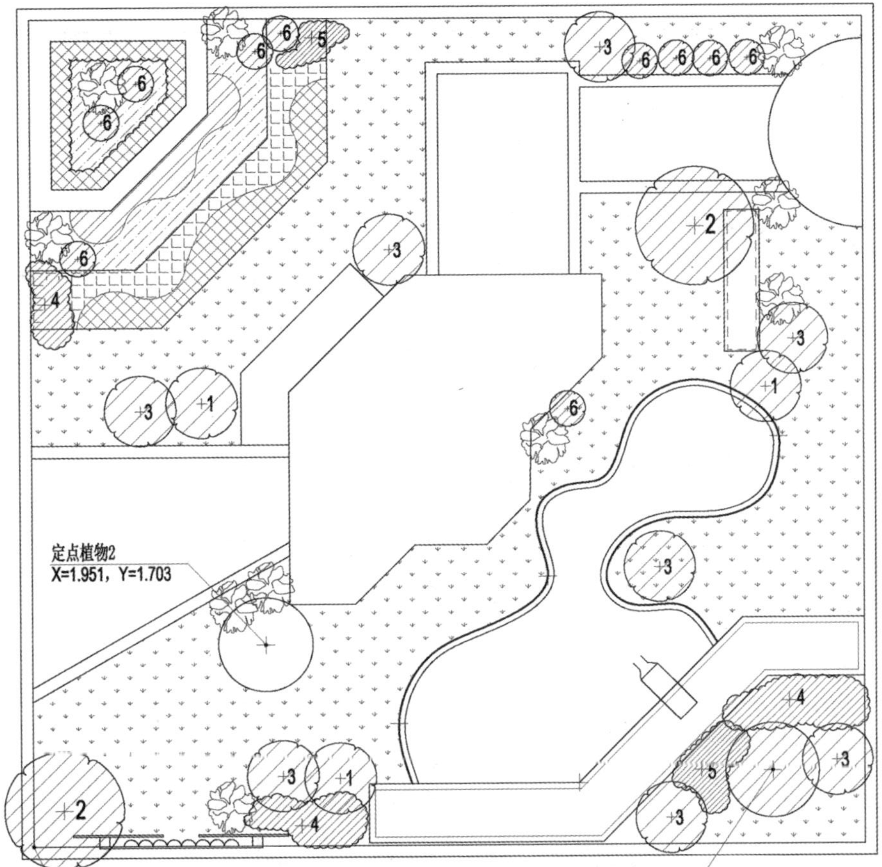

植物配置图 1:30

苗木统计表					
序号	图例	植物名称	规格	数量	单位
1		独杆石榴	高1.6m，地径5cm	1	株
2		幸福树	高1.5-1.6m	1	株
3		四季桂	高0.8-1.0m，冠径0.5-0.6m	3	株
4		散尾葵	1.1*1.0m（高*冠）	2	株
5		海桐球	高0.5-0.7m，冠径0.5-0.8m	8	株
6		南天竹	高0.4-0.6m，冠径0.5-0.6m	15	丛
7		小叶女贞	高0.5-0.6m，3-4分枝	20	株
8		变叶木	0.4*0.3m（高*冠）	10	盆
9		广东万年青	高0.5-0.8m	10	盆
10		时令花1	蓬径0.2*0.2m	75	盆
11		时令花2	蓬径0.2*0.2m	75	盆
12		时令花3	蓬径0.2*0.2m	75	盆
13		时令花4	蓬径0.2*0.2m	75	盆
14		草皮		25	平方米

图名	植物配置图		制图	
图号	LS-01	园艺赛项试题	设计阶段	施工图
比例	1:30		日期	2023年1月

图1-2-17　图纸图例找茬改错正确参考图(子任务2)

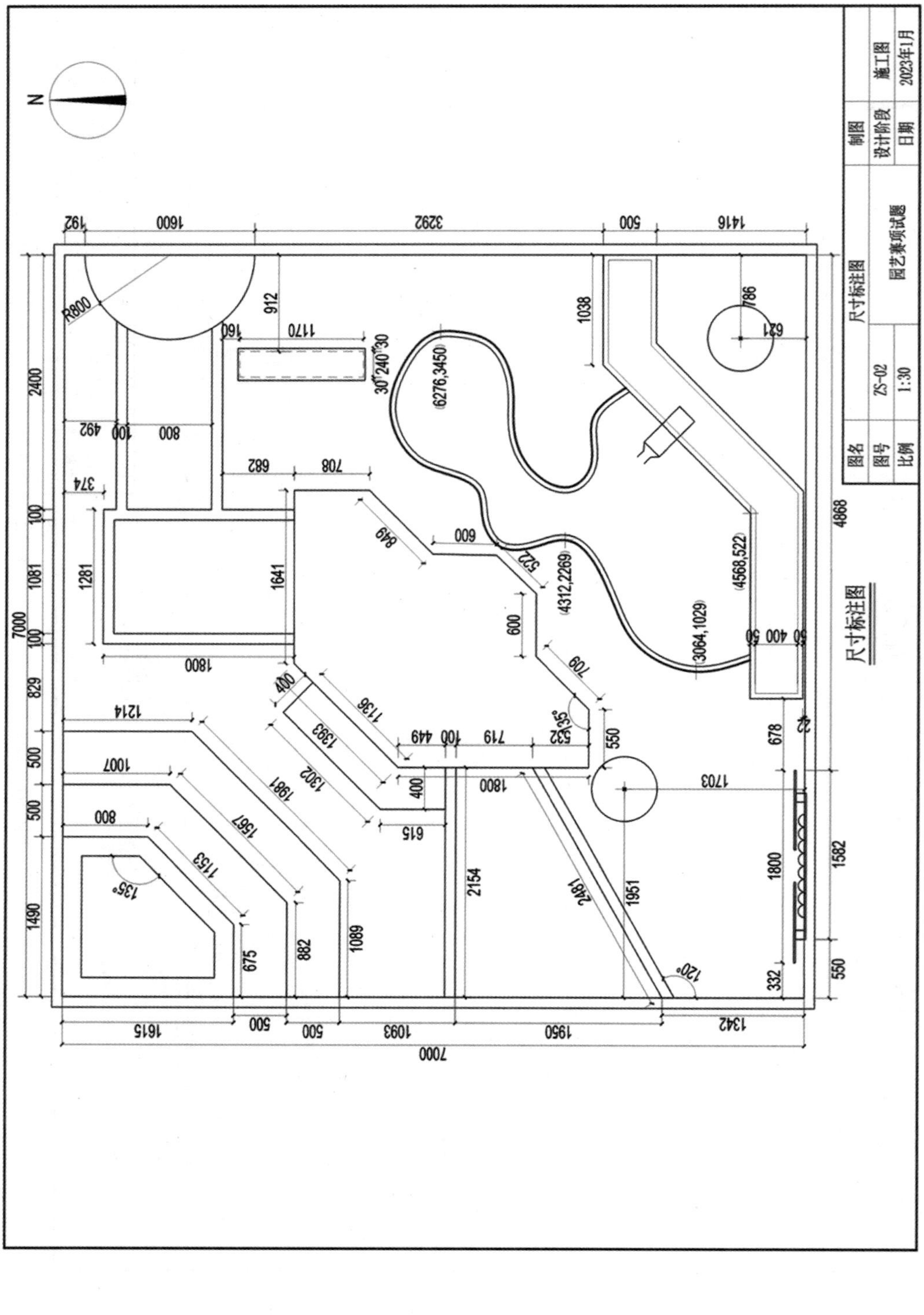

图1-2-18　图纸标注找茬改错（任务1）

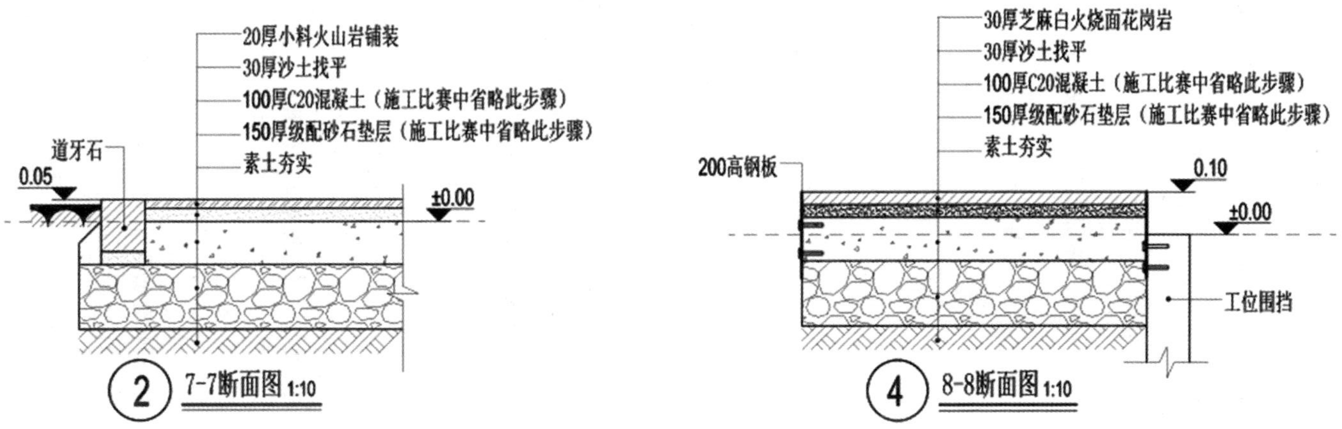

图1-2-19 图纸标注找茬改错(任务2)

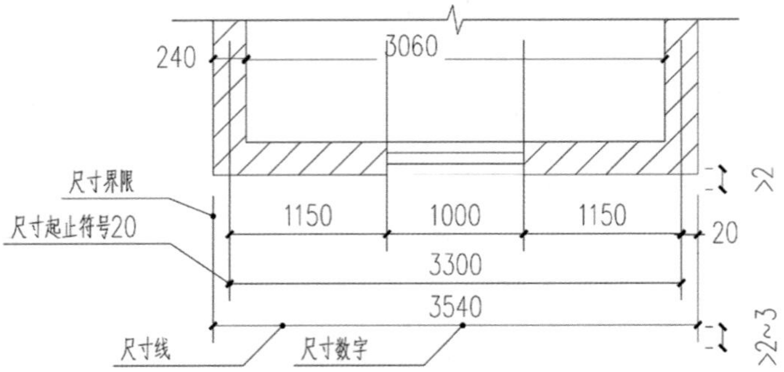

图 1-2-20　尺寸标注的基本构成

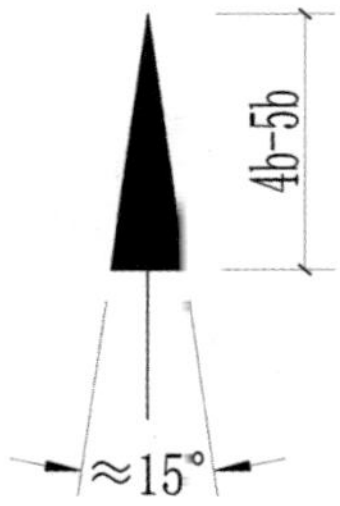

图 1-2-21　箭头尺寸起止符号

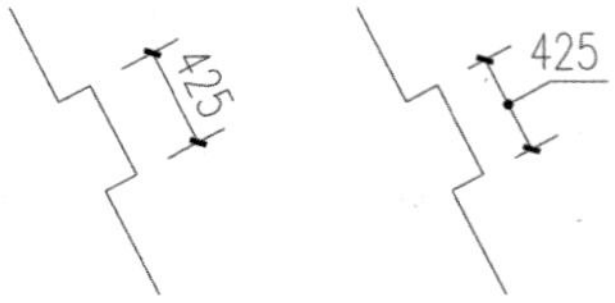

图 1-2-22　尺寸数字标注方向

尺寸数字根据其方向标注在靠近尺寸线的上方中间部位，当位置不够，最外面尺寸数字可标注在尺寸界线外侧，中间相邻的尺寸数字可上下错开标注，并用引出线标示位置。尺寸宜标注在图样轮廓线以外，不宜与图线、文字及符号相交。见图 1-2-23。

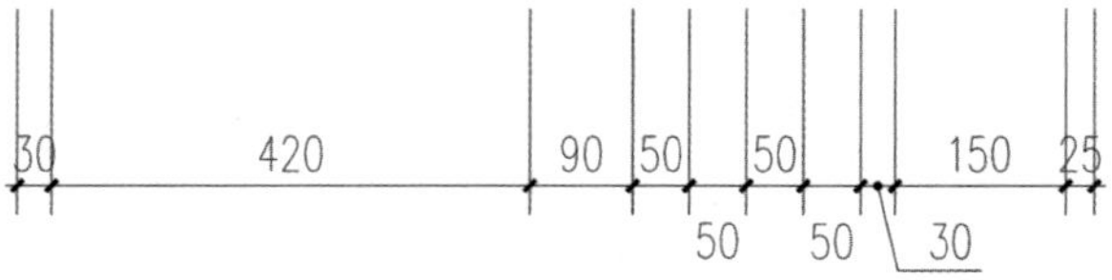

图 1-2-23　尺寸数字标注位置

(2)尺寸的排列与布置

互相平行的尺寸线，从被注写的图样轮廓线由近向远地整齐排列；小尺寸离轮廓线较近，大尺寸离轮廓线较远，图样外轮廓线以外最多不超过 3 道尺寸线。第一道尺寸线距外轮廓线之间的距离，不小于 10 mm；尺寸线的间距宜为 7～10 mm，并应保持一致；同级别的尺寸界线长度应相等。见图 1-2-24。

(3)半径、直径、角度、圆弧、弦长的尺寸标注

标注半径：半圆及小于半圆的圆弧可标注半径。标注半径的尺寸线的方向应箭头指向圆弧，半径数字前加注符号“R”。见图 1-2-25、图 1-2-26。

标注直径：圆及大于半圆的圆弧应标注直径，在直径数字前加注符号“ø”。较小圆面积的

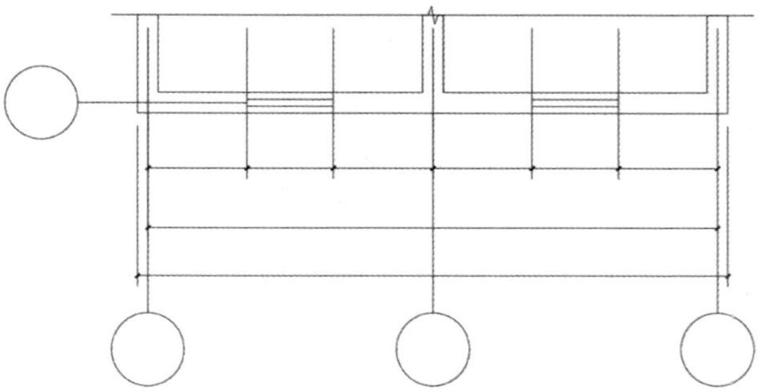

图 1-2-24　尺寸的排列与布置

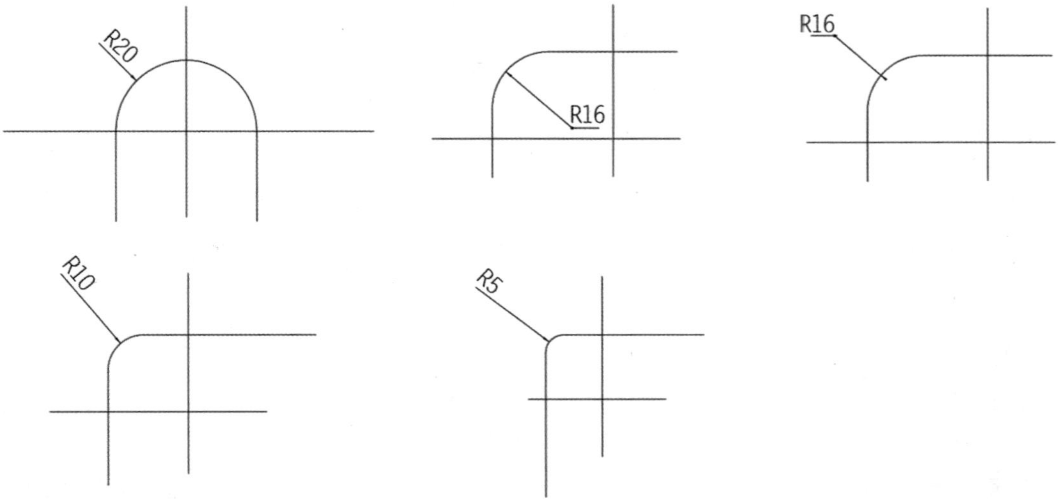

图 1-2-25　小圆弧半径的标注方法

直径尺寸,可标注在圆面积外。见图 1-2-27、图 1-2-28。

标注角度:尺寸线是圆弧,圆心是角顶,角边是尺寸界线。尺寸起止符号用箭头。见图 1-2-29。

标注圆弧:尺寸线为同心圆弧,尺寸界线垂直于该圆弧的弦,起止符号用箭头,弧长数字上方加圆弧符号。见图 1-2-20。

标注弦长:尺寸线应平行于弦,尺寸界线垂直于弦。见图 1-2-30。

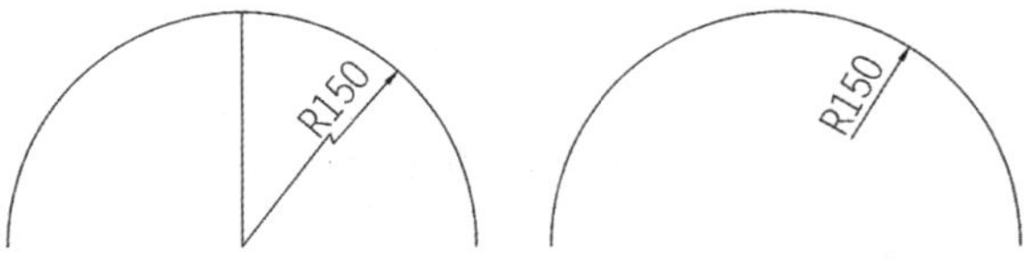

图 1-2-26　大圆弧半径的标注方法

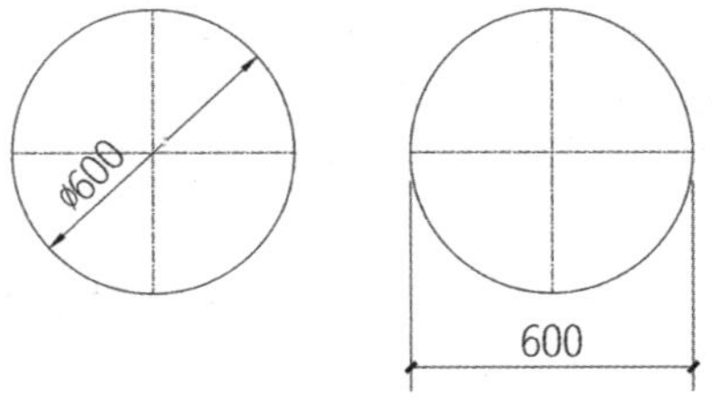

图 1-2-27　圆直径标注方法

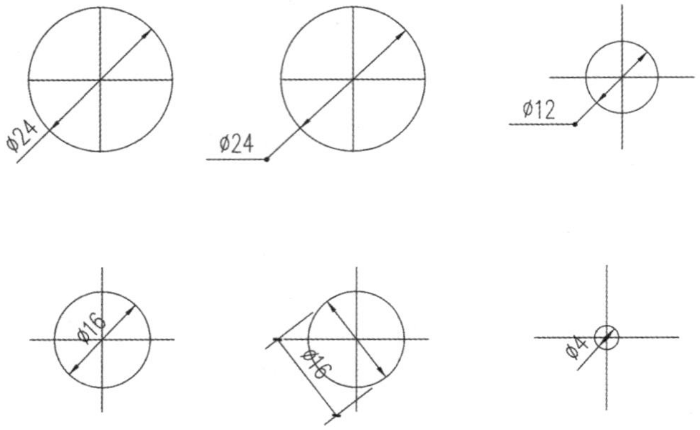

图 1-2-28　小圆直径标注方法

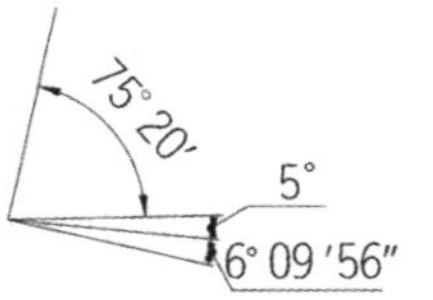

图 1-2-29　角度标注方法

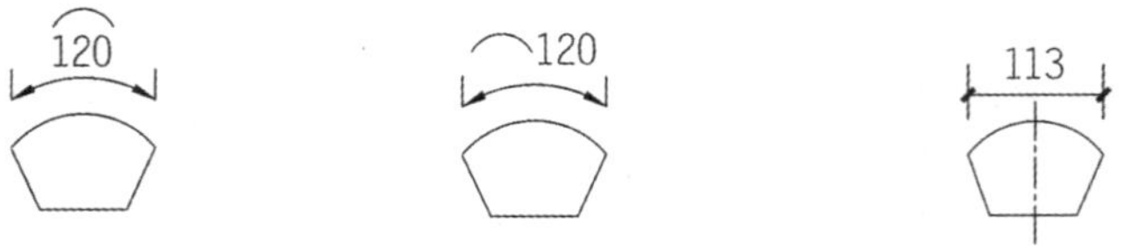

图 1-2-30　弧长、弦长标注方法

(4)标高标注

标高是标注建筑物高度的另一种尺寸形式。标高符号以直角等腰三角形表示,用细实线绘制。如标注位置不够,也可按图所示形式绘制(图 1-2-31a)。

标高符号:立面图或剖(断)面图标高用空心三角形加上引出线表示,平面图标高用涂黑三角形加上引出线表示。标高符号直角尖端指至被注高度处。

标高数字:以米(m)为单位,注到小数点以后第三位;在总平面图中,可注定到小数点后二位(图 1-2-31b、c)。

零点标高:注写成±0.000;正数标高不注"+",负数标高注"－"。

当在图样同一位置表示几个不同标高时,可如图 1-2-31d 进行标高标注。

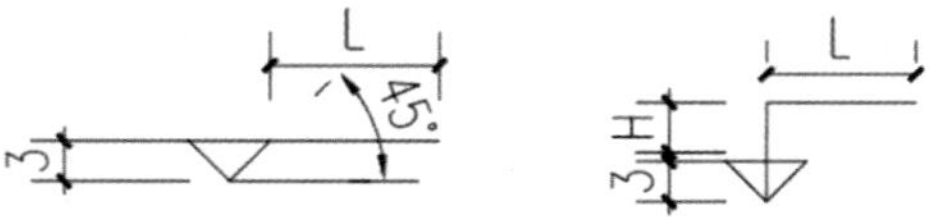

(a)个体建筑标高符号

(b)总平面图标高符号

(c)标高的指向

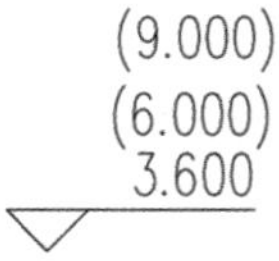

(d)一个符号标注几个标高

图 1-2-31　标高标注

(5)坡度标注

标注坡度时,在坡度数字下,应加注坡度符号。坡度标注符号为单面箭头,一般指向下坡方向。坡度标注也可用直角三角形形式标注(图 1-2-32)。

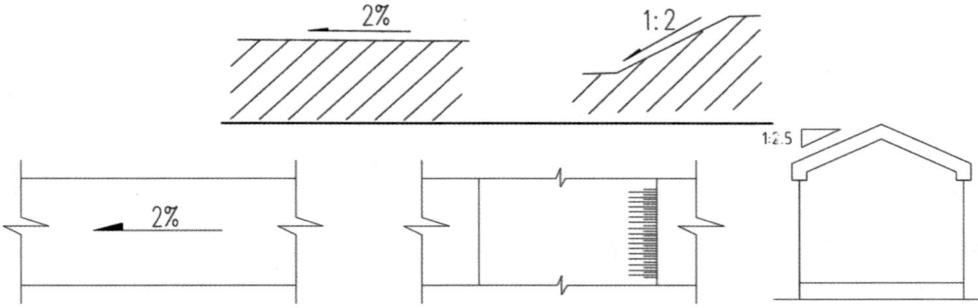

图 1-2-32　坡度标注

(6)折断线标注

折断线是在绘制的物体比较长而中间形状又局部重复时,为节省界面时使用,用细实线绘制,见图 1-2-32 中折断线。

(7)植物标注

种植设计图植物标注方式见图 1-2-33、图 1-2-34。

植物图例应标出种植点,并通过标注植物名称或编号区分不同种类的植物。单株种植的应标示种植点,从种植点作引出线,文字说明序号、树种和数量组成;群植可标种植点也可不标种植点,从树冠线做引出线,文字由序号、树种、数量、株行距或每平方米株数组成;序号应与苗木表中序号相对应。乔木株行距单位宜为米(m),可保留小数点后 1 位;灌木、花卉的株行距单位宜为厘米(cm)。

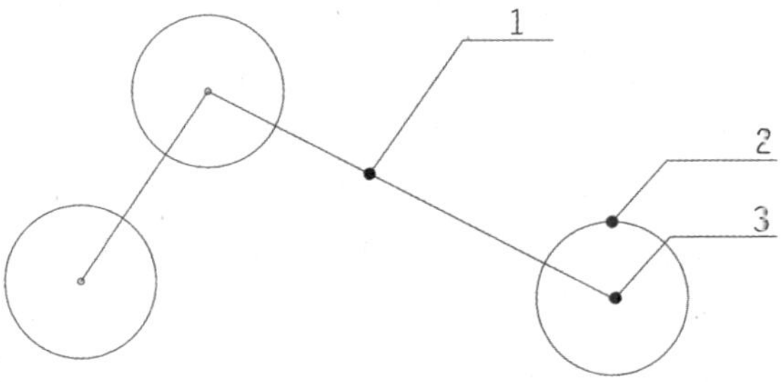

图 1-2-33　初步设计和施工图设计图纸中单株种植植物标注

1-种植点连线;2-种植图例;3-序号、树种和数量

3. 任务实施

◇ 子任务 1

按照施工图制图标准,图 1-2-18 标注存在问题:尺寸界线一端与轮廓线接上,另一端没有超出尺寸线。两道尺寸线之间的距离不一致。

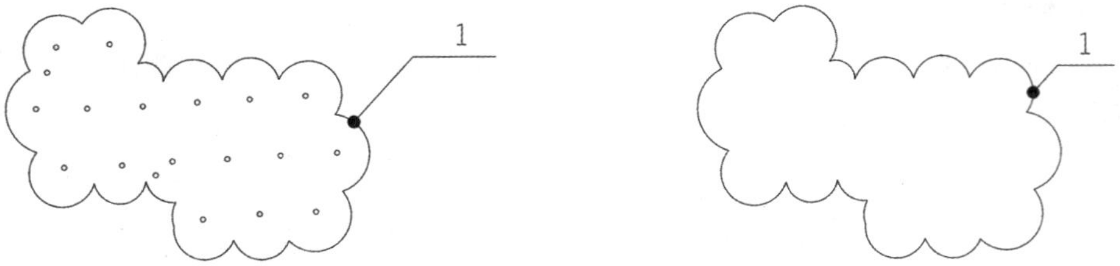

图 1-2-34　初步设计和施工图设计图纸中群植植物标注

1-序号、树种、数量、株行距

答案:尺寸界线一端应离开图样轮廓线不小于 2 mm,另一端宜超出尺寸线 2～3 mm。两道尺寸线之间的距离应一致、且不小于 7 mm。见图 1-2-35。

◇ 子任务 2

按照施工图制图标准,图 1-2-19 标注存在问题:8-8 断面图的标高符号画成涂黑等腰直角三角形加横线,且标注到小数点以后第二位。

答案:剖(断)面图的标高符号应该是空心等腰直角三角形加上引出线表示,标注到小数点以后第三位。见图 1-2-36。

1.2.7　符号

1. 任务描述

任务具体说明:按照施工图制图标准,对图 1-2-37 图纸符号找茬改错。

2. 知识引领

(1)剖切符号

包括剖视的剖切符号和断面的剖切符号。

剖视的剖切符号:由剖切位置线及剖视方向线组成,均以粗实线绘制。剖切位置线长度宜为 6～10 mm;剖视方向线应垂直于剖切位置线,长度短于剖切位置线,宜为 4～6 mm。也可用国际通用方法表示。剖切符号不应与其他图线相接触。见图 1-2-38。

断面的剖切符号:断面的剖切符号只用剖切位置线表示,以粗实线绘制,长度宜为 6～10 mm。见图 1-2-39。

剖切符号编号宜采用粗阿拉伯数字,按剖切顺序由左至右、由下向上连续编排,注写在剖视方向线端部或一侧,编号所在一侧应为剖视方向。见图 1-2-38、图 1-2-39。

需要转折的剖切位置线,应在转角外侧加注与该符号相同的编号。

剖面图或断面图,如与被剖切图样不在同一张图内,应在剖切位置线的另一侧注明其所在图纸的编号(如 YS-05),也可在图上加以文字说明。

(2)索引符号及详图符号

索引符号是由直径为 10 mm 的圆和水平直径组成,圆及水平直径应以细实线绘制。圆内编号含义:上半圆为详图编号,下半圆为详图所在图纸编号。见图 1-2-40、图 1-2-41。

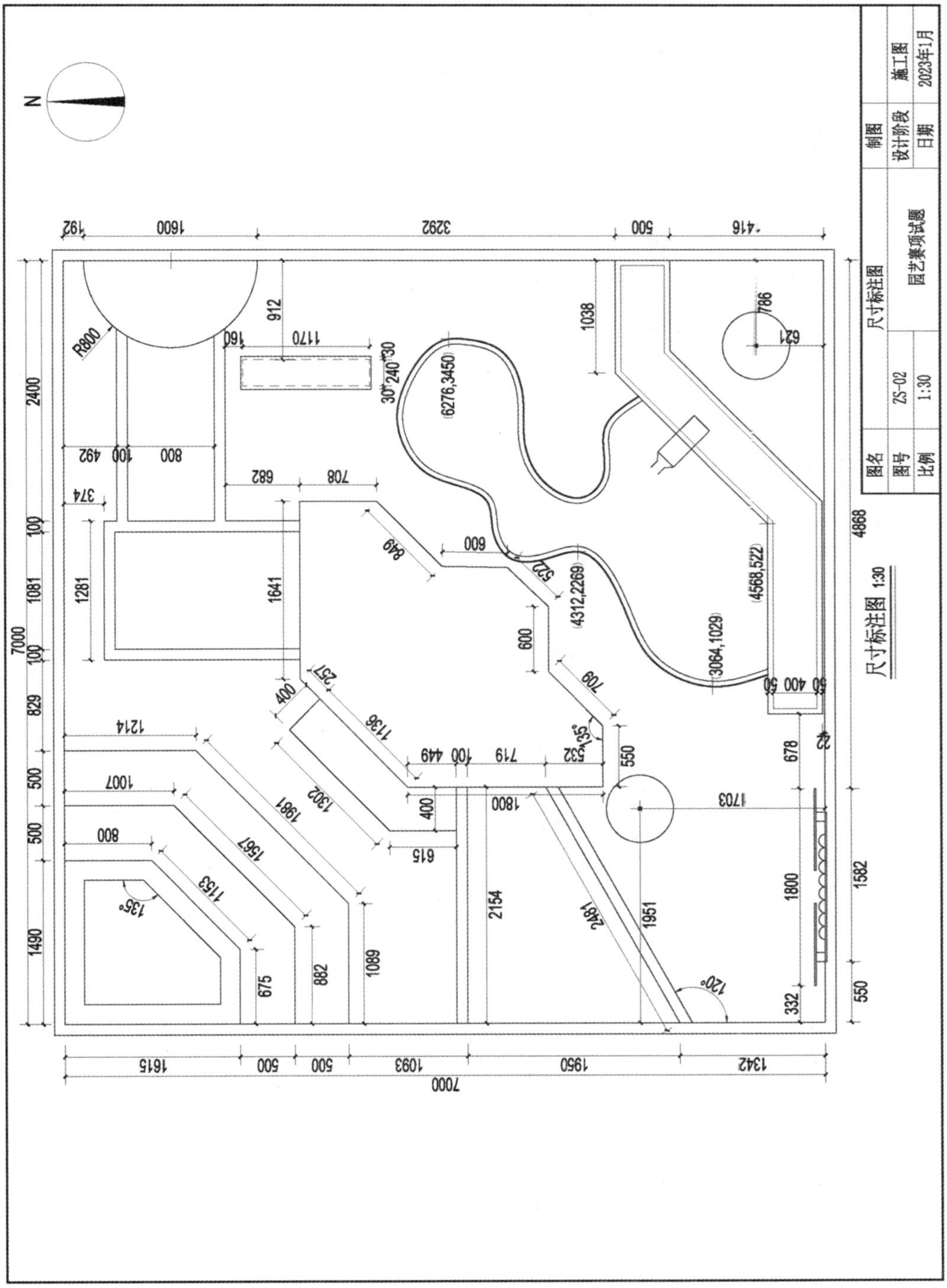

图1-2-35　图纸标注找茬改错正确参考图(子任务1)

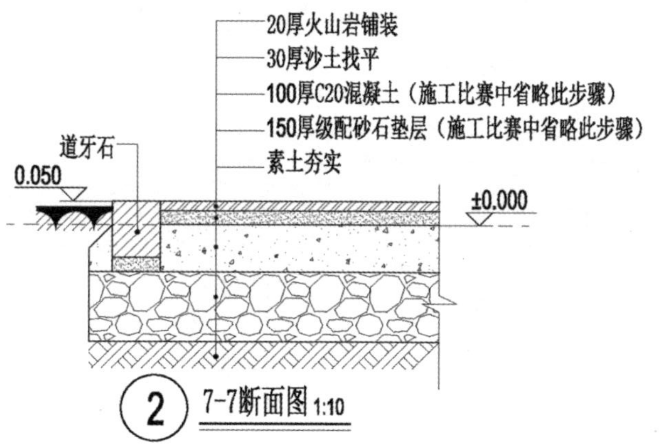

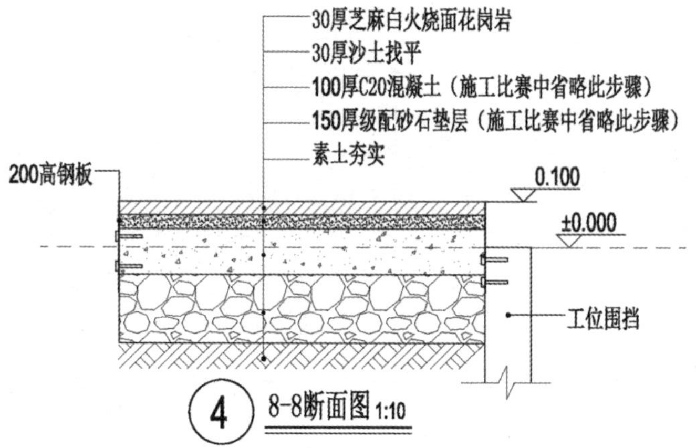

图1-2-36　图纸标注找茬改错正确参考图(子任务2)

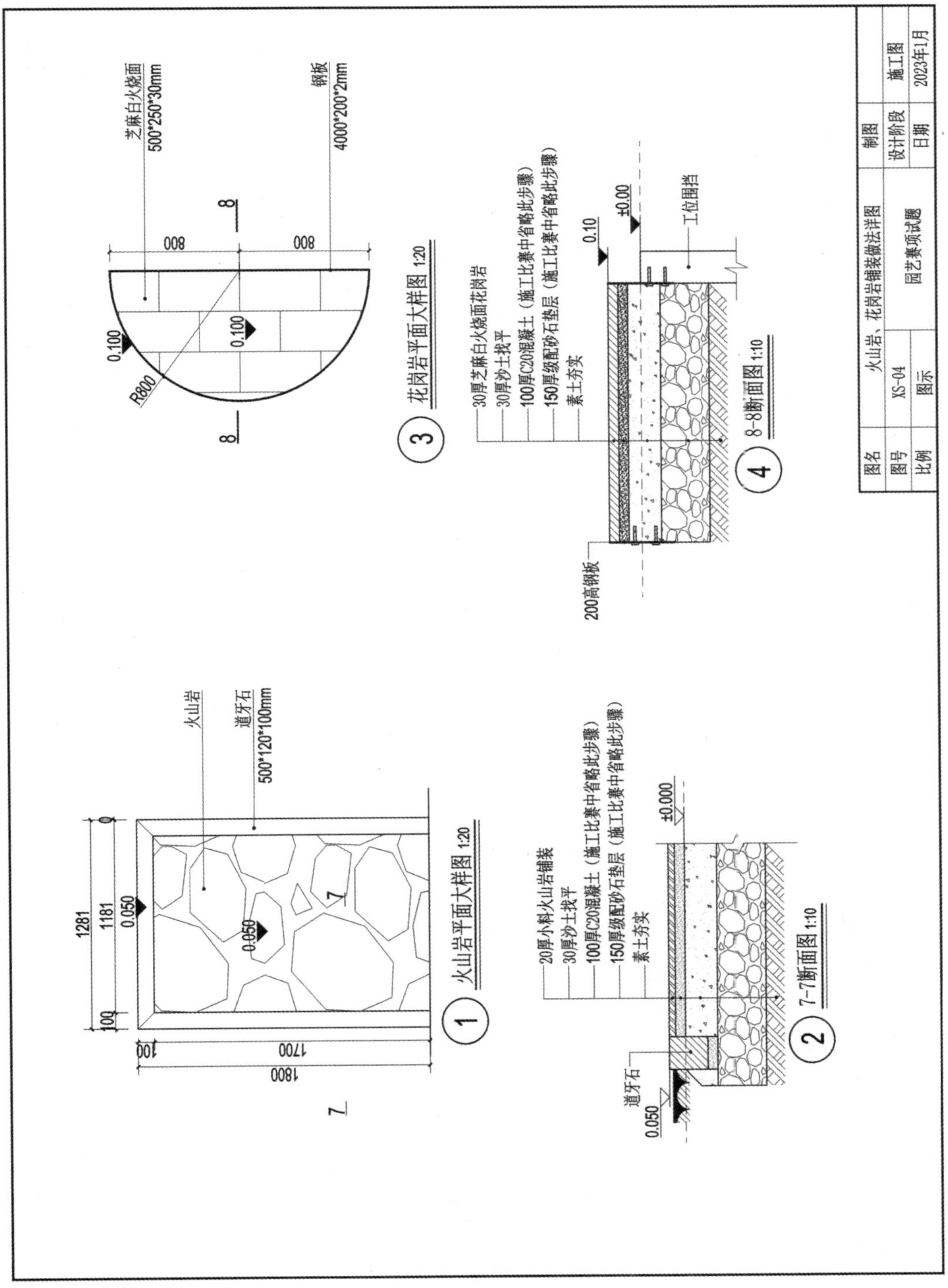

图1-2-37　图纸符号改错

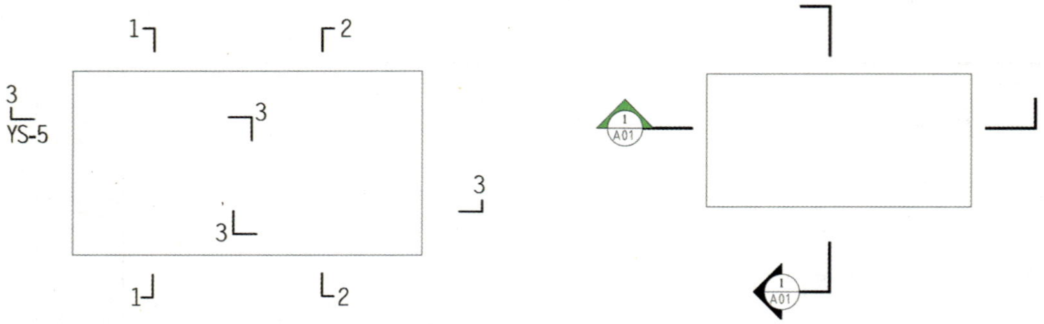

图 1-2-38　剖视的剖切符号

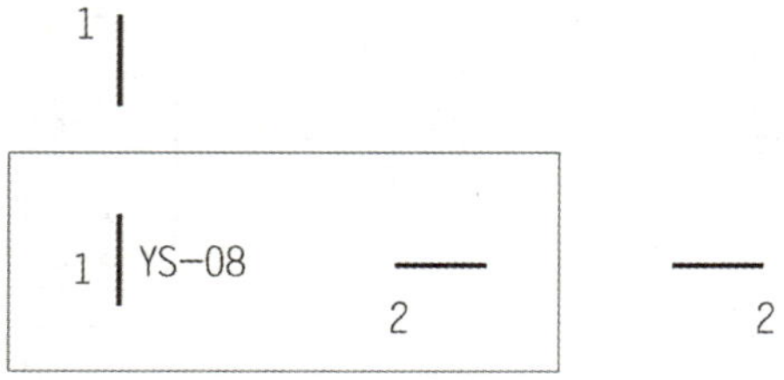

图 1-2-39　断面的剖切符号

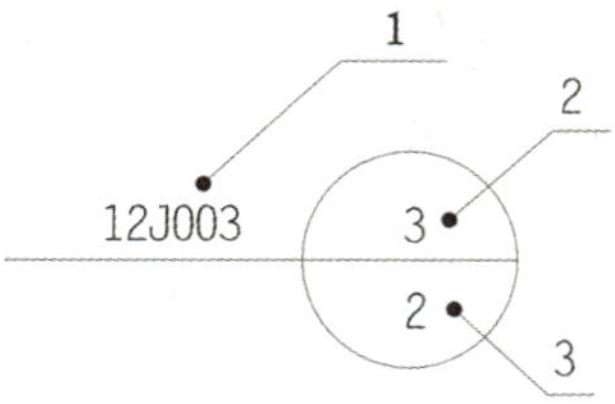

图 1-2-40　索引符号

1-引用标准图集编号;2-详图编号;

3-详图所在图纸编号,若在本图画

“—”与编号字体等宽的水平细线

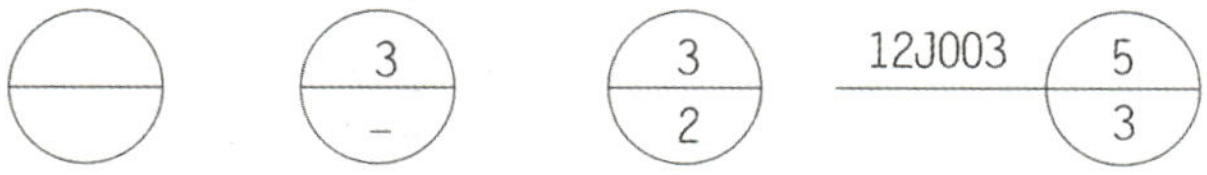

图 1-2-41　索引符号应用示例

索引出详图如与被索引详图在同一张图纸内,应在索引符号上半圆中用阿拉伯数字注明该详图编号,并在下半圆中间画一段水平细实线。

索引出详图如与被索引详图不在同一张图纸中,应在索引符号上半圆中用阿拉伯数字注明该详图编号,在索引符号下半圆用阿拉伯数字注明该详图所在图纸编号。数字较多时,可加文字标注。

索引出详图如采用标准图时,应在索引符号水平直径的延长线上加注该标准图集编号。需要标注比例时,应在文字索引符号右侧或延长线下方,与符号下对齐。

详图符号和位置:详图符号以粗实线绘制直径为 14 mm 的圆表示,以阿拉伯数字注明。

(3)引出线

可采用水平方向的直线,或以水平方向呈 30°、45°、60°、90°的直线再折为水平的折线,以细实线绘制。文字说明标注在水平线的上边或端部;索引详图的引出线,应与水平直径线相连接。见图 1-2-42。

图 1-2-42　引出线

多层构造共用引出线:应通过被引出的各层,并用圆点示意对应各层次。文字说明宜注写在水平线的端部,由上至下与各层次对应一致进行说明;如层次为横向排序,则由上至下的说明顺序应与由左至右的层次对应一致。见图 1-2-43。

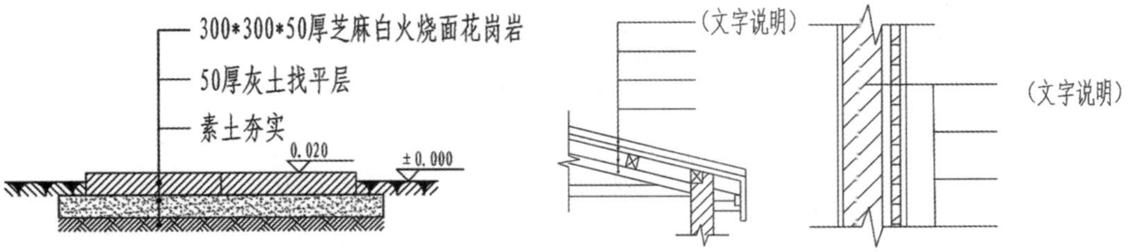

图 1-2-43　多层构造共用引出线

(4)对称符号

由对称线和两端的两对平行线组成。对称线用细单点长画线绘制;平线用细实线绘制,其长度宜为 6～10 mm,每对的间距宜为 2～3 mm;对称线垂直平分于两对平行线,两端超出平行线宜为 2～3 mm。见图 1-2-44。

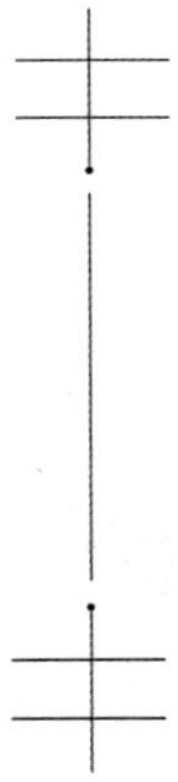

图 1-2-44　对称符号

(5)连接符号

以折断线表示需连接部位。两部位相距过远时,折断线两端靠图样一侧应标注大写拉丁字母表示连接编号。两个被连接的图样用相同字母编号。见图 1-2-45。

(6)指北针

所指方向应与总平面图中风玫瑰的指北针方向一致。指北针用细实线绘制,圆的直径为 24 mm,指针尾宽为 3 mm,在指针尖端处注“N”字,字高 5 mm。见图 1-2-46。

3. 任务实施

按照施工图制图标准,图 1-2-37 符号存在问题:火山岩铺装平面大样图的剖切位置线长度 2～3 mm,过短,且是细实线绘制。

答案:剖切位置线长度宜为 6～10 mm;应以粗实线绘制。见图 1-2-47。

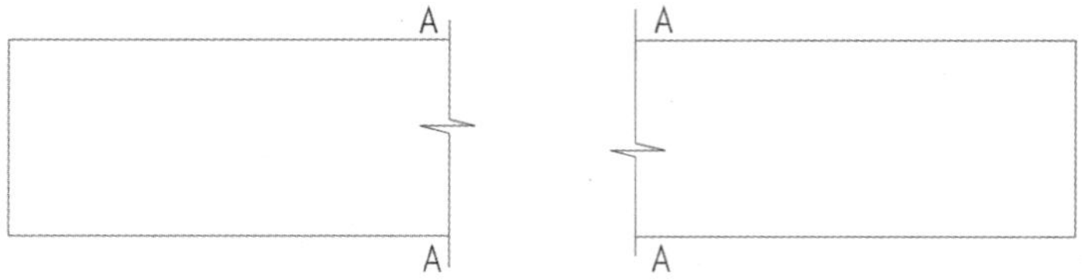

图 1-2-45　连接符号

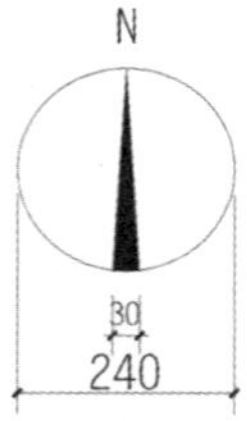

图 1-2-46　指北针

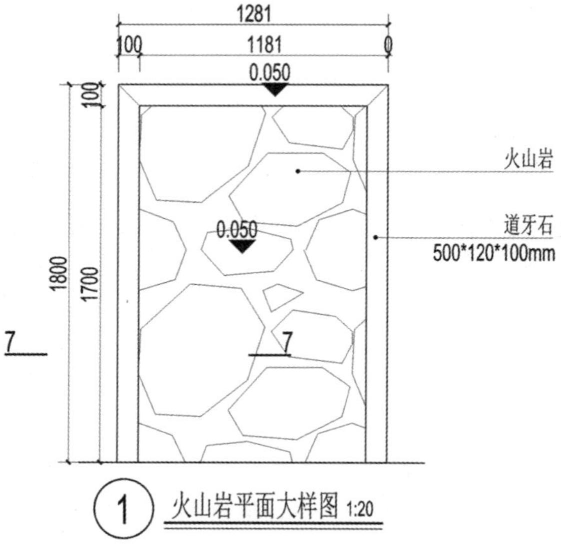

图 1-2-47　正确参考图

思想加油站

“遵守党的纪律是无条件的，要说到做到，有纪必执，有违必查，不能把纪律作为一个软约束或是束之高阁的一纸空文。”

——2014 年 1 月，习近平总书记在十八届中央纪律检查委员会第三次全体会议上的讲话

园林工程施工图识读能力反映了对设计意图和施工规范的理解水平，也是按图施工、创造出符合设计意图的园林景观的必备能力，是工程施工技术人员必须掌握的职业岗位技能。孟子曾经说过，“即便有从前离娄那样精明的眼睛，公输般那样的巧匠，不凭借规和矩，也是画不成方形和圆形的”。意为凡事都要遵循一定的标准和法则。园林工程施工图识图也不例外。施工图识图必须树立标准化意识，严格按照《风景园林制图标准》(CJJ/T 67—2015)、《房屋建筑制图统一标准》(GB/T 50001—2017)等国家现行标准、规范、图集，全面理解图纸涵盖的内容。与此同时，对于一套完整图纸，识读过程中需要将各图综合起来，相互对照、相互印证，整体识图，更易理解，这体现了局部与整体的马克思主义辩证思维，说明学生要注重用科学的思维方法识读图纸，递进式提升实践应用能力。

知识巩固

一、选择题

1. A3 图幅图框尺寸(mm)$b\times l$ 为(　　)。

A. 594×841　　B. 420×594　　C. 297×420　　D. 210×297

2. 施工图中所注尺寸单位都是以(　　)为单位。

A. 以米为单位　　B. 以毫米为单位

C. 除标高及放线定位图上以米为单位外,其余一律以毫米为单位

D. 除标高以米为单位外,其余一律以毫米为单位

3. 尺寸起止符号一般应用中实线的斜短划线绘制,其倾斜方向应与尺寸界线成顺时针(　　)角,长度宜为 2～3 mm。

A. 30°　　B. 45°　　C. 90°　　D. 120°

二、判断题

1. A2 图幅 $b\times l$=420 mm×594 mm,c=5 mm,a=25 mm。(　　)

2. 尺寸界线、尺寸线、尺寸起止符号都用细实线绘制。(　　)

3. 详图符号应该以粗实线绘制直径为 14 mm 的圆表示。(　　)

三、简答题

园林工程施工图设计应根据哪些法规、规范的要求进行绘制?

项目演练

小组合作进行 5 m×6 m 小庭院“藏青园”施工图识图,从图纸幅面、比例、字体、图线、图例、标注、符号等方面,以思维导图的形式列出图纸中涉及的制图规范规定的内容。

欲查看“藏青园”整套施工图纸,请扫本书第 12 页二维码 5。

评价总结

请结合本项目施工图制图标准的学习过程完成学习评价，并自主从知识重难点、技能核心点、自我感受等方面进行梳理和总结，并记录在表 1-2-10 评价总结表中。

表 1-2-10 项目评价总结

序号	评价任务	评价标准		满分	评价		综合评价
		评分项	评价描述		自评 40%	师评 60%	
1	图纸幅面	图纸幅面和图框尺寸	尺寸掌握准确	3			
		标题栏	标题栏与图框线距离	3			
2	比例	比例符号	注写位置、字高、常用比例及比例注写符号	3			
3	图线	图幅线、图框线、标题栏、分割线	线宽与线型	6			
4	图例	等高线、水池、花池、素土夯实、种植土、植物图例	线型、线宽、表达样式	6			
5	标注	尺寸标注	尺寸标注组成、尺寸界限、尺寸起止符、尺寸数字、尺寸布置	5			
		标高标注	线宽、符号、数字单位、小数点后位数	5			
		植物标注	引出线、数字	3			
		结构标注	多层构造引出线	5			
6	符号	断面符号	组成和长度	3			
		索引符号及详图符号	组成、线宽、圆的直径	5			
		指北针	直径、指北尾宽、字高	3			
	合计			50			

模块2　园林工程施工图设计

模块学习导图

- 园林工程施工图设计
  - 思政及素质要求
    - 逐步形成爱岗敬业的价值观
    - 贯彻求真务实、开拓进取的精神
    - 养成精益求精、一丝不苟的工匠作风
  - 知识目标
    - 了解园林工程施工常用材料的特点和规格
    - 熟悉园路、砌体、水景、木作和植物景观的施工图设计思路和方法
    - 掌握CAD软件绘制施工图的流程和步骤
    - 掌握CAD常用的绘图命令
  - 能力目标
    - 能够客观地评判园林工程施工图的优劣
    - 能够设计要素齐全、功能合理的小庭院景观，并进行施工图深化设计
    - 能够熟练应用CAD软件、灵活运用制图规范绘制高质量施工图

模块知识链接

(1)《公园设计规范》(GB 51192—2016)
(2)《建筑电气制图标准》(GB/T 50786—2012)
(3)《建筑给水排水制图标准》(GB/T 50106—2010)
(4)《混凝土结构设计规范》(GB 50010—2010)
(5)《房屋建筑制图统一标准》(GB/T 50001—2017)
(6)《地下工程防水技术规范》(GB 50108—2008)
(7)《水泥混凝土路面施工及验收规范》(GBJ 97—87)
(8)《建筑制图标准》(GB/T 50104—2010)
(9)《花坛、花境技术规程》(DG/TJ 08—66—2016)
(10)《风景园林制图标准》(CJJ/T 67—2015)
(11)《喷泉水景工程技术规程》(CJJ/T 222—2015)
(12)《建筑构造通用图集》(88J10—1—2005)
(13)《建筑场地园林景观设计深度及图样》(06SJ805—2006)

二维码7　相关标准文件

模块内容导入

学生在具备园林工程施工图识图、较熟练地运用 CAD 软件制图能力，掌握园林工程制图标准的基础上，将系统地学习园林工程设计。本模块分为施工图设计和绘制两大任务，重点介绍工程要素设计技法，以及通过 CAD 软件运用制图规范科学、合理地表达施工图设计思想和内容的知识和技能。

任务 2.1　施工图设计

2.1.1 园路设计

1. 任务描述

园路是城市道路的延续，指绿地中的道路，是贯穿全园的交通网络，是联系各景区、景点的纽带。从广义上讲园路还包括广场铺装场地（图 2-1-1）、步石、汀步、桥、台阶、坡道、礓䃰、蹬道、栈道、嵌草铺装（图 2-1-2）等。其具体功能包括：组织交通，组织空间引导游览，构成园景，综合功能敷设管线等。

图 2-1-1　广场铺装场地

图 2-1-2　嵌草铺装

本任务要求在 7 m×7 m 的小庭院方案中设计园路，明确如何通过施工图纸表达园路要素设计内容。

任务具体说明：

子任务 1，设计整体铺装的施工图。满足游人或户主通行及短暂活动的需求；实现与整体环境和谐统一的视觉效果；材料选择运用得当，不过度浪费材料，便于施工。

子任务 2，设计块料铺装的施工图。满足游人或户主通行及短暂活动需求；实现与整体环境和谐统一的视觉效果，与整体铺装呼应；材料选择合理，尺寸运用得当，不过度浪费材料，便于施工。

2. 知识引领

(1)园路概述

园林作为连接园林景观要素特有的线型风景序列,发挥着重要的作用。园林道路工程包括园路布局、园路的线形设计、园路的结构设计等。园路具有如下特点:结构简单、薄面强基、用材多样;路面注重景观效果,艺术性高;利于排水、清扫,不起灰尘。

在进行园路布局时,依据地形及园内景点分布,首先满足可达性,但是不同于市政道路,园路线条设计、结构设计以及铺装设计上都比市政道路讲究,在满足交通功能的同时也需满足游览及景观需求,通常情况下,主要园路的交通功能大于次要道路,次要道路大于游步道。

园路一般有 3 种类型,分别是路堑型(图 2-1-3)、路堤型(图 2-1-4)、特殊型。

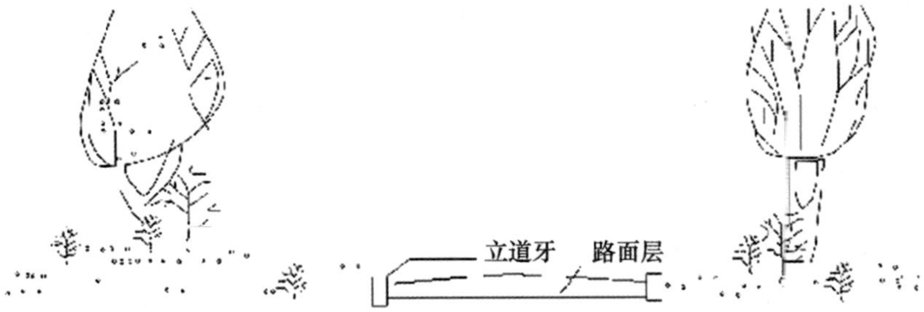

图 2-1-3　路堑型

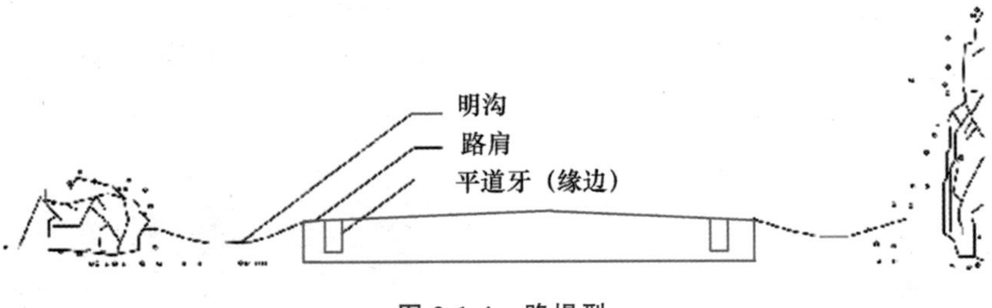

图 2-1-4　路堤型

(2)园路铺装材料

园路的铺装给人感受是最直接的,所以铺装的材料尤为重要,应根据不同的道路类型选择不同的铺装材料。承载交通和游人活动的场地,需要有一定的粗糙度,并减少反射,常用的铺装材料有沥青、混凝土、石材、砖、高分子材料、可回收材料等,不同的材料有不同的质感和风格。

主要道路不仅路面铺装上要有别于次要道路,而且在风景的组织上要给人们留下深刻的印象,因此园路铺装材料必须具备主次分明、方向性强、景观效果好等特点,才能保证游人的有序游览,不至于迷失方向。

园路铺装常用材料有沥青、混凝土、步道砖、石材、高分子材料等。

①沥青。热辐射低、反射弱、可全年使用、耐久性好、维护成本低,改性沥青性能更优越。

图 2-1-5 彩色沥青

不透水沥青：适用于车行道、人行道、停车场。

透水沥青：适用于人行道、广场、园路。

彩色沥青：适用于人行道、广场、园路(图 2-1-5)。

②混凝土材料。普通混凝土具有坚硬无弹性、铺装容易、耐久性好、维护成本低、撞击易碎的特点。普通混凝土是由水泥、水和天然砂、石组成的，另外还常加入适量的掺合料和外加剂。透水混凝土、彩色混凝土都具有高承载力、透水、透气、重量轻、易维护、抗冻融、耐用性好等特点。适用于车行道、人行道、停车场、回车场、广场、园路。

模压混凝土则易成型，铺装用时短，面层纹理、色泽可形成多种图案纹样。与以上几种相比，不适用做行车道。

③步道砖。步道砖是用砾石、砂和水泥按照一定配比拌合后经压制成形的一种用于铺地的砖块，也有用黏土经烧制而成的。步道砖的规格尺寸多种多样，如长方形、正方形，颜色也很丰富，因主要用于广场和道路的铺装，统称步道砖。表 2-1-1 为常见步道砖的规格尺寸。除此以外，设计上的一些特殊形状和尺寸，可由厂家定制。

有些步道砖在生产的时候边上部分有些凸起，造成相邻的砖块之间会产生一条很细的缝隙，以便于雨水能快速渗透，故也称透水砖(图 2-1-6)。

表 2-1-1 常用步道砖的规格尺寸

序号	面料形状	规格尺寸/mm
1	正方形	200×200×50 300×300×50 400×400×50
2	长方形	200×100×50 240×120×50 300×150×50 400×200×50

图 2-1-6 200 mm×100 mm×50 mm 的透水砖

④石材。石材的主要种类有规格板材、自然板材、料石与小料石、碎料面层。

规格板材：经加工而成的厚薄一致、形状规则的板材。规格尺寸依设计而定，石质多种，常见的有花岗岩、砂岩、青石等。根据板材表面特性，通常分为光面、火烧面、荔枝面、拉丝面等几种。

光面板材主面经打磨抛光形成光滑面。因沾水易滑，主要用于室内地面的铺装；机切面板材从原石上锯下以后，表面再未进行其他的加工，保留切割时的加工痕迹，稍显粗糙；火烧面板材主面经高温烤烧，因膨胀而崩裂，形成粗糙面，这种粗糙面不规则、深浅不一致(图 2-1-7)；荔枝面板材主面经手动专用工具(尖头铁凿)凿出麻面，这种麻面分布均匀、深浅较一致；拉丝面是在板材的主面上用专用设备开出均匀的浅槽。

以上几种板材除光面板材外，都可以用来进行室外铺装。

自然板材：未经加工或经较少加工，形状不规则或表面不平整的一类石材。这类石材大多取自页岩，层理清晰，如青石板（图 2-1-8）、黄木纹片岩等。

规格板材和自然板材厚度一般不超过 10 cm。如果浆铺，板材的厚度一般在 5 cm 以内；干铺时，为了保证铺装的稳定性，厚度一般在 5～10 cm。

料石与小料石：园林设计中，在一些特定的部位和为满足某些特定的需求，会使用大块的整石，厚度上通常大于 10 cm，这类石材统称为料石。如汀步、台阶石、路缘石等。为了展现某些特定的铺装效果，如异形图案等，需要用一些小块的料石，尺寸较小，通常会小于 20 cm，但厚度不小于 8 cm，这类石材称为小料石（图 2-1-9）。

碎料面层：碎料面层是各种石片、砖瓦片、鹅卵石（图 2-1-10）等碎料拼成的面层。碎料面层效果丰富、图案多样，同时要求做工细致。

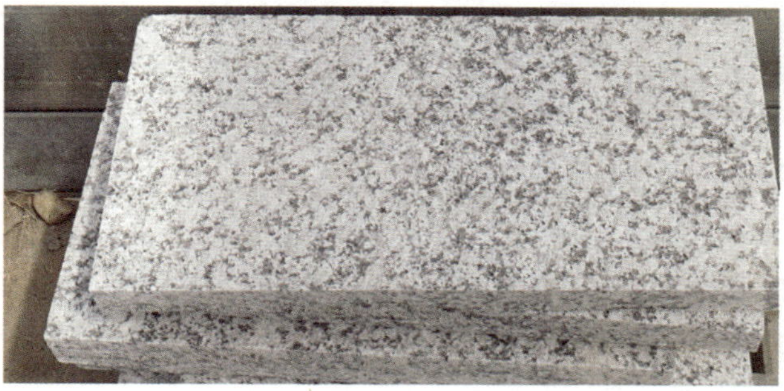

图 2-1-7　火烧面花岗岩

图 2-1-8　青石板

图 2-1-9　小料石

图 2-1-10　鹅卵石

⑤高分子材料。高分子材料主要是塑胶。塑胶跑道具有安全、平坦、抗冲击以及色彩丰富的特点，近年来绿道的建设通常结合健康跑道，塑胶跑道更是常将其应用其中。

(3)常见的铺装形式

①整体铺装。整体铺装常见的有水泥混凝土和沥青混凝土两种。

沥青混凝土铺装：用沥青混凝土铺筑成的路面平整干净，路面耐压、耐磨，适用于行车、人流集中的主要园路（图 2-1-11）。但沥青路面色调较深，不易与园林周围的环境相协调，在园林中使用不够理想。近年来由于新材料、新工艺的不断涌现，出现了彩色沥青混凝土路面，较好地活跃了环境的气氛。

水泥混凝土铺装：水泥混凝土可塑性强，可采用多种方法来做表面处理形成各种各样的图案、花纹。表面处理是直接在水泥混凝土的表面做各种各样的面层处理，其方法有抹平、硬毛刷或耙齿表面处理、滚轴压纹、机刨纹理、露骨料饰面、彩色水泥抹平、水磨石饰面、压模处理。

图 2-1-11　沥青整体铺装道路

②块料铺装。块料铺装是用石材、混凝土、烧结砖等预制的整形板材、块料作为结构面层，其基层常使用灰土、天然砾石、级配砂石等。预制块料的大小、形状，除了要与环境、空间相协调，还要适于自由曲折的线形铺砌；表面粗细等要适度。

其中，石材是所有铺装材料中最自然的一种，其耐磨性和观赏性都较高。如有自然纹理的石灰岩、层次分明的砂岩、质地鲜亮的花岗岩，即便是没有经过抛光打磨，由它们铺装的地面都容易被人们所接受。用石材预制的块料所铺设的园路，既能满足使用功能，又符合人们的审美要求。见图 2-1-12、图 2-1-13。

混凝土不比自然风化石材，但它造价低廉，铺设简单，可塑性强，耐久性也很高。用混凝土可预制成各种块料，通过一些简单的工艺，如染色技术、喷漆技术、蚀刻技术等，可描绘出各种美丽的图案，让它符合设计要求。

图 2-1-12　花岗岩铺装

图 2-1-13　小料石铺装

③粒料和碎料铺装。包括散置粒料路面、卵石嵌花路面。

散置粒料路面：使用砂或卵石，径粒在 20 mm 以下。花街铺地是我国古代园林铺地的代表，以砖瓦、碎石、瓦片等废料、碎料组成图案精美、色彩丰富的各种花纹地面(图 2-1-14)。如冰裂纹、席纹、长八方、攒六方、四方灯景、十字海棠等。

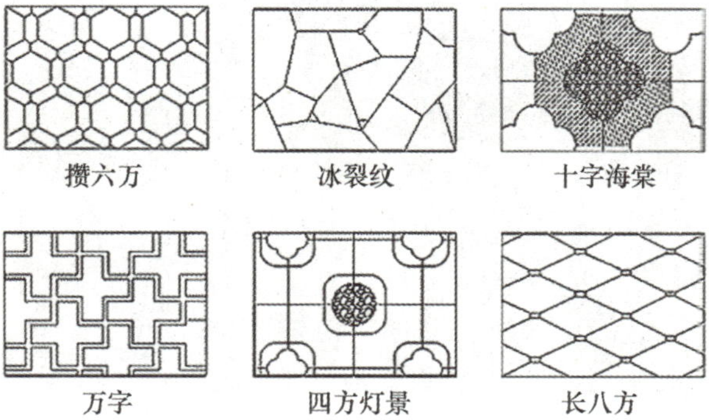

图 2-1-14　花街铺地

卵石嵌花路面：卵石价格低廉，在现代园林中应用较多，利用卵石铺成各种图案纹样构成园景，另外用卵石铺设的园路还可以进行足底按摩。还可以根据不同颜色的卵石进行构图，绘制成花朵(图 2-1-15)、树叶、葫芦、动物等图案纹样。

图 2-1-15　卵石铺装花朵图案

(4)园路的设计

①园林道路平曲线设计。主要包括园路的宽度、园路的线型、平曲线半径的选择和曲线加宽。

园路的宽度：主要园路是联系园内各个景区、主要风景点和活动设施的道路，是园林内大量游人所要行进的路线，必要时可通行少量管理用车，应考虑能通行卡车、大型客车，宽度为 4～6 m。

次要道路是主要园路的辅助道路，设在各个景区内，是各景区内部的骨架，联系着各个景点。考虑到园务交通的需要，应也能通行小型服务用车及消防车等，路面宽度常为 2～4 m。

游憩小路主要供散步休息、引导游人深入到达园林各个角落，如山上、水边、林中、花丛等。多曲折自由布置，考虑两人行走，其宽度一般为 1.2～2.5 m。

园路的线型：园路线型包括直线、圆弧(几何)曲线、自由(自然)曲线。

平曲线半径的选择：由当道路由一段直线转到另一段直线上去时，其转角的连接部分均采用圆弧形曲线，这种圆弧的半径称为平曲线半径。

二维码 8
曲线加宽

曲线加宽：汽车在弯道上行驶，由于前后轮的轮迹不同，前轮的转弯半径大，后轮的转弯半径小。因此，弯道内侧的路面要适当加宽。转弯半径越小,加宽值越大。一般加宽值为 2.5 m,加宽延长值为 5 m(图 2-1-16)。

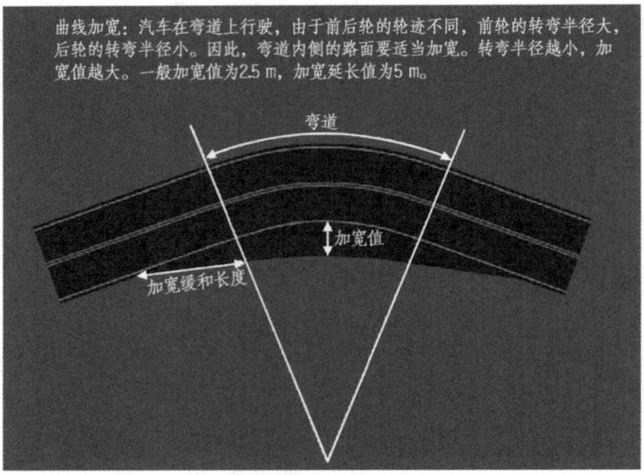

图 2-1-16　曲线加宽示意图

②园林道路竖曲线设计。

园路纵断面设计:满足园林造景需要,园路应是增加景色,而非破坏风景;园路的设计要符合设计规范,包括园路的半径、纵坡、加宽、曲线长度等;道路中心线高程应与城市道路有合理的衔接。

园路的纵横坡度:一般园路的纵坡度为 0.3%～0.8%(图 2-1-17),纵坡度为 12°时,道路需要采取防滑措施。当坡度在 12°～35°时应设台阶,在 35°～40°除了要加台阶外还应设有休息平台,到 60°时还应加扶手,在 60°～90°时还应有攀梯。

横坡一般为 1%～5%,纵坡小时横坡可大些(图 2-1-18)。

图 2-1-17　园路纵坡

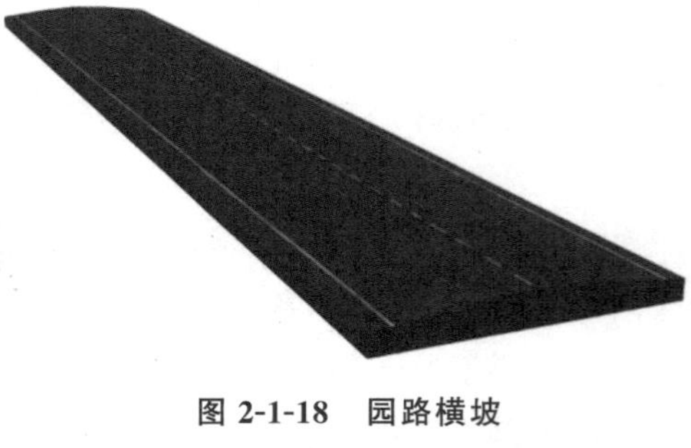

图 2-1-18　园路横坡

二维码 9
未设置超高危险

弯道与超高:当汽车在弯道上行驶时,产生的横向推力叫离心力。为了防止车辆向外侧滑移,抵消离心力的作用,就要把路的外侧抬高。道路外侧抬高为超高。超高与道路半径及行车速度有关,一般为 2%～6%(图 2-1-19)。

竖曲线:当道路上下起伏时,在起伏转折的地方,由一条圆弧连接,这条圆弧是竖向的,工程上把这样的弧线叫竖曲线,竖曲线应考虑行车安全(图 2-2-20)。

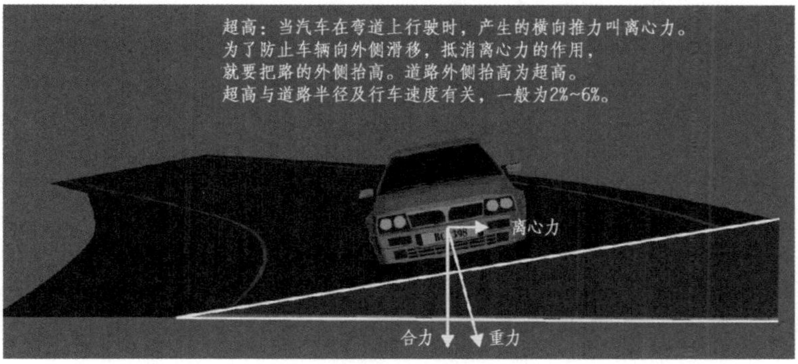

图 2-1-19 超高

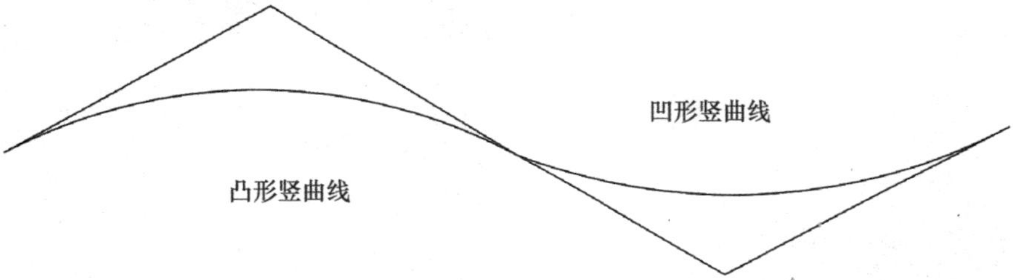

图 2-1-20 竖曲线

③园林道路的结构设计。园林道路结构由面层、结合层、基层、路基和附属工程 5 部分组成(图 2-1-21)。

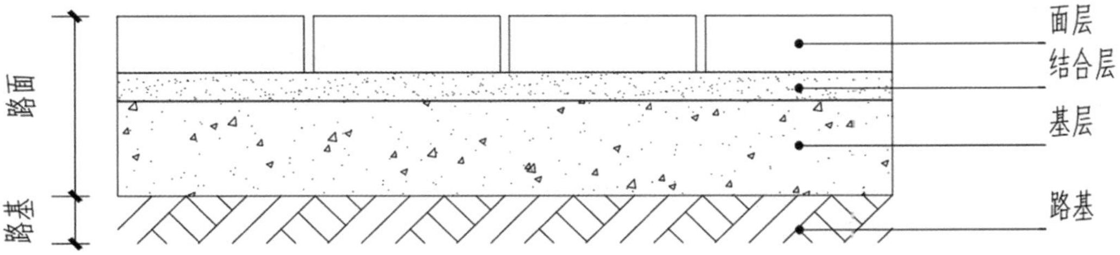

图 2-1-21 园路结构示意图

面层：要坚固、平稳、耐磨损、具有一定的粗糙度、少尘埃、便于清扫。如面层选择不好，就会给游人带来“无风三尺土，雨天一脚泥”或反光刺眼等不利影响。

结合层：在采用块料铺筑面层时，在面层和基层之间，为了结合和找平而设置的一层。一般用 3～5 cm 的粗砂、水泥砂浆或石灰砂浆。粗砂：施工简单，遇水易使砂子流失，而使得面层不平整；石灰砂浆：密实性好，石灰遇水后自动凝固；水泥砂浆：整体性好，强度高，造价高。

基层：在土基之上，起承重作用。基层不直接接受车辆和气候因素的作用，对材料的要求比面层低。一般用碎(砾)石、灰土或各种工业废渣等筑成。无冰冻，土质坚实，排水良好时可无需基层；碎石、砂石等可用于无冰冻地区；灰土基层有一定强度和稳定性，适用范围较广；冰冻地区，地下水位较高时，宜用煤渣、矿渣等工业废渣。

路基：是路面的基础，它不仅为路面提供一个平整的基面，还能承受路面传下来的荷载。

附属工程：道牙用于保护路面、便于排水、标志行车道、防止路面横向伸展（图 2-1-22 至图 2-1-25）。

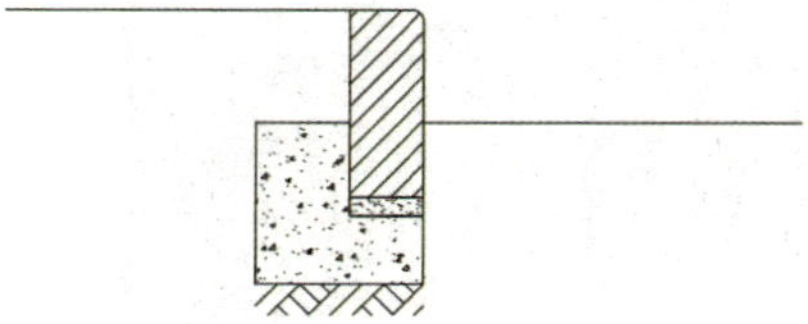

图 2-1-22　立道牙

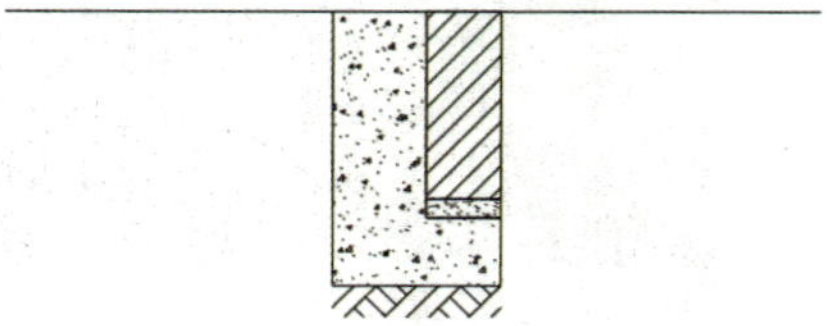

图 2-1-23　平道牙

图 2-1-24　混凝土道牙石

图 2-1-25　花岗岩道牙石

收集路面雨水，常用砖块砌成明沟和雨水井；坡度超过 12°时，不通车的路段设台阶；在坡度较大的地段上，一般纵坡超过 15%时，本应设台阶，但为了能通行车辆，将斜面作成锯齿形坡道称为礓礤（图 2-1-26）。

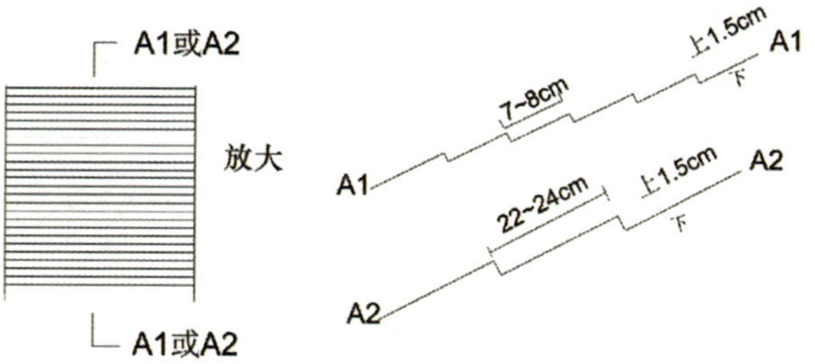

图 2-1-26　礓礤示意图

3. 任务实施

◇ 子任务 1　整体铺装设计

(1)适用对象及材料选择

整体路面一般采用沥青混凝土和水泥混凝土铺筑。沥青混凝土铺筑成的路面具有平整干净，路面耐压、耐磨等特点；水泥混凝土则具有可塑性强、抗压、抗弯、抗磨损等特点，可采用拉毛、压槽、拉槽、刻槽等方法来处理表面，以便形成各种各样的图案、花纹。

沥青混凝土通常适用于行车、人流集中的主要园路。但沥青路面色调较深，不易与园林周围的环境相协调，在园林中使用不够理想。近年来由于新材料、新工艺的不断涌现，出现了彩色沥青混凝土路面，较好地活跃了环境的气氛。近年来随着乡村振兴战略的推进，新农村建设道路施工多数以水泥混凝土路面为主。

(2)形式设计

首先明确功能，决定道路类型。尽管园林道路的建设是以休闲游憩为目的，但是设计者应该全面考虑问题，生产、救护、消防、游览等用途均应该体现，整体铺装的园路设计通常运用在主路中，根据周围环境进一步确定道路宽度、曲直等。

(3)结构设计

以水泥混凝土路面为例，根据面层车辆荷载选用厚度，行车荷载≤5 t，选用 120 mm 厚 C25 混凝土面材；荷载 5～8 t，选用 180 mm 厚面材；行车荷载 8～13 t，选用 220 mm 厚面材。分块捣制，每块长度不大于 6 m，缝宽 20 mm，用松木条嵌缝。结合层选用 300 mm 厚三七灰土(一种以石灰、黏土按一定比例配制而成具有较高强度的建筑材料)，分两步夯实。基层素土夯实(图 2-1-27)。

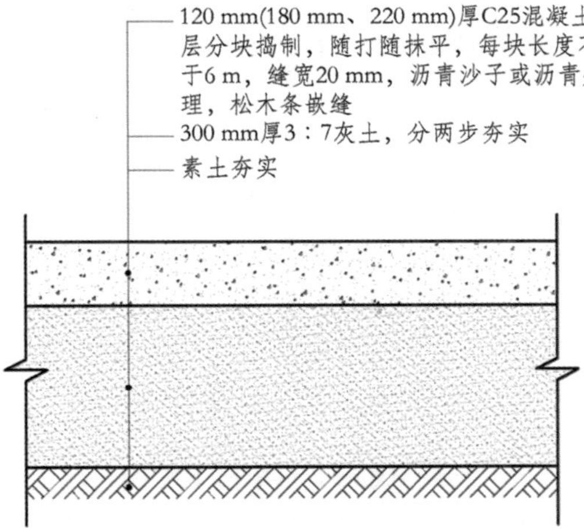

图 2-1-27 水泥混凝土路面

◇ 子任务 2 块料铺装设计

(1)适用对象及材料选择

用石材预制的块料所铺设的园路，既能满足使用功能，又符合人们的审美要求。混凝土虽然比不上自然风化石材，但它造价低廉、铺设简单，可塑性强，耐久性也很高。混凝土可预制成各种块料，通过一些简单的工艺，如染色技术、喷漆技术、蚀刻技术等，可描绘出各种美丽的图案，让它符合设计要求。在小庭院设计中，通常采用简单的砖材、石材，通过不同的铺砌、拼接方式达到画龙点睛的艺术效果。

(2)形式设计

首先明确功能决定道路类型，尽管园林道路的建设是以休闲游憩为目的，但是设计者应该全面考虑问题，块料铺装路面通常应用于人行路、停车场、回车场等，根据图案和纹样确定材料色彩的搭配，色彩要与周围景物相协调，同时材料的强度与表面处理形式、耐久性及环保程度也要考虑进来。在庭院设计中我们可以采用“人”字形铺砌（图 2-1-28a）、“回”字形铺砌（图 2-1-28b）、顺铺（图 2-1-28c）等方式。

（a）

（b）

（c）

图 2-1-28　块料铺装样式

（3）结构设计

在景观设计大赛中，为了节约环保、拆卸方便、资源再利用，我们通常省略混凝土基层等中间步骤，素土夯实后，细沙找平，直接铺设透水砖。

按照 GB 50010—2010《混凝土结构设计规范》规定，普通混凝土划分为 14 个等级，即：C15、C20、C25、C30、C35、C40、C45、C50、C55、C60、C65、C70、C75、C80。影响混凝土强度等级的因素主要有水泥等级和水灰比、集料、龄期、养护温度和湿度等。

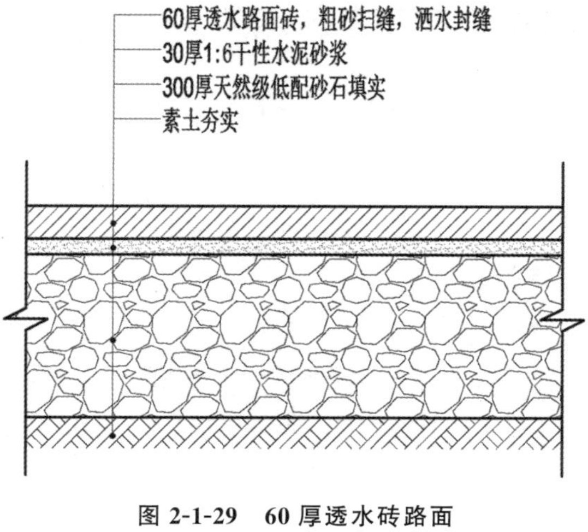

图 2-1-29　60 厚透水砖路面

2.1.2 砌体设计

1. 任务描述

在园林建造中，砌筑项目占有很大的比重。砌筑通常是指使用砖块、石块等，以砂浆作为黏合剂（或者不使用砂浆，干垒），建造成具有一定功能和体量的构筑物。在园林中，通过砌筑建造的构筑物种类繁多，常见的有花坛、景墙、挡土墙、水池和台阶等。

花坛是种植花卉或灌木的用砖砌体或混凝土结构等围合的小型构造物（图 2-1-30）。池内填种植土，设计排水孔和滤层，其高度一般不超过 60 cm。有时考虑与休息坐凳结合设计（图 2-1-31），则高度在 40～45 cm。景墙在园林设计中，以其本身优美的形式构成园林中具有欣赏内容的一个独立单元（图 2-1-32、图 2-1-33），同时园林意境的空间构思与创造，往往又具体地通过它们作为空间的分隔、穿插、渗透、陪衬来增加景深变化，扩大空间，使方寸之地能小中见大，并在园林艺术上巧妙地作为取景的画框，随步移景。挡土墙是指支承路基填土或山坡土体、防止填土或土体变形失稳的构造物。园林中应用广泛的是重力式挡土墙（图 2-1-34），即依靠墙体自身重量抵抗坡体（土体）的侧压力。挡土墙起着防护作用，可靠性十分重要，因此在设计和建造技术上有着严格的规范要求。驳岸是通过混凝土浇筑、石材或者砖砌体砌筑而成的水池，通常为规则式（图 2-1-35），水体的驳岸大多是垂直驳岸，岸线呈规则的几何图形。

图 2-1-30 砖砌花坛

图 2-1-31 花坛座椅

图 2-1-32 砖砌景墙

图 2-1-33 黄木纹干垒景墙

图 2-1-34　重力式挡土墙

图 2-1-35　规则式水池

本任务要求在 7 m×7 m 的小庭院方案中设计花坛、景墙和水池等小型构筑物，明确如何通过施工图纸表达砌体要素设计内容。

任务具体说明：

子任务 1，设计砖砌花坛的施工图。满足种植花卉或灌木的功能需求；实现与环境和谐、丰富景观层次、吸引视线的视觉效果；尺寸需科学、合理，便于施工。

子任务 2，设计砖砌或石材干垒景墙的施工图。使景墙在具有屏蔽视线、划分空间等作用的同时，兼具搭配水池营造出动态水景的功能；尺寸需科学、合理，便于施工。

子任务 3，设计规则水池的施工图。水池应同附近景墙等景观遥相呼应；水面低于地面，面积不超过园林景观面积的 40%；此任务中需要考虑到水池防水需求，但具体内容将在水景设计中详述；尺寸需科学、合理，便于施工。

2. 知识引领

(1)常用砌体材料

砌体结构所用的材料有砖、砌筑砂浆、天然石材以及其他材料如锈板、木材等非传统材料。

①砖。根据材质和生产工艺分为烧结砖、混凝土砖和轻质砖 3 类。

烧结砖：是黏土经糅合、制坯、干燥、预热、煅烧、冷却等过程制成(图 2-1-36)。依其颜色分青砖、红砖两种，多用于墙体砌筑。烧结砖是取黏土烧制而成，对环境污染严重，且用烧结砖砌成的墙体保温性能比较差，为推进墙体材料革新、节约能源、有效地保护耕地和大气环境，促进

图 2-1-36　烧结砖

节能减排目标任务的实现，各地都出台相关政策和法规，逐步限制和禁止烧结砖的生产和销售。

混凝土砖：是以水泥为胶结材料，与砂、石砾（轻集料）等加水搅拌、压制成形，经养护而制成的一种混凝土预制品。分为混凝土实心砖（图 2-1-37）及混凝土多孔砖（图 2-1-38）。混凝土砖因其制作简便、价格便宜、强度能满足使用要求，而在建筑上广泛应用。

图 2-1-37　混凝土实心砖

图 2-1-38　混凝土空心砖

轻质砖：是以石粉、水泥、石灰、矿渣等为主要原料，经浇筑切割成型，高温蒸压工艺生产的混凝土砌块，也称为加气砖。轻质砖因其质量轻、强度低、孔隙度大、保温性能好、抗震性强等特性，主要应用于非承重墙砌筑和框架结构填充。在园艺项目竞赛中可用来作为坐凳基础和花坛围合（图 2-1-39）。

图 2-1-39　轻质砖围合花坛

砖块的尺寸与墙体尺寸关系密切，为了满足不同设计需求，砖块有多种规格尺寸。其中，标准砖的尺寸为 240 mm×115 mm×53 mm。因墙体功能不同，厚度有所差异，常见的墙体厚度见表 2-1-2。用标准砖通过不同的组砌方式，砖体尺寸加上灰缝的宽度（10 mm），可以准确地建造表 2-1-2 中各种厚度的墙体。

由于现代建筑多采用框架结构，承重已经不再是墙体的主要功能。墙体主要是用来分隔空间。因此，重量轻、隔音好、环保、造价低的砖块应用也十分广泛。表 2-1-3 是建筑中常用的轻质砖规格尺寸。

表 2-1-2　常见墙体厚度

墙体名称	标称厚度/mm	实际厚度/mm	适用范围
半砖墙(12 墙)	120	115	非承重墙,常用于隔断空间
3/4 墙(18 墙)	180	178	单层建筑的承重墙、隔断墙等
单墙(24 墙)	240	240	承重墙
一砖半墙(37 墙)	370	365	承重墙,适宜较寒冷地区
二砖墙(49 墙)	490	490	承重墙,适宜寒冷地区

表 2-1-3　常用砖规格尺寸

墙体名称	规格/mm	备注
多空黏土砖	240×115×53	尺寸同标砖,可混用
空心砖	190×190×90	非承重
	240×115×90	承重
混凝土小型空心砖	390×190×190	非承重
加气砖	长度 600,宽度 100、120、125、150、180、200、240、250、300,厚度 200、240、250、300	重量轻,隔音、保温效果好

②砌筑砂浆。砂浆是墙体中砖和砖之间的黏合剂,使砖块之间结合紧密,墙体稳定可靠。根据主要成分不同,砂浆可分为石灰砂浆、水泥砂浆和复合砂浆等。

石灰砂浆主要是石灰和细砂按一定配合比,加水充分搅拌而成。水泥砂浆的主要成分则是水泥和沙子。此外还有复合砂浆,是在砂浆中添加了高分子化合物,可以增加砂浆的黏稠度,更方便使用。

砂浆的配合比与砂浆的强度直接相关。配合比关系到墙体的牢固程度,砌筑中常用的砂浆配合比有 1∶1、1∶3 和 1∶5(水泥和沙子的质量比)几种。砌筑常用的砂浆强度表示为 M5、M7.5(砂浆可以承受的强度为 5MPa、7.5MPa)等,不同的强度对应不同的配合比。

③天然石材。目前较常使用的天然石材原料大致分为毛石、料石及片岩 3 种。根据加工程度和厚度不同,毛石和料石可进一步细分。

毛石:是指未成形的石头,是爆破后获得的不规则形状的岩石块,未经加工、处于自然状态,也称乱石(图 2-1-40)。

料石:是通过手工切割或机械加工制成,具有相对规则形状的六面体石材(图 2-1-41)。根据表面处理的程度和平坦度,可分为毛料石、粗料石、半细料石、细料石 4 种类型;根据形状可分为条状、方石状和拱形。料石可用作景观小品、石凳和台阶等。常用的料石规格为:长 100～120 cm、宽 20～40 cm、高 40～60 cm,也可根据构筑物尺寸定制。

片岩:是指符合工程要求,经开采未经加工、形状不规则、边长通常不小于 15 cm 的较薄石块。常用来干垒石墙的片岩有黄木纹片岩(图 2-1-42)和青石(图 2-1-43),也有为了营造特定的景观,而将花岗岩切割加工成片状的,如雪浪石。

图 2-1-40　毛石

图 2-1-41　料石

图 2-1-42　黄木纹片岩

图 2-1-43　青石

④其他材料。在现代园林中，为了反映不同园林景观，构筑物的建造还运用了一些非传统材料，如木材、混凝土、锈板等。木材与钢材、水泥并称为三大建筑材料。

木材：建筑上用的木材常以 3 种规格供给。即原木、板材和枋材。木材有以下优点：质轻而强度高、弹性和韧性好、保温隔热性好、耐久性好、装饰性佳，并且易于加工。但木材也有缺点，如构造不均匀、胀缩变形大，易腐、易燃、易蛀等。为了提高木材的耐久性、延长木材的使用年限，常需对木材进行干燥、防腐、防火等处理。防腐木材被广泛应用于建造花坛、台阶(图 2-1-44)和挡土墙(图 2-1-45)等。

图 2-1-44　木材建造台阶

图 2-1-45　木材建造挡土墙

普通混凝土:是将水泥、砂、卵石或碎石及水按适当比例,经混合搅拌,硬化成型的一种人工石材。混凝土抗压强度高、抗拉强度较低,所以一般与抗拉能力强的钢筋组成复合构件,即钢筋混凝土。混凝土强度等级有 14 级,分别是 C15、C20、C25、C30、C35、C40、C45、C50、C55、C60、C65、C70、C75、C80。

锈板:即是锈的钢板,也称耐候钢。应用锈板制作一些构筑物,如雕塑、景墙(图 2-1-46)、廊架、花坛(图 2-1-47)、挡土墙等。钢板表面的锈色随时间的推移而产生变化,呈现出特定的质感,因而在现代园林设计中,为设计师所青睐。

图 2-1-46 锈板建造景墙

图 2-1-47 锈板建造花圃

(2)墙厚与组砖

组砖是指砖块在墙体中的排列方式。不同的墙体厚度是用砖块以不同的排列方式实现的,如图 2-1-48。砖块在摆放时,长边与构筑物方向一致,称为顺(顺砖);长边与构筑物方向垂直,称为丁(丁砖);每一层砖称为一皮。

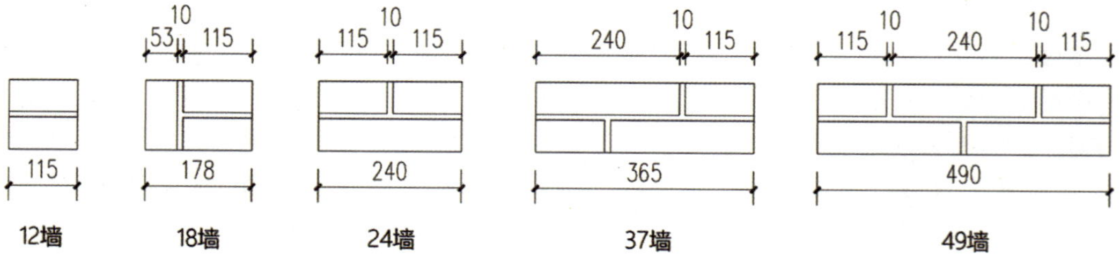

图 2-1-48 砖墙的厚度与组成

①半砖墙:也称 12 墙,墙体标称厚度为 120 mm,实际厚度为 115 mm。半砖墙在砌筑时,组砖方式只有一种,即全顺组砖,即每层砖块的长边均与构筑物方向一致(图 2-1-49a)。

②3/4 墙:也称 18 墙,即墙体标称厚度是 180 mm。用标砖砌筑厚度为 180 mm 的墙体时,两块顺砖平砌,一块顺砖立砌,简称两平一侧砌法(图 2-1-49b)。

③单墙:也称 24 墙,即墙体的厚度是 240 mm。用标砖砌筑单墙时,组砌方式通常有以下几种(图 2-1-50):

全丁:全部按丁砖方式进行组砖。全丁方式组砖因竖缝显得零碎、墙面不美观,因此只在弧形墙体砌筑时才采用。

图 2-1-49 砖墙的不同组砌方式

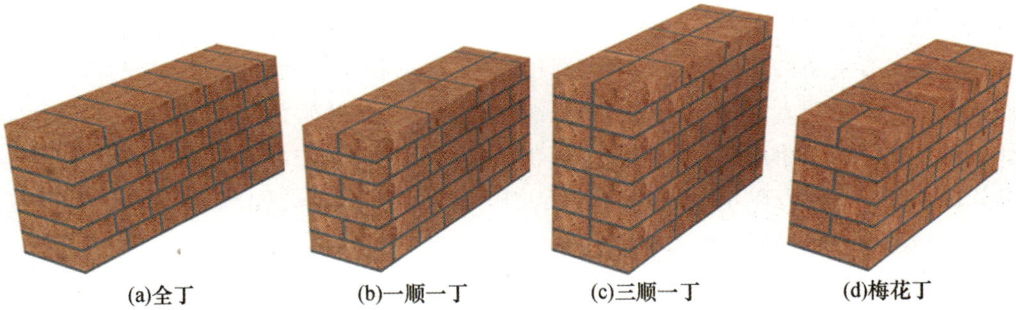

图 2-1-50 24 砖墙的不同组砌方式

一顺一丁：一皮顺砖和一皮丁砖上下间隔砌成，上下皮顺砖与丁砖间竖缝相互错开 1/4 砖长。该砌法质量与工效俱好。

三顺一丁：连续三皮全部采用顺砖与一皮采用丁砖上下间隔砌成，上下相邻两皮顺砖间的竖缝相互错开 1/2 砖长，上下皮顺砖与丁砖间竖缝相互错开 1/4 砖长。该砌法因砌顺砖较多，所以砌筑速度快，但因丁砖拉结较少，结构的整体性较差。

梅花丁：每一皮中均采用顺砖与丁砖左右间隔砌成，每一块丁砖均在上下两块顺砖长度的中心，上下皮竖缝相互错开 1/4 砖长。该砌法砖缝整齐、外表美观、结构整体性好，但砌筑效率较低。

④一砖半墙：也称 37 墙，墙体标称厚度 370 mm。一砖半墙砌筑时，每皮组砖采用一排顺砖加一排丁砖，上下皮组砖相同，内外交错(图 2-1-49d)。

⑤两砖墙：也称 49 墙，墙体标称厚度 490 mm，排砖方式如图 2-1-49e。

综上所述，标准砖的组砌方式通常包括全顺、两平一侧、全丁、一顺一丁、三顺一丁和梅花丁，不同组砌方式有各自的适用范围，需要实际工程中具体问题具体分析，选择合适的组砌方式。

(3)砌体设计施工图表达

花坛、景墙、水池等砌体施工图设计内容通常包括：总平面布置，包括砌体图谱、大样编号及索引符号；砌体的位置、设计或测量坐标、设计标高；施工详图，包括平面、立面、剖面或断面图；相应的设计说明。以上设计内容应满足第 1.1.3 和 1.1.4 节所述的深度要求。

简单的砌体在施工详图中可绘制底平面图和顶平面图，如坝形黄木纹干垒石墙的底层平面图和顶层平面图，或压顶花坛的墙体平面图和压顶平面图，主要表示砌体在水平面上的布局关系，图纸中应标注尺寸、材料、标高和剖切符号。立面图主要表示砌筑墙体在垂直面上的外貌景观，及砖砌墙体的组砌方式，图纸中应标注尺寸、材料和标高。剖面或断面图主要表示砌体在垂直面上的结构关系和做法，图纸中应表示各个构件材料的名称、规格以及施工工艺要求的文字说明。此外，在剖面或断面图中应表达砌体结构的基础做法，并明确其与周边构筑物的衔接关系。

3. 任务实施

◇ 子任务 1　砖砌花坛设计

(1)形式设计

花坛种类，有着多种划分方法。在实践中，一般根据视维空间的不同，将花坛分为平面花坛与立体花坛；根据规划形式不同，将花坛分为单体花坛（相对孤立而缺少陪衬的花坛）与群组花坛（由多组单体花坛组成的大型花坛）；依花坛功能分为主景花坛和配景花坛。依据任务说明，在 7 m×7 m 的小庭院中设计花坛景观，因为庭院面积较小，适合应用单体平面花坛。花坛的面积一般不应超过场地面积的 1/3，不小于 1/15。

花坛通常包括种植床和花坛壁。为了给人最好的视觉效果，一般常采用内高外低的形式，使花坛形成自然斜面，在花坛种植床的周围要用花坛壁保护起来。小型花坛池壁高度一般不低于 15 cm、不超过 50 cm，便于观赏者能看到花坛内清晰纹样，花坛壁顶部应高于种植土 3 cm 左右；池壁宽度通常为 10～15 cm，花坛壁宽度要与花坛体量相匹配，一般不超过 20 cm，故砖砌花坛壁常为 12 墙砌筑，也可见 18 墙砌筑。设计时要求表现形式、主题思想等因素能与环境相互协调，尤其要考虑花坛与建筑物的关系、花坛与道路的关系以及花坛与周围植物的关系，如平面横向的花坛和纵向建筑物或乔灌木的对比关系，花坛的轮廓与周围道路或广场是呼应还是对比，花坛所体现的设计内涵与环境的功能、风格是否相宜等。另外，花坛可以与硬质景观搭配组合，如建筑物、水池、山石小品等，增加其艺术表现力和感染力。如水池旁布置花坛，不仅能丰富水池的色彩，还可作为喷水池的背景，使园林水景更显亮丽；花坛和山石相结合，可使山石与鲜花质感对比强化，从而创造出刚柔结合，相得益彰的效果。

(2)材料选择

花坛建造所需要的材料通常分为砌体材料、贴面材料和装饰抹灰。砌体材料包括砖、石材、卵石等，砖砌花坛顾名思义采用砖作为砌体材料，通过选择砖的颜色、质感，以及砌块的组合与勾缝的变化，形成美的外观，勾缝变化如图 2-1-51、图 2-1-52 所示。贴面材料包括饰面砖、饰面板、青石板和水磨石饰面板等。装饰抹灰的使用材料包括水刷石、水磨石、斩假石、黏石、喷砂等。

(3)结构设计

花坛结构设计包括基础设计和砌体结构设计，立体花坛还应考虑骨架设计和喷灌系统设计。基础设计应充分考虑地基承载力的允许值，以及立体花坛造型荷载支撑构件的合理布置。

图 2-1-51 砖的勾缝类型

图 2-1-52 石块勾缝装饰

基础是承受上部荷载、稳定造型形体的重要结构，它不仅本身要有足够的强度，不能因受重荷而变形、破损，而且与它接触的土层（即地基）也要有足够的承载强度，这种强度依土质而定。当花坛荷载不大时，只要不是腐殖土或回填土，只需进行地基土层夯实，使之达到一定承载强度即可；若上部承载较重，则需进行地基土质的测试，并进行地基承载力的演算。当上部荷载不大时，可采用毛石、砖基础，亦可采用毛石混凝土或素混凝土基础；荷载较大时，则采用钢筋混凝土基础。砌体结构设计需考虑所用材料的尺寸规格、质量性能、每一层材料的排布方式，通常可以通过平面大样图、立面图和剖面图（断面图）来表达（图 2-1-53）。

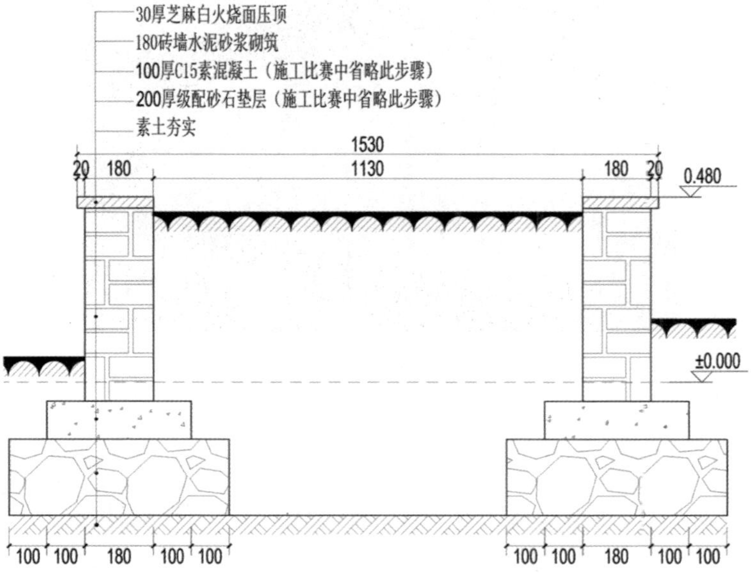

图 2-1-53 18 砖墙花坛断面图

◇ 子任务 2　砖砌景墙设计

(1)形式设计

景墙形式繁多,从外观上按造型特征分,有高矮、曲直、虚实、光洁与粗糙、有檐无檐等,其形式大致可分为平直顶墙、云墙、龙墙(图 2-1-54)、花格墙、花篱墙和影壁墙(图 2-1-55)6 种。

图 2-1-54　龙墙

图 2-1-55　影壁墙

景墙一般以锯齿形错开或沿墙轴线前后错动,折线、曲线和蛇形布置,其稳定性好。而直线形稳定性较差,须增加墙厚或扶壁来提高稳定性。景墙常采用组合方式进行平面布置,如景墙与景观墙体建筑、景观挡土墙、花坛之间的组合,都将提高景观墙体的稳定性。

景墙是以造景为第一目的,外观设计上应处理好色彩、质感和造型,既要体现不同造型,又要表现一定的装饰效果。通过多种透空方式,形成框景,以增加景观的层次和景深;现代景墙常与喷泉、涌泉、水池等搭配,加上灯光效果,使其更有观赏性(图 2-1-56)。

图 2-1-56　配合灯效的景墙

(2)材料选择

以砖块为砌体材料,可以设计成实心的 12 墙和 24 墙,也可以设计为空心的一砖(240 mm 厚)、半砖(120 mm 厚)、空斗墙 3 种(图 2-1-57)。主要通过变化压顶、墙上花窗、粉刷、线脚以及平面立体构成组合来进行造型设计。目前较多的是在钢筋混凝土压顶下安置砖砌图案或钢筋混凝土预制花格,以此为虚,与作为下段的实心砖墙勒脚来组成。压顶、墙身、墙基俗称“三段式”(图 2-1-58)。为了保证墙身的纵向稳定,必须设砖墩。一般砖墩截面尺寸为 240 mm×

370 mm，墩柱距 3 m 左右，高度在 2.5 m 以下。景墙的尺寸设计需要与场地的总尺寸相协调，7 m×7 m 小庭院内的景墙高度一般不超过 1.2 m。

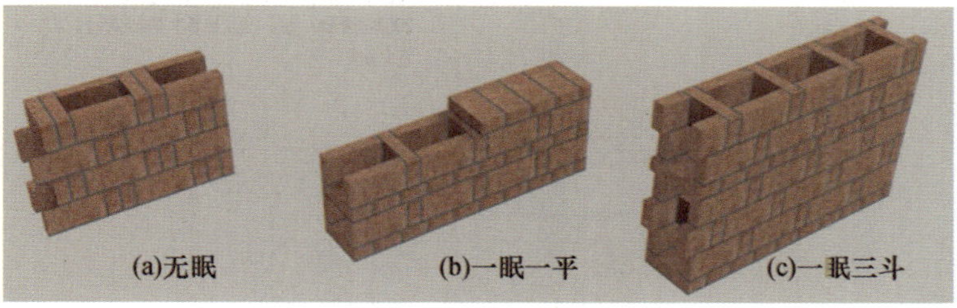

图 2-1-57 空斗墙

图 2-1-58 三段式景墙

(3)结构设计

一般景墙地基土上基础深度为 45～60 cm。在黏土上，基础埋深要求达到 90 cm 甚至更深。当地基土质不均匀时，景墙基础可以采用混凝土、钢筋混凝土，基础的宽度与埋深最好咨询结构工程师。景墙为适应热胀冷缩的影响，需要做伸缩缝和沉降缝。一般用砖、混凝土砌块所做的景墙，每隔 12 m 需留一条 10 mm 宽的伸缩缝，并用专用的有伸缩性的胶黏水泥填缝。本任务中的景墙尺寸较小，不需要设置伸缩缝。设计成三段式砖瓦结合的特色景墙，其断面图如图 2-1-59 所示。

◇ 子任务 3 规则式水池设计

(1)形式设计

规则式水池主要是采用钢筋混凝土或砖混结构做成，形状为规则的几何图形(图 2-1-60)，可以是弧形，也可以是多边形，还可以是弧边与直边混合式。规则式水池通常有明显的池壁和压顶结构。水池的具体形状要与庭院整体风格，以及其他要素的形状相协调。最好设计为动水池、不做静水池，通过出水口、水泵等装置使水循环流动起来。所以水池通常与干垒石墙、砖砌景墙或其他类型的景墙协同设计，景墙上设置出水口，池壁厚度为 240 mm。

(2)材料选择

水池壁采用标准砖进行砌筑，弧形池壁通常设计为全丁的组砌方式，直线形池壁，通常设计为顺丁结合的组砌方式。水池的建造中，防水的设计和施工是最为关键的部分，根据防水材

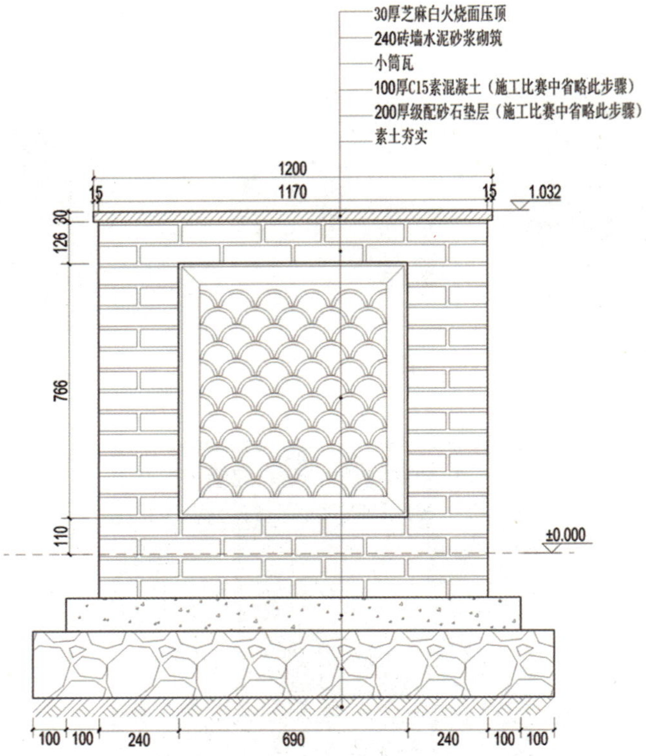

图 2-1-59　特色景墙断面图

图 2-1-60　规则式水池

料的不同，分为刚性材料水池和柔性材料水池。刚性防水材料以钢筋混凝土、砖、石、防水砂浆和防水混凝土为主；柔性防水材料包括防水涂膜和防水卷材等。这部分内容将在水景设计中进一步详述。

(3)结构设计

规则式水池一般设计为刚性材料水池，是钢筋混凝土整体现浇的水池，特点是池底、池壁均配钢筋，再整体浇筑混凝土。一般水池结构为池底素土夯实＋灰土或碎石＋混凝土垫层＋找平层＋防水层＋池底＋面层，池壁与底类似。池壁高于地面结构图绘制内容如图 2-1-61；园艺项目中砖砌规则式水池的结构进行简化，只砌筑池壁，简化的水池结构图绘制内容为素土夯实＋灰土层＋防水层＋240 砖墙水泥砂浆砌筑(图 2-1-62)。

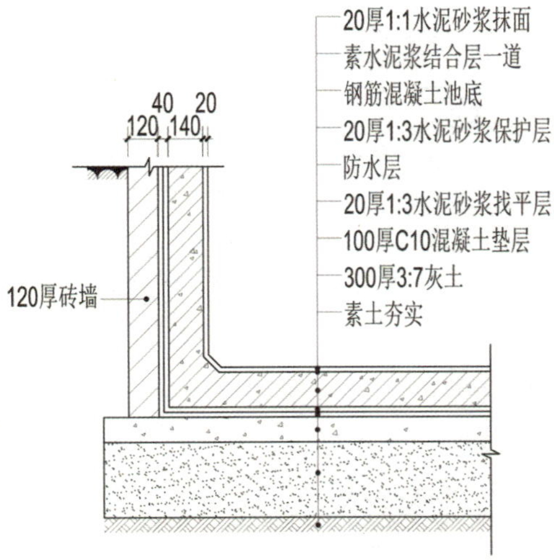

图 2-1-61 刚性材料水池结构图

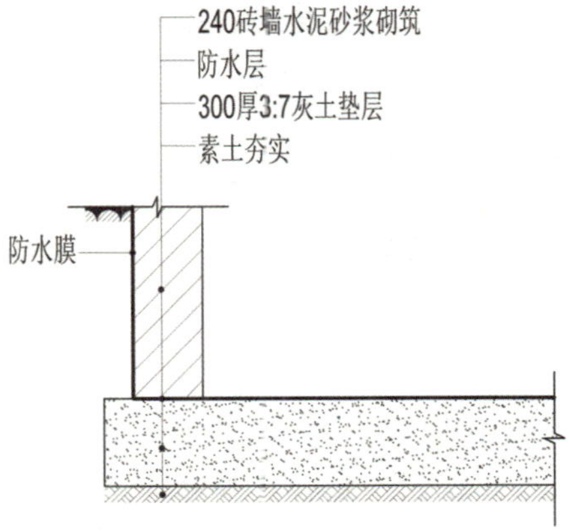

图 2-1-62 简化水池结构图

2.1.3 水景设计

1. 任务描述

水景工程设计是与水体造园相关的所有工程的总称。一般来说，主要包括园林水体建造工程、驳岸护坡工程、喷泉工程等部分。通常根据水的形态及构成的景观将园林中常见的水景形式分为静态水景和动态水景两种。静态水景有湖、池等；动态水景有流水、落水、喷泉等。

园林中的各种水景如湖、池、河、溪涧、瀑布、喷泉等常常是园林的构图中心，也是山水园最具特色的造园要素。湖属于静态水体，面积较大、水较深，可开展水上活动，有天然湖和人工湖之分。前者是自然的水域景观；人工湖则是人工依地势就低挖掘而成的水域，沿岸因境设景，自然天成(图 2-1-63)。此类水体需要有稳定、美观的岸线，并使陆地与水面之间保持一定的比例，为防止因水岸坍塌而影响水体，应在水体的边缘修筑驳岸(图 2-1-64)或进行护坡处理，目前常见有铺石护坡(图 2-1-65)和草皮护坡(图 2-1-66)。而池一般面积较小，岸线变化丰富且具有装饰性，水深较浅，不能开展水上活动，以观赏为主，常配以雕塑、喷水、花坛等。池可分为自然式水池(图 2-1-67)、规则式水池和混合式水池 3 种。

图 2-1-63 颐和园昆明湖

图 2-1-64 驳岸

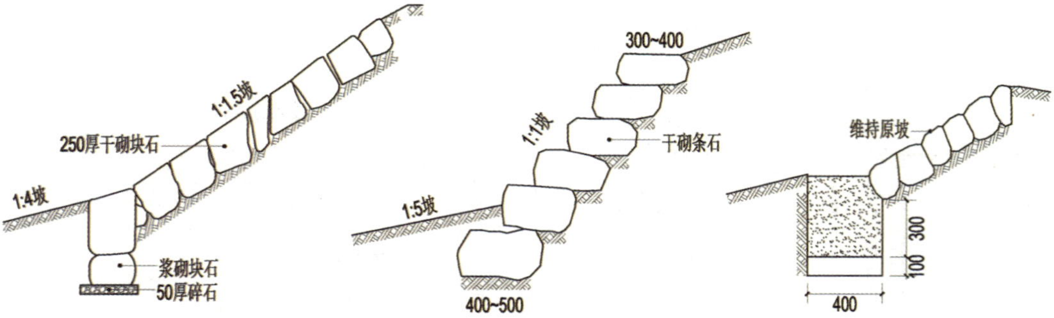

图 2-1-65　铺石护坡

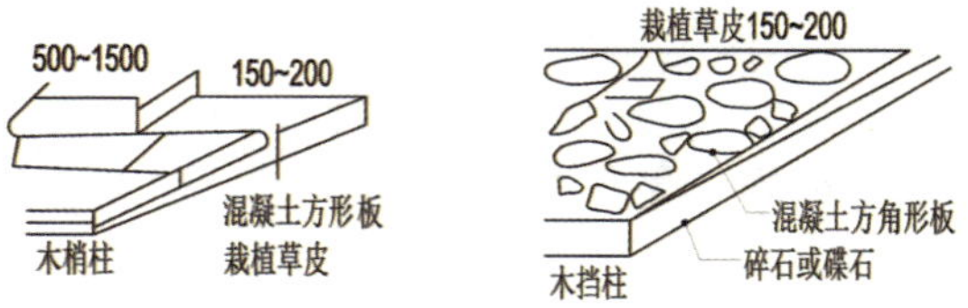

图 2-1-66　草皮护坡

图 2-1-67　自然式水池

本任务要求在 7 m×7 m 的小庭院方案中进行水体设计，明确如何通过施工图纸表达水体要素设计内容。

任务具体说明：设计自然式水体的施工图。严格控制水深；以种植水生植物为目的的水体要注意植物对水深的要求；实现与环境和谐、丰富景观层次、吸引视线的视觉效果；水景布置要结合环境条件，因地制宜，材料可取，尺寸科学，经济适用，便于施工。

2. 知识引领

水景工程设计主要是做好水体平面形状的设计，其次是对水体驳岸的结构进行设计，水景附属设施如桥、堤、观景平台、码头等。设计包括水体平面设计（表达湖岸线、池壁和水域范围）、竖向设计（表达水深、湖底地形）、结构设计（包括湖底、池底结构、水景附属设施和驳岸结构）。

静态水景一般指园林中以片状汇聚的水面为景观的水景形式，如湖、池等，它能反映出周围物象的倒影，给人以丰富的想象。动态水景以流动的水体，利用水姿、水色、水声来增强其活力和动感，令人振奋，从而烘托环境氛围，如小河、小溪、瀑布、喷泉等。

(1)水景的平面设计

自然式水景的平面形状，即湖岸线或者池壁的范围，多遵循“宜小不宜大”的原则，大水体的养护较困难，且面积过大容易失去使人亲近的感觉，而小水体便于养护，更能满足人们亲水性需求，如面临水体发生污染也可迅速治理；水体设计同样遵循“宜曲不宜直”的原则，在设计中遵循大自然规律，讲求“师法自然”，模拟蜿蜒曲折，收放自如。

水体空间划分处理手法可通过桥、岛、建筑物、堤岸、汀步石等手法来划分，以丰富水景空间的造型层次和景深感。

①桥：池中桥宜建于水面窄处。在小水面设桥，以曲折低矮、贴水而架最能“小中见大”，空间相互渗透流通，产生倒影，增加风景层次。桥与栏杆多用水平条石砌筑，适宜的尺度，令人顿生轻快舒展之感。在大水面设桥，应有堤桥分隔，并化大为小，以小巧取胜。其高低曲折，应视水面大小而定。

②岛：注意与水面的尺度比例协调，小水面不宜设岛。大水面可设岛屿，但不宜居中，应偏于一侧，自由活泼。池中可设岛，岛中也可设池，构成“池中池”的复合空间。

③堤岸：一般有土堤、池岸、驳岸、岩壁、石矶、散礁等，大水面常用堤岸来分隔水面，长堤宜曲折，堤中设桥，多为拱桥。桥孔不宜过多，以巧为上。堤岸贴近水面处可使石块挑出水面，凹凸结合，高低错落形成洞穴，从而自然地勾画出窈窕曲折的水面轮廓线，似泉若渊，深邃幽趣。

④水景平台：一般建于临水建筑如亭、榭、廊等与水面相交的地带，且平台前面的水面一定要比较广阔或纵深条件比较好。常采用规则的平面形式，一般不设计为自然式平面。在水面上建造水廊、榭、阁、舫等，临水而筑，构成近水楼台、平湖秋月式的空间环境。水榭、石舫栖于岸边、水中，其外层还可建水廊，使空间复合，倒影相映，别具一番水乡情趣。

⑤汀步：于小水面或大水面收缩或弯头落差处，可在水中置石，散点成线，借以代桥，通向对岸。汀石也可由混凝土仿制成。汀步半浸碧水，人步其间，有喜、有趣、有险。

规则式水景平面设计一般包括以下内容，平面位置尽量选择全园的构图中心；水池与周围环境、建筑物、地上地下管线需保持合适的距离；池岸岸顶标高、岸底标高；池底转折点、池底中心以及池底的标高、排水方向；进水口、排水口、溢水口的位置、标高；泵房、泵坑的位置、标高；喷头、种植池的平面位置和所取剖面的位置。

(2)水景的结构设计

①湖池结构设计。湖底做法应因地制宜。其中灰土底层做法(图 2-1-68)适于大面积湖体，混凝土底层做法(图 2-1-69)宜用于较小的湖池。

②小溪结构设计。溪底结构可分为混凝土结构和柔性结构。混凝土结构，在碎石垫层上铺上沙子(中沙或细沙)，垫层 2.5～5 cm，附上防水材料 (EPDM、油毡卷材等)，然后现浇混凝土，厚度 10～15 cm (北方地区可适当加厚)，其上铺 M7.5 水泥砂浆约 3 cm，然后再铺素水泥浆 2 cm，按设计铺上卵石即可。

如果小溪较小，水又浅，溪基土质良好，可直接在夯实的溪道上铺一层 2.5～5 cm 厚的沙子，再将衬垫薄膜盖上。衬垫薄膜纵向的搭接长度不得小于 30 cm，留于溪岸的宽度不得小于 20 cm，并用砖、石等重物压紧。最后用水泥砂浆把石块直接粘在衬垫薄膜上。

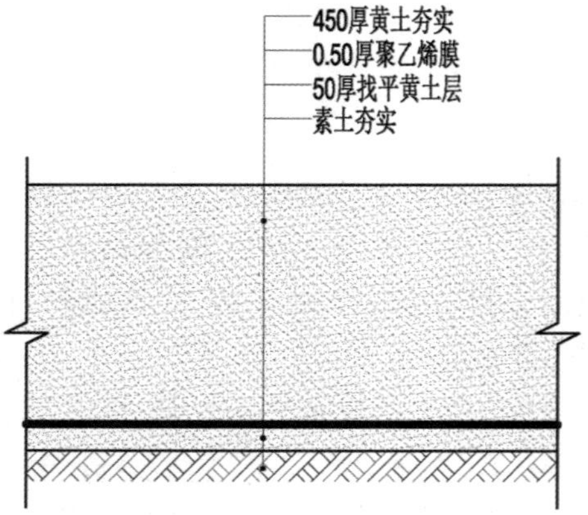

图 2-1-68　灰土底层做法

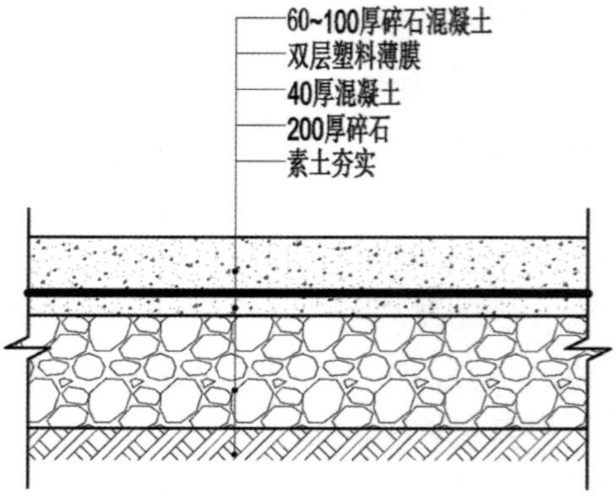

图 2-1-69　混凝土底层做法

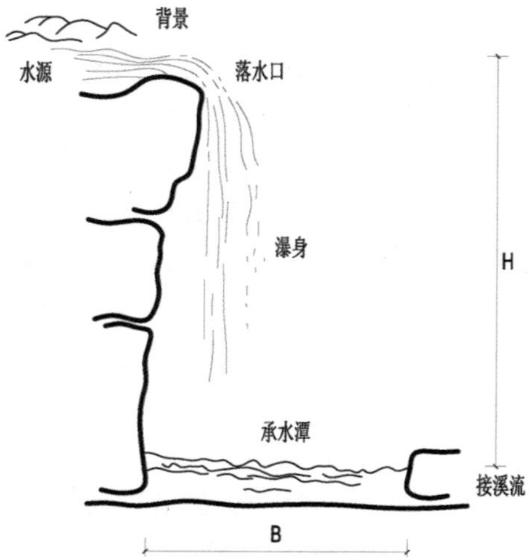

图 2-1-70　瀑布模式

③瀑布结构设计。瀑布需有足够水源及水位差供水才可形成良好的景观效果，人工瀑布需用水泵循环供水，且有过滤设备，在出口端需要设立水槽储水，水槽设于隐蔽处，水流经水槽再落下，根据落水流量可营造不同气势的瀑布效果。

瀑布一般由背景、上游水源、落水口、瀑身、承水潭和溪流 6 部分构成(图 2-1-70)。人工瀑布常以山体上的山石、树木组成浓郁的背景，上游积聚的水(或水泵动力提水)流至落水口，落水口也称瀑布口，其形状和光滑程度影响到瀑布水态，其水流量是瀑布设计的关键。瀑身是观赏的主体，落水后形成深潭经小溪流出。

④驳岸结构设计。驳岸由基础、墙身、岸顶组成。

基础是驳岸承重部分，通过它将上部重量传给地基(图 2-1-71)。因此，驳岸基础要求坚固，埋入湖底深度不得小于 50 cm，基础宽度则视土壤情况而定，砂砾土为 0.35～0.4 h，砂壤土为 0.45 h，湿砂土为 0.5～0.6 h，饱和土壤上为 0.75 h。墙身处于基础与压顶之间，承受压力最大，包括垂直压力、水的水平压力及墙后土壤侧压力。因此，墙身应具有一定的厚度，墙体高度要以最高水位和水面浪高来确定。岸顶应以贴近水面为好，便于游人亲近水面，并显得蓄水丰盈饱满。压顶为驳岸最上部分，宽度 30～50 cm，用混凝土或大块石做成，其作用是增强驳岸稳定，美化水岸线，阻止墙后土壤流失。

⑤水池的结构设计。目前园林景观人工水池可分为柔性结构、刚性结构以及临时简易水池，可根据特点选用，刚性结构水池即钢筋混凝土水池，具有寿命长、防漏性好的特点；柔性结构水池是指用不渗水材料做水池防水。另外池壁顶部与周围地面高差不宜过大，可与座椅、花池结合。池壁顶部可采用如图 2-1-72 所示形式。

刚性结构水池混凝土的厚度根据气候条件而定：一般温暖地区为 10～15 cm，北方寒冷地区为 30～38 cm。防水层做法常采用防水混凝土与防水砂浆结合的方法。

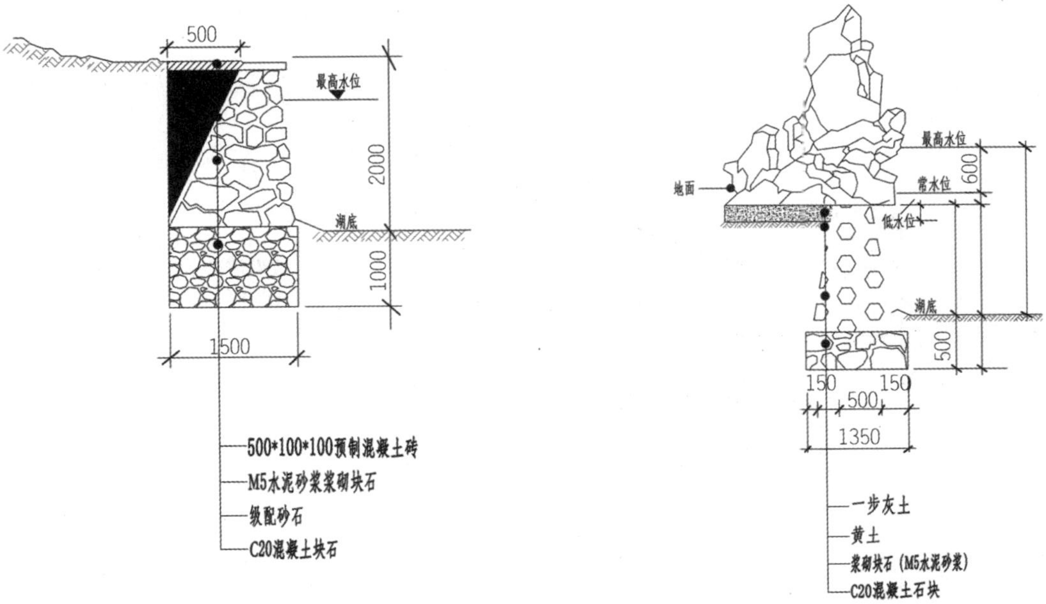

图 2-1-71　驳岸做法

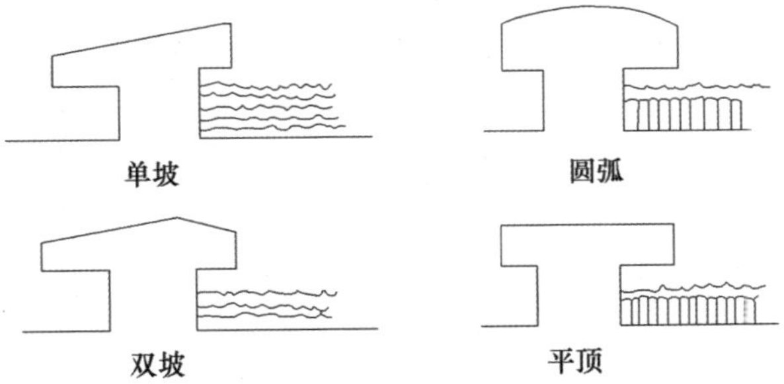

图 2-1-72　池壁顶部形式

柔性材料水池土基夯实，300 mm 厚 3∶7 灰土保护层，再将沥青席铺在灰土层上，端部用大块石压紧，随即铺小碎石一层。最后在表层散铺 150～200 mm 厚卵石一层（图 2-1-73）。

临时水池施工一般可以用红砖砌成池壁，其高度一般比设计水池的水深高 8～20 cm。池底可先用深蓝色吹塑纸铺一层，再用塑料布将池底和池壁铺垫，并将塑料布反卷包住池壁外侧固定，为了防止地面的硬物刺穿塑料布，可在最底层铺上厚 20 mm 的聚苯板，或用大幅牛皮纸保护。

3. 任务实施

(1)形式设计

小型人工湖则是人工依地势就低挖掘而成的水域，其水面宽阔平静，具有平远开朗之感。可运用规则式曲线和自然式曲线绘制，讲究自然流畅，开合相应。基本的形式如图 2-1-74 所示，还可在湖中利用人工堆土成小岛，用来划分水域空间，使水景层次更为丰富。

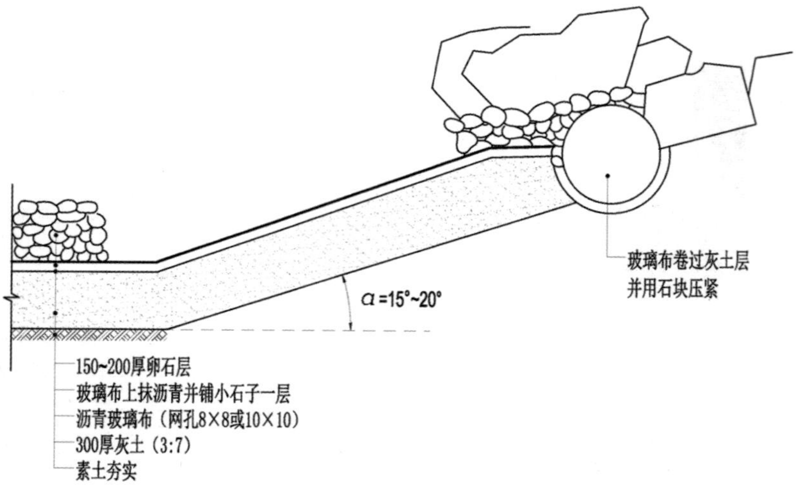

图 2-1-73　玻璃布沥青席水池

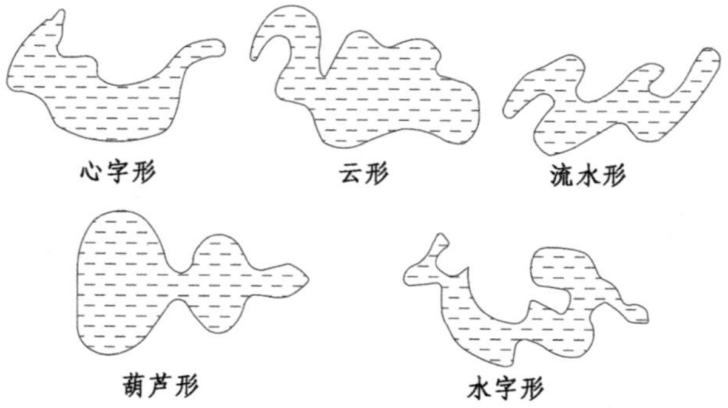

图 2-1-74　湖岸线平面设计

(2)材料选择

为保证土方平衡，小型人工湖多与地形结合，挖湖堆山形成山嵌水抱之势；湖池水面的大小宽窄与环境的关系比较密切。水面的纵、横长度与水边景物高度之间的比例关系，对水景效果影响较大，有时需要通过两岸岸线凸进水面而将水面划分；或通过堤、岛等进行分区。

(3)结构设计

人工湖设计可参考前面讲过的自然式水体结构，园艺项目中水池的结构进行简化，通过平面放线图表达水体位置及轮廓线，按照人工湖深度挖掘，素土夯实，上铺防水布撒满鹅卵石进行装饰，再置入潜水泵及管径 25 mm 钢丝水管，连接跌水盆(图 2-1-75)。

水池的给排水系统也尤为重要，常见的给水系统有直流给水系统、陆上水泵循环给水系统、潜水泵循环给水系统。直流给水(图 2-1-76)是将喷头直接与给水管网连接，喷头喷射一次后即将水排至下水道，这种系统构造简单、维护简单且造价低，但耗水量较大，常与假山、盆景配合，作小型喷泉、瀑布、孔流等，适合在小型庭院设置。

陆上水泵循环给水系统(图 2-1-77)设有贮水池、循环水泵房和循环管道，喷头喷射后的水

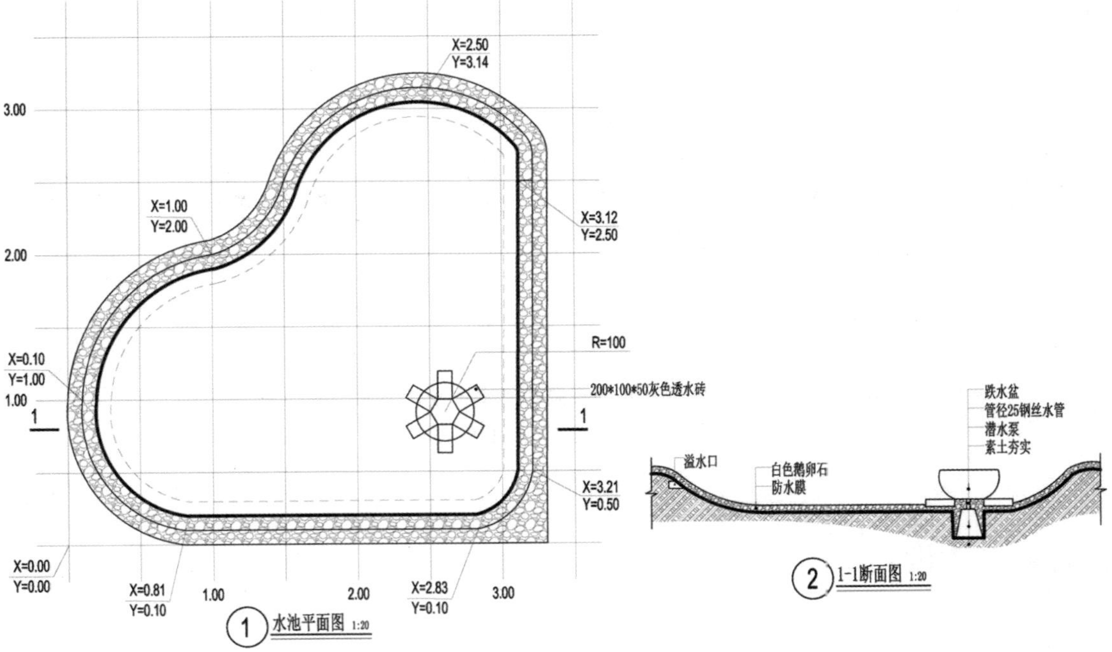

图 2-1-75 小型水池施工图

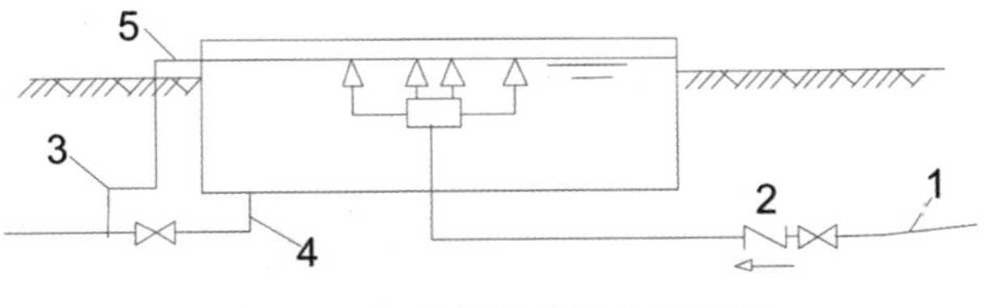

图 2-1-76 直流给水系统示意图

1-给水管；2-止回隔断阀；3-排水管；4-泄水管；5-溢流管

多次循环使用，具有耗水量少、运行费用低的优点。但系统较复杂，占地较多，管材用量较大，投资费用高，维护管理麻烦。此种系统适合各种规模和形式的水景，一般用于较开阔的场所。

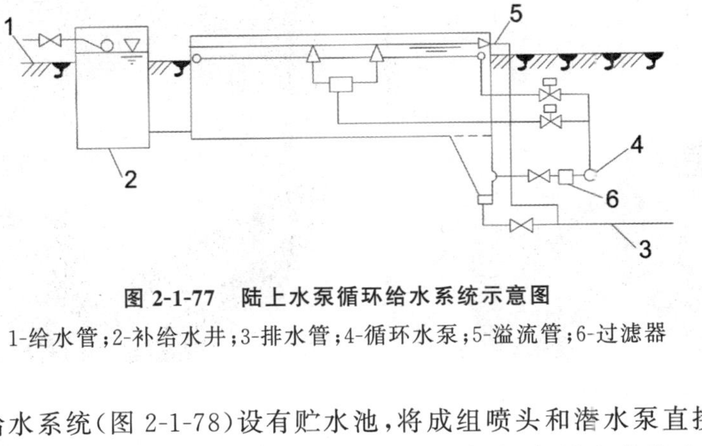

图 2-1-77 陆上水泵循环给水系统示意图

1-给水管；2-补给水井；3-排水管；4-循环水泵；5-溢流管；6-过滤器

潜水泵循环给水系统（图 2-1-78）设有贮水池，将成组喷头和潜水泵直接放在水池内作循环使用。这种系统具有占地少，投资低，维护管理简单，耗水量少的优点，但是水姿花形控制调节较困难。潜水泵循环给水系统适用于各种形式的中型或小型喷泉、水塔、涌泉、水膜等。

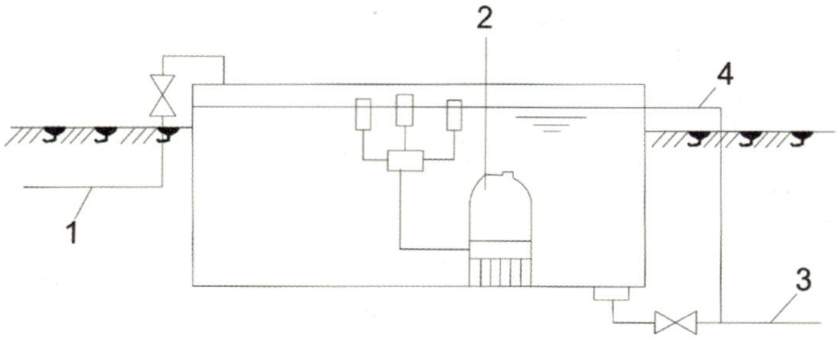

图 2-1-78 潜水泵循环给水系统示意图

1-给水管;2-潜水泵;3-排水管;4-溢流管

2.1.4 木作设计

1. 任务描述

木质构筑物常用于景观中重要的构筑物,如平台、木坐凳、廊架、景墙等,并常与各种钢、石材、砖或混凝土、玻璃等材料结合,创造出新艺术形象的构筑物,成为小区、公共活动场地的活动重要设施。

木坐凳是园林中最常见、最基本的供游人休息的必要设施(图 2-1-79)。木坐凳在园林中具有实用功能,还有组景、点景的作用,兼具观赏、休息、谈话的功能,有时结合花坛设计,高度在 40 cm 左右。木平台一般为全木结构,也有混凝土、金属、塑木等合成材料搭建的建筑体,表面水平,可与水体组合成景,形状多为方形、圆形、扇形等(图 2-1-80)。花架是用刚性材料构成一定形状的格架,供攀缘植物攀附的园林设施,又称棚架、绿廊。其形式有条形、圆形转角形、多边形、弧形、复柱形等,既有廊的功能又比廊更近自然,融入环境之中,布局灵活多样(图 2-1-81)。此外,木质构筑物还有木栅栏(图 2-1-82)。

图 2-1-79 砖砌基础木坐凳

图 2-1-80 亲水木平台

图 2-1-81 花架

图 2-1-82 木栅栏

本任务要求在 7 m×7 m 的小庭院方案中设计木坐凳、木平台等小型构筑物，明确如何通过施工图纸表达木作要素设计内容。

任务具体说明：

子任务 1，设计木坐凳的施工图。满足木坐凳功能需求；实现与环境和谐、可作为全园最佳视点的效果；尺寸需科学、合理，便于施工。

子任务 2，设计花架的施工图。花架应考虑小庭院尺寸，高度不超过 2.5 m；结合藤本植物种植，落叶后依然有景可观；尺寸需科学、合理，便于施工。

2. 知识引领

(1)常用木作材料

木作结构所用材料有防腐木、炭化木、塑木等木材以及相关辅材。

①防腐木。园林中制作构筑物使用的木材因为暴露在自然环境中，要经受风吹日晒雨淋的考验，所以大多是经过防腐处理的，统称防腐木。目前市场上防腐木的种类很多，如欧洲红松、樟子松、柳桉、菠萝格等(图 2-1-83 至图 2-1-86)，不同的品种有着不同的材质、纹理及抗腐能力，价格也不尽相同。

图 2-1-83 欧洲红松

图 2-1-84 菠萝格

图 2-1-85　柳桉

图 2-1-86　樟子松

②炭化木。炭化木素有物理"防腐木"之称，也称为热处理木(图 2-1-87)。纯天然、纯绿色、无污染，经过高温处理后形成炭化木，这种材质纹理突出、色泽温润，并有木质芳香，是高档的装饰材料。其经高温处理，比普通木材稳定性要强、不易吸水、不易变形收缩，降低了霉变和虫蛀的破坏概率。炭化过程中不添加化学药剂，无特殊气味，对联结件、金属件无副作用，较安全环保。适用于一些亭廊、儿童游戏设施、景观木坐凳(图 2-1-88)等，不宜用于接触土壤和水的环境，其抗弯和抗裂能力有所下降。

图 2-1-87　炭化木

图 2-1-88　炭化木坐凳

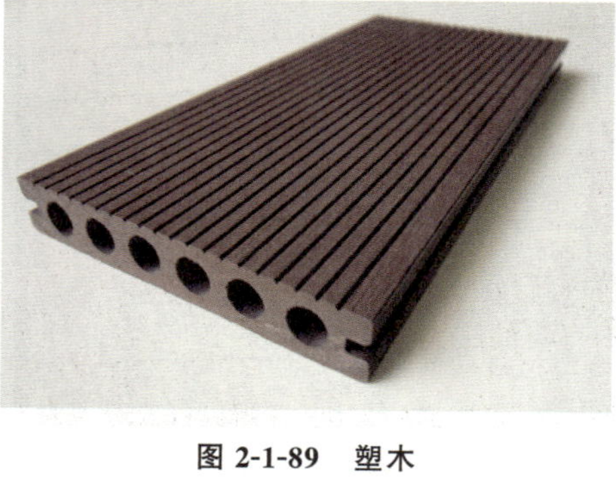

图 2-1-89　塑木

③塑木。塑木是复合材料，是由木粉、稻壳、秸秆等植物纤维混合成新的木质材料，经挤压、模压、成型等塑料加工工艺生产出的板材(图 2-1-89)。

④辅材。在教学实训和竞赛中，木作结构相对简单，不同部件通过螺钉(图 2-1-90)、角码(图 2-1-91)等连接。作为连接框架结构的螺钉，要有足够的长度，以保证结构连接牢靠稳定。

图 2-1-90 螺钉

图 2-1-91 角码

(2)木作施工图设计要点

木作施工图设计需要从材料选择、形式设计和结构深化设计 3 个方面考虑。其中材料选择包括木材种类选择和木材规格的确定。材料选择前需要了解不同木材的优缺点、适用范围，以及设计项目的功能需求、景观需求和预算要求等情况；结合形式设计中的尺寸设计内容，确定所选木材的规格(龙骨、面板、木立柱)。形式设计包括木作小品的外形轮廓设计、尺寸和标高设计。现在的园林景观设计要求具有整体性，不是各个设计元素的简单组合，所以木作外形轮廓设计时既要考虑自身的观赏性又要顾及与周围景观的匹配度。比如木平台和木坐凳通常组合出现，在设计风格和外形上需要有统一的元素将二者自然融合，或形状相近(图 2-1-92)或彼此嵌合(图 2-1-93)。木作尺寸需科学、合理，符合《公园设计规范》中相关技术要求。木作结构设计遵循以下步骤：龙骨排布→木立柱排布(有些木作没有此步骤)→面板排布→封板设计→基础设计。

图 2-1-92 木坐凳与木平台形状相似

图 2-1-93 木坐凳嵌合于木平台

3. 任务实施

◇ 子任务 1 木坐凳设计

(1)材料选择

任务说明中要求设计的木坐凳要能满足小庭院休憩的功能需求，所以木材原料需要寿命较长、防霉和防蛀虫等，结合木材的造价和易获得性，选择樟子松木龙骨和木面板作为木坐凳的设计材料。

(2)形式设计

公共木坐凳按照结构分类,可分为整体式、组合式、可调节式和不可调节式的。木坐凳需满足人们的心理习惯和活动规律,园林中有特色的地段、面向风景、视线良好的活动区域均应设置;满足便捷性和私密性的要求;其数量应根据《公园设计规范》按游客容量的 20%~30% 设置,但平均每公顷陆地面积上不得少于 30 个,最高不超过 160 个,且尺度符合人体工程学。一般来说,公园木坐凳的长度应该在 1.5~2 m,宽度应 0.5~0.6 m,如有靠背其高度应在 0.8~1.0 m,无靠背木坐凳高度可适当降低。本任务中木坐凳无靠背,标高设计为 0.400 m。

(3)结构设计

折线型木坐凳相对于条形木坐凳设计要复杂一些,完成可以起到举一反三的作用。本设计骨架为木龙骨(图 2-1-94),上层结构为木面板(图 2-1-95),下层为砖结构(图 2-1-96),转角为钝角,可较合理利用空间。

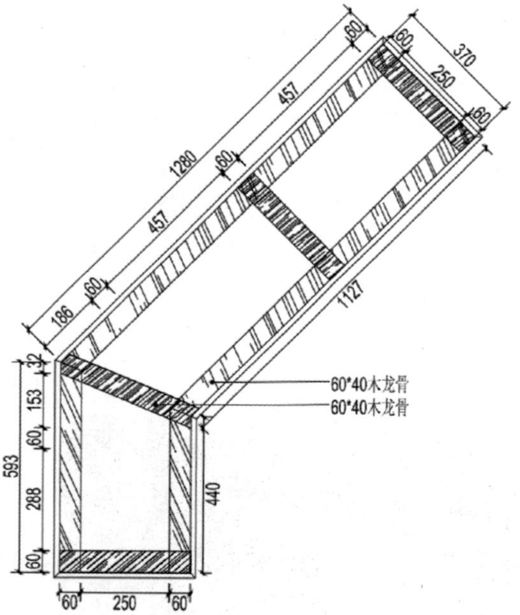

图 2-1-94 木坐凳龙骨布置图

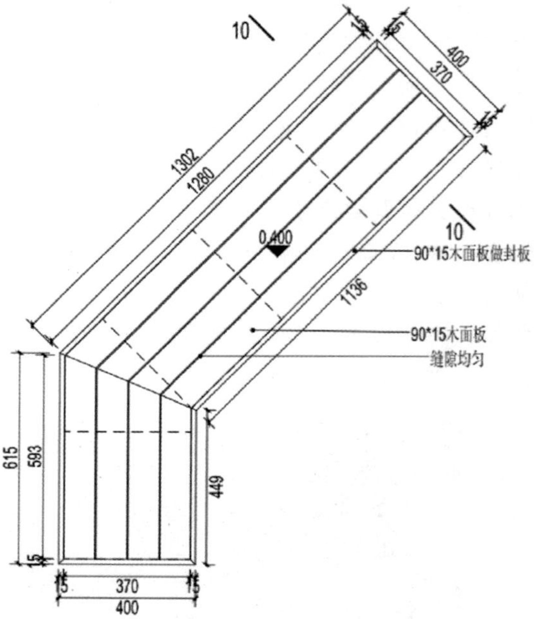

图 2-1-95 木坐凳面板排布

◇ 子任务 2 花架设计

(1)材料选择

木材:朴实、自然、价廉、易于加工,但耐久性差,限于强度及断面尺寸,梁柱间距不宜过大。

钢筋混凝土:可根据设计要求浇灌成各种形状,也可作成预制构件,现场安装,灵活多样,经久耐用,使用最为广泛。

石材:厚实耐用,但运输不便,常用块料作花架柱。

金属材料:轻巧易制,构件断面及自重均小,采用时要注意使用地区和选择攀缘植物种类,以免炙伤嫩枝叶,并应经常油漆养护,以防脱漆腐蚀。在景观设计比赛中,提供材料通常是木材。

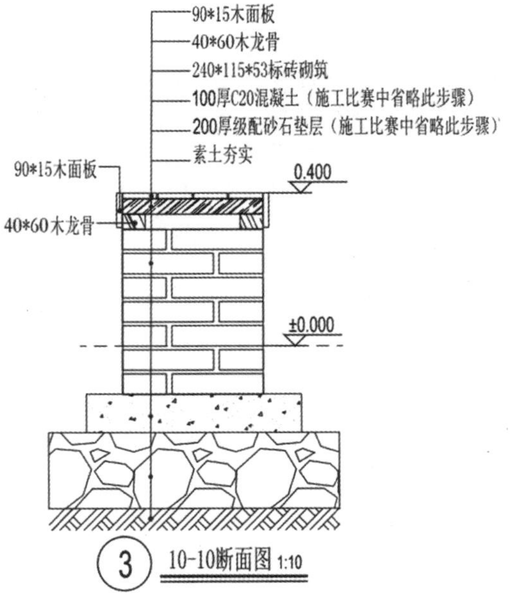

图 2-1-96 10-10 断面图

(2)形式设计

花架在设计时不仅要在绿荫的掩映下好看且好用,在落叶之后亦要如此。花架的体型不宜太大。花架的四周,一般都较为通透开敞,除了做支撑的墙、柱外,没有围墙门窗。根据攀缘植物的特点和整体环境来构思花架的形体。

(3)结构设计

花架平面大样图、正立面图和侧立面图显示龙骨和木立柱的排布,面板和封板的排布情况。通过角码将花架木立柱固定于水泥基础上。见图 2-1-97 至图 2-1-100。

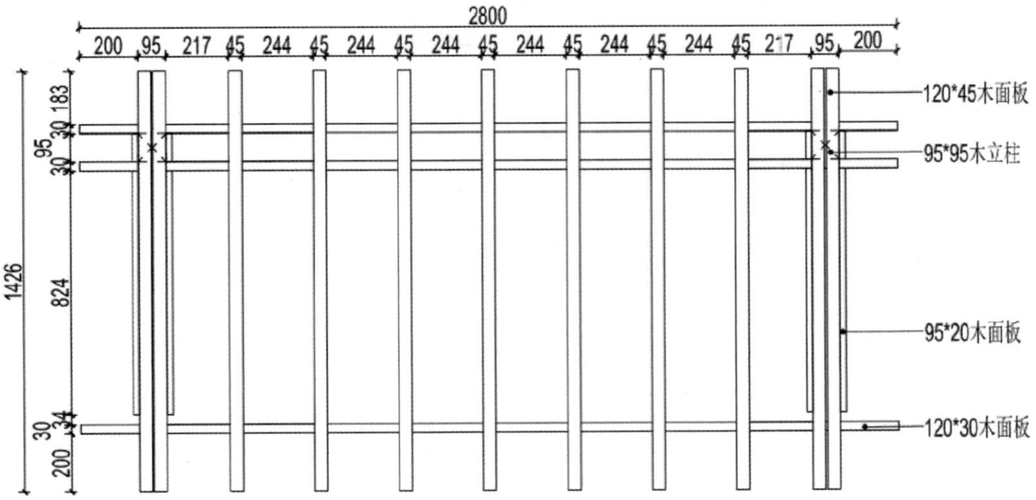

图 2-1-97 花架平面大样图

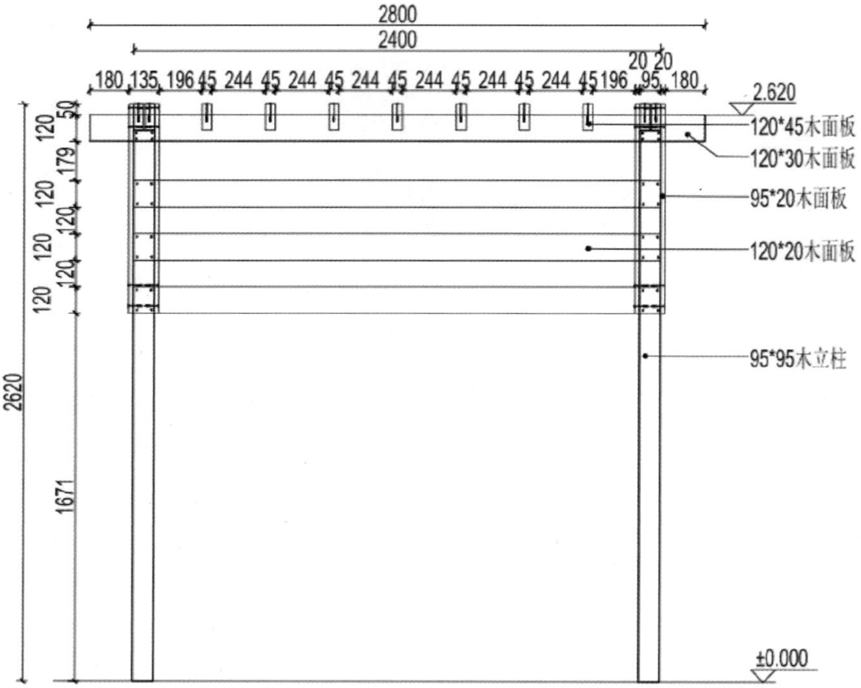

图 2-1-98　花架正立面

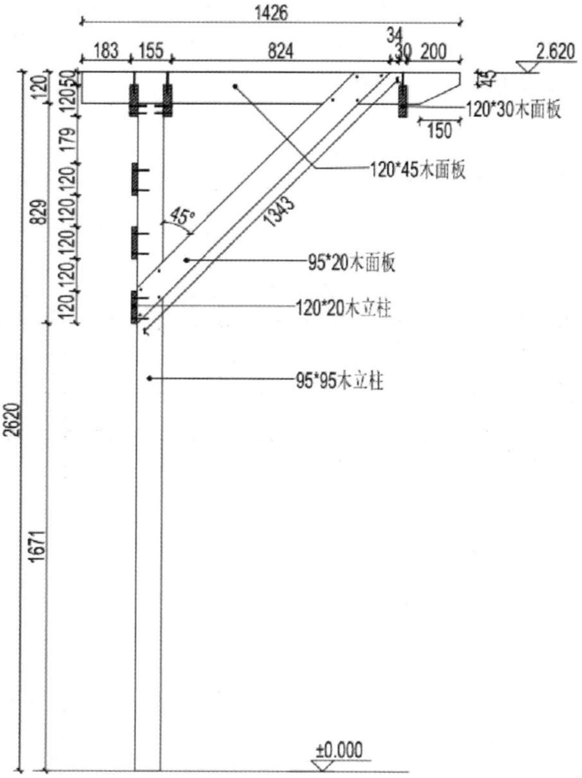

图 2-1-99　花架侧立面

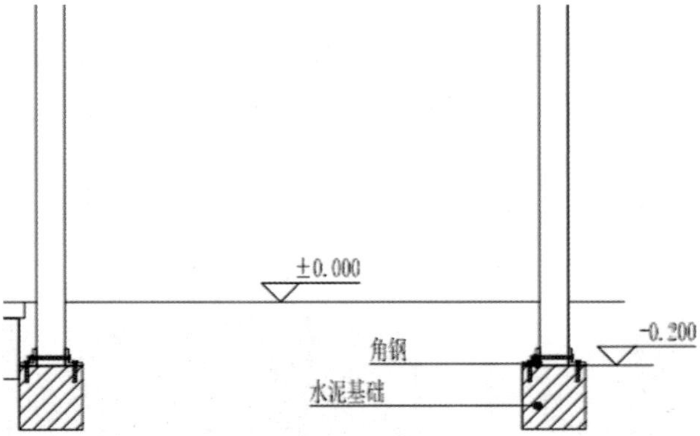

图 2-1-100 花架基础

2.1.5 种植设计

1. 任务描述

本任务要求在指定大小的庭院中进行植物种植设计。

任务具体说明：

子任务 1，在某地块中进行不同树种五株树木丛植种植设计。

子任务 2，在某地块中进行花坛种植设计，给定植物材料包括：苏铁（高 1.0～1.2 m，冠径 0.5～0.7 m）、天竺葵（高 0.5～0.6 m，蓬径 0.4 m）、孔雀草（高 0.4～0.5 m，蓬径 0.4 m）、六倍利（高 0.3～0.4 m，蓬径 0.4 m）、金盏菊（高 0.4～0.5 m，蓬径 0.4 m）、凤仙花（高 0.3～0.4 m，蓬径 0.4 m）、百日草（高 0.4～0.5 m，蓬径 0.4 m）、美女樱（高 0.3～0.4 m，蓬径 0.4 m）、彩叶草（高 0.2～0.3 m，蓬径 0.4 m）、天门冬（高 0.3～0.4 m）。

2. 知识引领

植物种植设计是在充分考虑植物生物学特性和生态习性的基础上，结合园林工程景观构图需求，将不同类型植物合理搭配布局，布置成四季可赏的园林景观，主要设计形式包括：树木种植设计、花卉种植设计、草坪与地被种植设计、藤本植物种植设计。

(1) 树木种植设计

乔木：地上部有明显主干，主干和侧枝有明显区分的树体高大的树木。

灌木：地上部无明显主干，枝条呈丛生状的相对矮小的树木。

孤植：单独栽植乔木或灌木的种植形式，该孤植树木又称为独赏树、标本树、赏形树或独植树。用来表现单株形体美或兼有色彩美，形成视觉焦点，可独立成主景或配景（图 2-1-101）。

布局形式：单株树木栽植，一般选择具有较高观赏价值的树种；偶有 2～3 株合栽成一个单元的，满足构图需要，也可属于孤植形式。

树种选择要点：应选择树形高大、树冠开展、轮廓富于变化、姿态优美、花叶繁茂、色彩艳丽、芳香馥郁、寿命长的树种，如悬铃木、国槐、白皮松、雪松、南洋杉、玉兰、桃花、樱花、桂花、黄栌、红枫、银杏、枫香等。

孤植树形体、高矮、姿态等与环境空间大小相协调。如果在开阔的草坪、广场、山岗上配置孤植树时，宜选高大乔木，且留有适当的观赏视距，以天空、水面、草地等作为背景衬托孤植树的特色。如果空间较为狭窄，宜选体型小巧的小乔木或者灌木。

对植：轴线两侧栽植互相对称或呼应植物的种植形式。用于建筑、道路、公园、广场、园中园出入口两侧，一般作配景或夹景，动势向轴线集中，烘托主景(图 2-1-102)。

图 2-1-101　孤植

图 2-1-102　对植

布局形式：对称栽植的乔灌木，树种要相同、大小要相近，配置于轴线两侧，如在建筑入口，沿中轴线两侧等距栽植大小相同的两株雪松，常用于规则式种植中。非对称栽植的乔灌木，树种要相同，姿态、数量、大小可稍有差异，常用于自然式园林入口、桥头、假山蹬道、闭合空间进口、园中园入口两侧。

树种选择要点：应选择外观整齐、观赏美观的树种。同一景点树种相同或近似。如雪松、圆柏、水杉、紫玉兰、银杏、木槿、紫薇等。

列植：按一定株行距成行成列连续种植乔灌木，行内株距可有变化。用于道路、广场、工矿区、居住区等绿地中。适宜选用树冠整齐、体形相对一致的树种，施工管理较为方便(图 2-1-103)。

布局形式：列植可以等行等距种植，平面呈正三角形或正方形，常用于规则式园林绿地中；也可等行不等距种植，平面呈不等边三角形或四角形，多用于规则式园林向自然式过渡地带。

篱植：又称绿篱，是将耐修剪乔灌木近距离株行紧密进行栽植的规则种植形式。常用于园林绿地的边界、分界线、挡土墙立面或立交桥的中心绿岛，起到围护、分隔空间、屏障视线、美化挡土墙的作用。

布局形式：可根据高度设计成矮篱(图 2-1-104)、中篱(图 2-1-105)、高篱(图 2-1-106)或绿墙。高度在 50 cm 左右及以下，可跨越而过的绿篱是矮篱，多用于花坛、花境镶边所用；高度在 50～120 cm 的绿篱是中篱，人们较难跨越，用于种植区围护；高度在 120～160 cm 的绿篱是高篱，人们视线可以通过，用于建筑基础栽植；高度在 160 cm 以上的阻挡人们视线的绿篱是绿墙，常用于绿地防护、屏障视线、分隔空间、做背景。

图 2-1-103 列植

图 2-1-104 矮篱

图 2-1-105 中篱

图 2-1-106 高篱

丛植：由二三株至十几株乔木或灌木做不规则自然式组合配植，其树冠线彼此密接形成整体的聚集栽植形式。可作主景、配景、障景，发挥分隔空间、诱导视线、遮阳等功能。丛植是园林工程施工种植设计中应用较多的种植形式(图 2-1-107)。

按株数组合分为两株树丛、三株树丛、四株树丛、五株树丛和六株以上树丛。

两株树丛(图 2-1-108)：

①选择相同树种或外形相似的树种；两株树木大小、姿态、动势上有所不同，动势呼应。

②栽植距离不大于两树冠半径之和，以便形成一个整体。

图 2-1-107 丛植

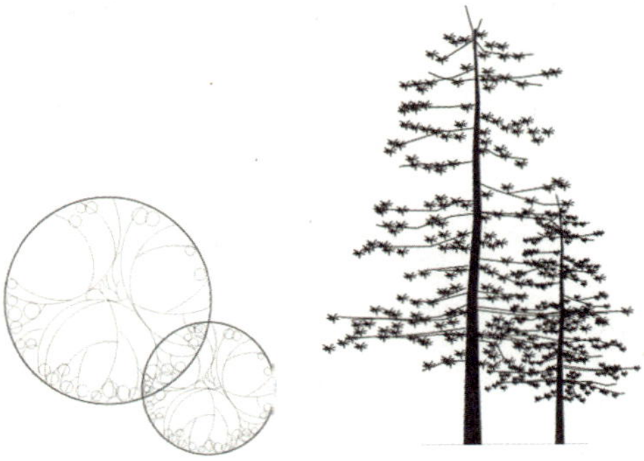

图 2-1-108 两株丛植

三株树丛(图 2-1-109、图 2-1-110)：

①选择同一树种或两个树种，两种树时应同为常绿或落叶树，同是乔木或灌木，各树木大小、姿态有所差异。

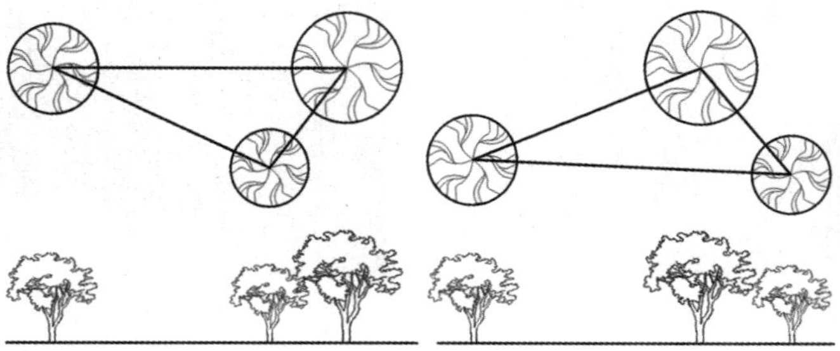

图 2-1-109　相同树种三株丛植

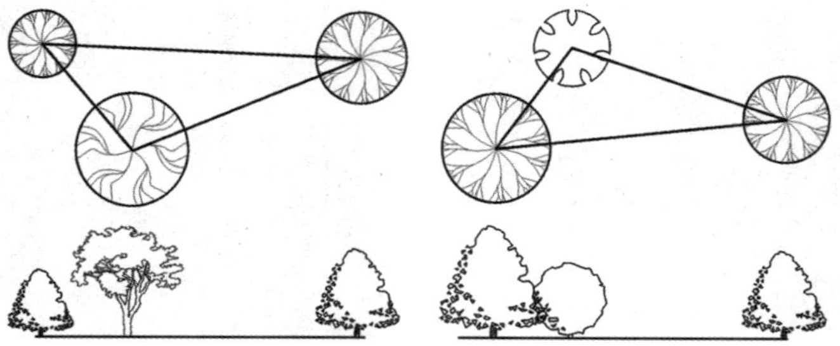

图 2-1-110　不同树种三株丛植

②三株树木宜栽植成不等边三角形，忌在同一直线上或按等边、等腰三角形栽植。

③若为同一树种，最大和最小植株为一组，中等大小植株单独成组；若为两个树种，各树种不能单独成组。

四株树丛(图 2-1-111、图 2-1-112)：

①选择同一树种或两个树种，应同为乔木或同为灌木，不要乔灌混合。

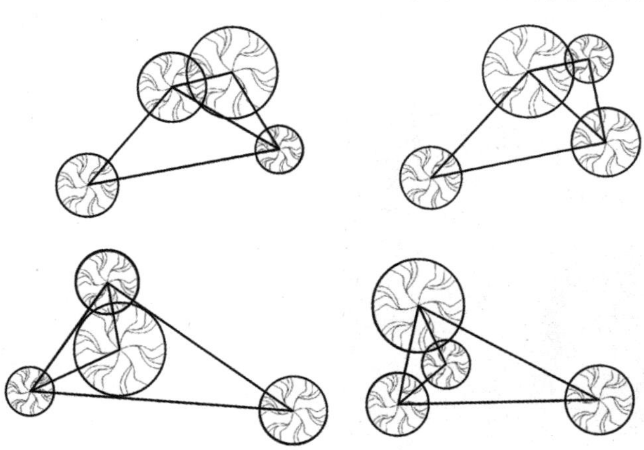

图 2-1-111　相同树种四株丛植

②两组应为 3∶1 组合，平面形式为不等边三角形或不等边不等角四边形。

③若为同一树种，最大和最小植株都不能单独成为一组，与其他一株共为一组；若为不同树种，只能三株为一种，另一株为一种，这另一株不能最大，不能最小，不能单独一组，不能靠边，应居于其他树种中间。

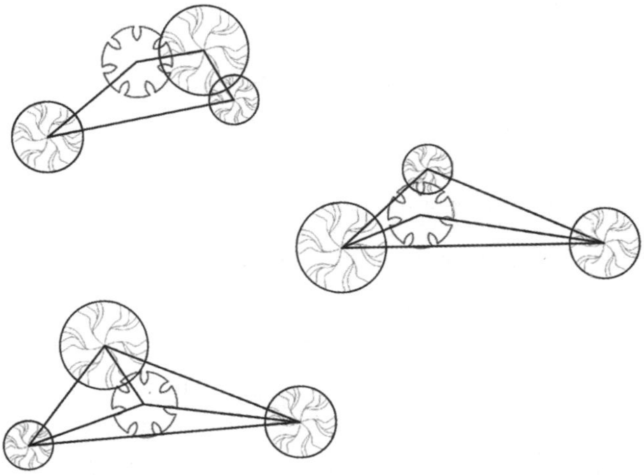

图 2-1-112　不同树种四株丛植

五株树丛（图 2-1-113、图 2-1-114）：

①若为同一树种，通常采用 3∶2 分组，组合原则同三株式和两株式树丛，两小组各具动势，且取得均衡和谐；最大株宜在三株的一组中。也可采用 4∶1 分组，单株组这一株不能最大，不能最小。

②若为两个树种，三株为一种，另两株为一种，易取得平衡。

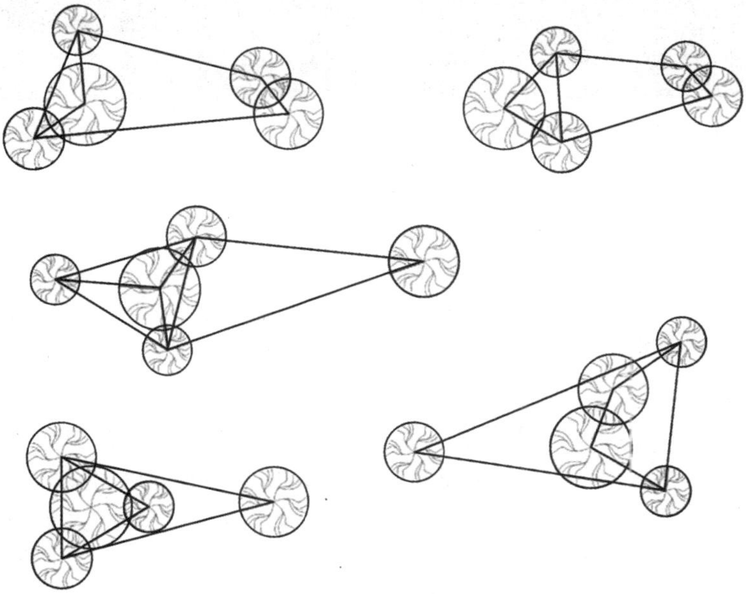

图 2-1-113　相同树种五株丛植

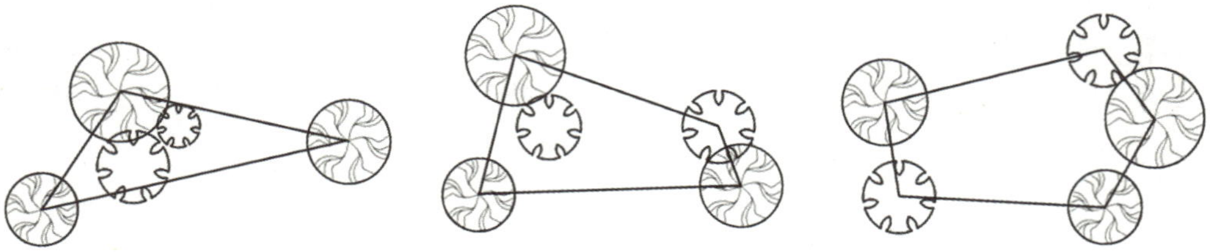

图 2-1-114　不同树种五株丛植

六株以上树丛：由二株、三株、四株、五株几个基本形式相互组合而成。庇荫树丛一般选用同一树种；观赏树丛可选两种以上乔灌木树种组成。

群植：由二三十株至数百株乔、灌木混合成群配植的一种种植形式。群植占地面积大、栽植株数多、展现群体景观，在自然风景区中可作主景、背景；两组相邻树群还可发挥诱景、框景功能。

布局形式：群植可布置为单纯树群（图 2-1-115）、混交树群（图 2-1-116）或带状树群。用一个树种群植称为单纯树群，树丛下可配置耐阴宿根花卉。具多重结构（一般 3～6 层）、水平垂直郁闭度较高的树群为混交树群。平面投影长宽比稍大于 4∶1 的树群，称为带状树群，常组织空间时使用。

图 2-1-115　单纯树群

图 2-1-116　混交树群

(2)花卉种植设计

花卉：具有一定观赏价值的草本、木本和藤本植物。

花坛：在具有一定几何形状的种植床内种植不同形态色彩的园林花卉等植物，配置成富有色彩纹样的群体种植形式。一般设置在公园主要出入口、交叉道口，以及庭院、广场主要建筑物前等视觉焦点处。

按照表现主题和材料，可以将花坛分为盛花花坛、模纹花坛、草皮花坛、木本植物花坛、混合花坛。用中央高、边缘低的观花草本花卉组成具华丽色彩的色块图案，以表现花卉的色彩美，称之为盛花花坛（图 2-1-117）。用矮小具有色彩的观叶植物或花叶兼美的植物，体现精美的装饰图案纹样，称模纹花坛（图 2-1-118）。在草皮中央或边沿配置花卉布置的花坛，称为草皮花坛（图 2-1-119）。使用木本植物和其他植物混合布置的花坛是木本植物花坛。综合运用草本花卉、木本植物、平面和立体造型组合布置的花坛称混合花坛（图 2-1-120）。

图 2-1-117 盛花花坛

图 2-1-118 模纹花坛

图 2-1-119 草皮花坛

图 2-1-120 混合花坛

按照空间规划形式，可以将花坛划分为平面花坛、斜面花坛、立体花坛。布置在平坦地面上，观赏花坛平面效果为主的是平面花坛；设置在台阶两旁或斜坡上，观赏斜面效果为主的是斜面花坛；将植物配植在立体造型骨架上，观赏竖向景观的是立体花坛。花坛种植设计步骤：

①外轮廓设计：外轮廓应与环境或建筑形状及轮廓线方向保持一致。如在外形规整的建筑前布置花坛，可用几何直线构成外部轮廓；而在外形曲线化的现代建筑前，可用折线或流线图形设置花坛轮廓(图 2-1-121)。

图 2-1-121 花坛轮廓形状设计

②内部纹样设计：盛花花坛内部纹样设计应主次分明、简洁美观，表现大色块效果，忌繁不忌简；模纹花坛突出内部纹样的精美华丽，可适当复杂些，但纹样不可过窄，如红绿草类轮廓线宽度需≥5 cm（图 2-1-122）。

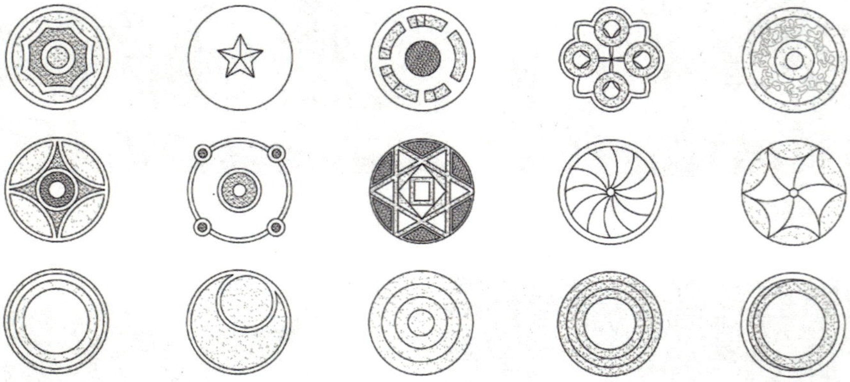

图 2-1-122 花坛细部纹样设计

③花坛色彩：注重同色调、对比色、冷暖色的应用。如在大型公园花坛中，采用红色与绿色、蓝色与橙色、黄色与紫色的对比色，给人活泼华丽之感。

④花坛植物选择：因花坛类型、观赏时期而异。盛花花坛为表现色彩，宜应用开花繁茂、花序高矮规格一致、花期一致的一、二年生草本花卉，也可选择部分球根花卉和少量观叶植物。如一串红、矮牵牛、百日草、美女樱等。模纹花坛为突出精美纹样，宜应用枝叶细密、耐于修剪的观叶或花叶兼美植物。如五色苋、彩叶草、佛甲草、四季海棠等。

花境：将多种观赏植物自然式设计配置成带状的种植形式。通常布置在林缘、路边坡地、草坪边缘，或作为挡土墙装饰，发挥引导路线、分隔空间的功能。

按照设计形式划分为单面观赏花境、双面（多面）观赏花境和对应式花境。整体上前低后高，仅供一面观赏的是单面观赏花境（图 2-1-123）；中间高边缘低，供两面或多面观赏的是双面（多面）观赏花境（图 2-1-124）；在园路两侧、建筑广场周围设置的呈左右二列式相对应的两个花境为对应式花境（图 2-1-125）。花境种植设计步骤：

图 2-1-123 单面观赏花境

图 2-1-124 双面（多面）观赏花境

图 2-1-125 对应式花境

①外轮廓设计:外轮廓呈带状,两边平行或近平行,可以是直线或曲线,单面观赏花境、双面(多面)观赏花境长轴方向可自由选择,对应式花境长轴方向应沿南北展开。

②平面设计:将不同种类的自然式花丛进行斑块状混植。

③立面设计:株高总体上单面观前低后高,双面观中央高两边低,适当布置高低掩映穿插,形成高低错落之感。利用水平型、直线型及独特形等不同株型、花序,不同粗细质感的植株营造层次分明、景观丰富的效果。

④色彩设计:注重花卉色彩给予人的心理感受。如把冷色调植物放于花境后部,可增加花境深度、宽度之感,如置于狭小环境中,可起到空间扩大之感。

⑤季相设计:合理安排布置不同株型、花色的各季节花卉,实现花境植物连续开花、四季或三季有景(图 2-1-126)。

⑥植物选择:综合高度、株型、花序、色彩、季相等因素,选择生长健壮、适应性抗性强、花叶兼美、花期较长且分布不同时期、栽培管理方便的花卉。常用花卉:耧斗菜、飞燕草、蜀葵、萱草、玉簪、银叶菊、蛇目菊、金鸡菊、金鱼草等。

⑦种植床设计:长轴长度不超过 20 m,各段之间可留 1～3 m 空间方便管理。短轴长度要求单面观混合花境 4～5 m,单面观宿根花卉花境 2～3 m,双面观宿根花卉花境 4～6 m;庭园花境 1～1.5 m,一般不超过院宽的 1/4。种植床设计成平床或高床,构筑排水坡度 2%～4%,边缘用不规则碎瓦片、石块或蔓性植物镶边。

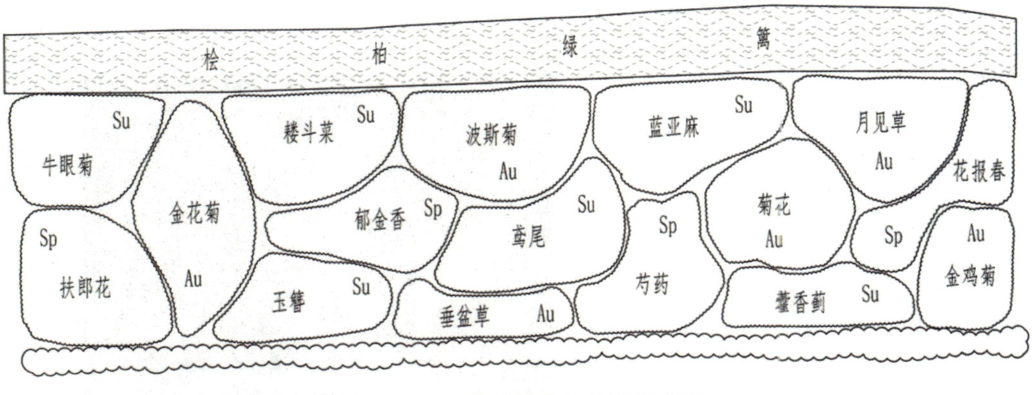

图 2-1-126 花境的色彩及季相设计

Sp. 春季开花以鲜艳为主，Su. 夏季开花以淡雅为主，Au. 秋季开花以金黄、橙为主

3. 任务实施

◇ 子任务1

(1)任务分析和树种选择

任务要求进行不同树种的五株丛植设计，应三株为一种，另两株为一种，易取得平衡。选择三株香樟、两株红枫进行丛植设计。

(2)五株丛植设计

可采用两株红枫居同组的 4∶1 分组，单株组这一株不能最大，不能最小。也可采用两株红枫居两组的 3∶2 分组，两小组各具动势，且取得均衡和谐，最大株宜在三株一组中。见图 2-1-127、图 2-1-128。

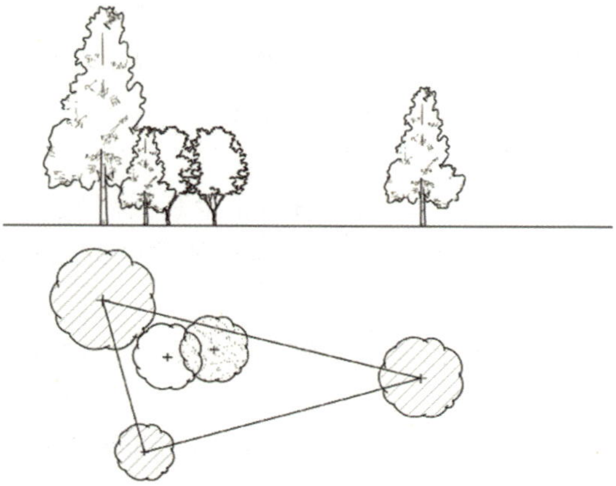

图 2-1-127　五株丛植设计(4∶1 分组)

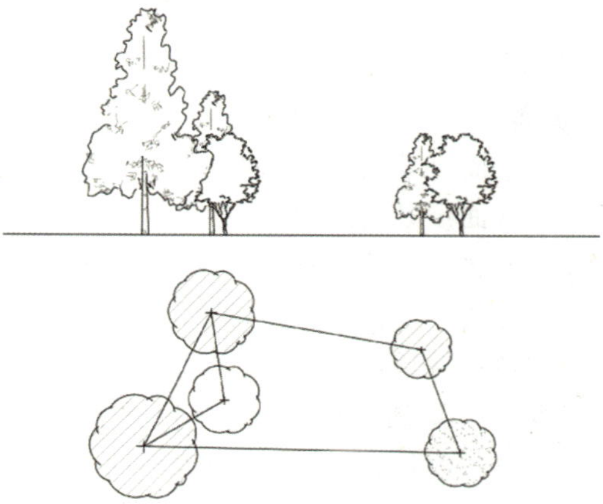

图 2-1-128　五株丛植设计(3∶2 分组)

◇ 子任务2

(1)外轮廓和内部纹样设计

用标准圆形构成外部轮廓；盛花花坛内部纹样设计做到主次分明、简洁美观。见图 2-1-129。

(2)花坛色彩和植物选择

注重同色调、对比色、冷暖色的应用；植物选择以色彩构图为主，选用了彩叶草、变叶木、金盏菊、凤仙花等植物。见图 2-1-130。

图 2-1-129　花坛平面图

图 2-1-130　花坛效果图

思想加油站

“减排不是减生产力，也不是不排放，而是要走生态优先、绿色低碳发展道路，在经济发展中促进绿色转型、在绿色转型中实现更大发展”。

——2022 年 1 月 14 日，习近平总书记在十九届中央政治局第三十六次集体学习时的讲话

推动形成绿色发展方式和生活方式，是发展观的一场深刻革命。要像保护眼睛一样保护生态环境，像对待生命一样对待生态环境，坚决摒弃损害甚至破坏生态环境的发展模式，让中华大地天更蓝、山更绿、水更清、环境更优美。生态优先、绿色低碳，可以从园林工程设计做起，了解节能环保材料，使用节能环保材料，从根本上杜绝污染、杜绝浪费。

如传统的砌筑砖材主要是烧结砖，但是烧结砖破坏土地资源、耗费能源，污染大气环境，不符合可持续发展的要求(图 2-1-131)，因而节能、利渣、利废、多功能的环保砌筑材料(环保砖)应运而生。目前环保砖种类主要有水泥砖、灰砂砖、煤粉砖、矿渣砖、炉渣砖、煤矸石砖等。水泥砖、灰砂砖生产技术比较成熟、性能优良，且尺寸符合标砖尺寸(240 mm×15 mm×53 mm)，因而被广泛应用，这样既能够满足砖砌体施工需求又实现了节能环保目标。

图 2-1-131　土窑烧砖

传统砌筑是根据砌筑工匠对施工材料进行估算，再进一步采购材料，其结果往往导致不能直接反映材料数据且效率较低，通过使用软件可大大提升工作效率，如 AutoCad、BIM 等。BIM(Building Information Modeling)技术凭借其高效、快捷的优势逐渐被应用于智能排砖。BIM 目前主流的排布方式有两种，一种是运用 Revit 软件结合 HiBIM、建模大师等功能插件进行排布；另一种是在建模完成后使用独立的深化软件如广联达 BIM5D 或鲁班 BIM 等进行排布。以建模大师插件为例介绍其排砖方法：根据所绘制的砌体尺寸和给定的材料要求，通过特定的算法对砌体进行排砖，排砖完成后系统给出整砖及非整砖的规格数量，排砖图及统计量清单也可导出到 CAD 作详图使用。BIM 智能排砖方式可以有效地减少误差、节约时间并快速统计出材料用量，避免由于排砖不当而造成材料浪费，值得推广应用。

知识巩固

一、选择题

1. 一般园路的纵坡度为(　　),纵坡度为 12°时,道路需要采取防滑措施。

A. 0.1%～0.4%　　B. 0.2%～0.6%　　C. 0.3%～0.8%　　D. 0.4～0.10%

2. 按面层材料分园路的类型有(　　)路面、块料路面、碎料路面。

A. 一致　　B. 整体　　C. 完整　　D. 块状

3. 标准砖的尺寸为(　　)。

A. 240 mm×115 mm×53 mm　　B. 200 mm×100 mm×50 mm

C. 200 mm×100 mm×60 mm　　D. 240 mm×120 mm×53 mm

二、判断题

1. 水池根据防水材料不同,分为刚性材料水池和柔性材料水池。(　　)

2. 园路一般由路面、面层、结合层、路基和道牙等部分组成。(　　)

3. 根据墙体厚度不同砌体可以分为一顺一丁、三顺一丁、全顺、全丁、梅花丁等形式。(　　)

三、简答题

1. 简述园路结构的组成有哪些,分别具有哪些功能?

____

____

____

2. 木平台施工图的设计要点和设计步骤包括哪些内容?

____

____

____

3. 小尺度庭院花境的设计要点有哪些?

____

____

____

项目演练

完成 5 m×6 m 小庭院施工图设计,基本要求如下。

设计要素:

(1)园路:面包砖、花岗岩、步石、碎拼等块料状铺装及路缘石等工程;

(2)木作:木平台、木坐凳、木桥等木制构筑物的制作;

(3)砌体:花坛、景墙、挡土墙等构筑物砌筑;

(4)水景：自然水池、规则水池、喷泉等水景工程；
(5)植物景观：运用植物的层次、质感和色彩营建软景空间。

设计要求：

(1)主题鲜明、构思新颖；
(2)布局合理、功能完善；
(3)用材恰当、环境友好；
(4)要素齐全，水景流动循环；
(5)可实施性强，需提供详细的材料清单和尺寸标注。

评价总结

请结合本项目小庭院施工图设计的学习过程完成学习评价，并自主从知识重难点、技能核心点、自我感受等方面进行梳理和总结，并记录在表2-1-4评价总结表中。

表2-1-4 项目评价总结

序号	评价任务	评价标准		满分	评价		综合评价
		评分项	评价描述		自评40%	师评60%	
1	设计要素	齐全	包括铺装、砌筑、木作、水景、植物景观5个要素设计	4			
		有机组合	各个要素之间不是简单的拼凑，而是具有整体性	4			
2	设计要求	创意构思	个性突出，具有原创性及独创性	3			
			挖掘观赏者潜在需求	2			
			具有趣味性及互动性，充分发挥景观的多功能	2			
			能体现设计价值及传递的文化	2			
		景观结构合理	基于创意的前提下具有较强的实用性	10			
		可实现性	总施工工程量满足教学条件要求	4			
			各分项工程量满足教学条件要求	4			
		成型效果	具有良好的展示效果，以及体验功能	2			
3	其他		作品描述清晰，介绍资料完善	3			
	合计			40			

任务 2.2　施工图绘制

2.2.1　绘制总平面图

1. 任务描述

园林总平面图是设计范围内所有造园要素的水平投影，主要表现规划用地范围内的总体设计，反映各种造园要素的尺寸关系和平面布局。园林总平面图是园林设计最基本的图纸，是体现园林工程总体设计意图和设计总体思想的主要图纸，同时也是绘制其他图纸及施工放线、土方工程及编制施工组织方案的主要依据。

通常园林总平面图(图 2-2-1)包括：规划用地的现状及范围，对原有地形、地貌的改造和新的规划(也可单独在地形图中表示)。各种造园要素的位置和外轮廓线、植物种植位置(也可在种植图中详细表示)。

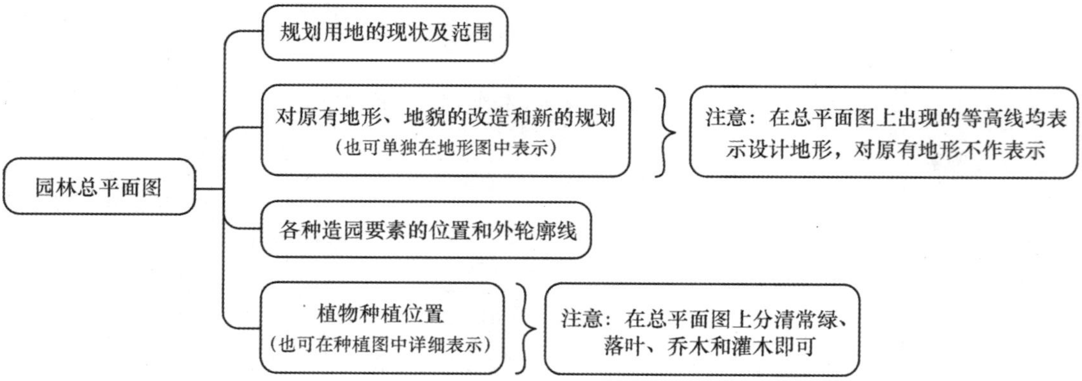

图 2-2-1　园林总平面图组成

本任务要求绘制藏青园总平面图(图 2-2-2)，图纸包含以下要素：水体、木作、铺装、砌筑、植物和文字标注，以及图名、指北针及标题栏等。任务具体说明：

子任务 1，请根据图 2-2-3 中的尺寸(单位为 mm)，按 1∶1 的比例，绘制藏青园总平面图中水池的轮廓线和山体的等高线。

子任务 2，请根据图 2-2-3 中的尺寸，按 1∶1 的比例，绘制藏青园总平面图中汀步、景墙、花池部分。

子任务 3，请根据图 2-2-3 中的尺寸，按 1∶1 的比例，绘制藏青园总平面图中木平台、木坐凳和铺装部分。

子任务 4，请根据图 2-2-3 中的尺寸，按 1∶1 的比例，绘制藏青园总平面图中的步石。

子任务 5，请根据图 2-2-3 中的尺寸，按 1∶1 的比例，绘制藏青园总平面图中的文字标注。

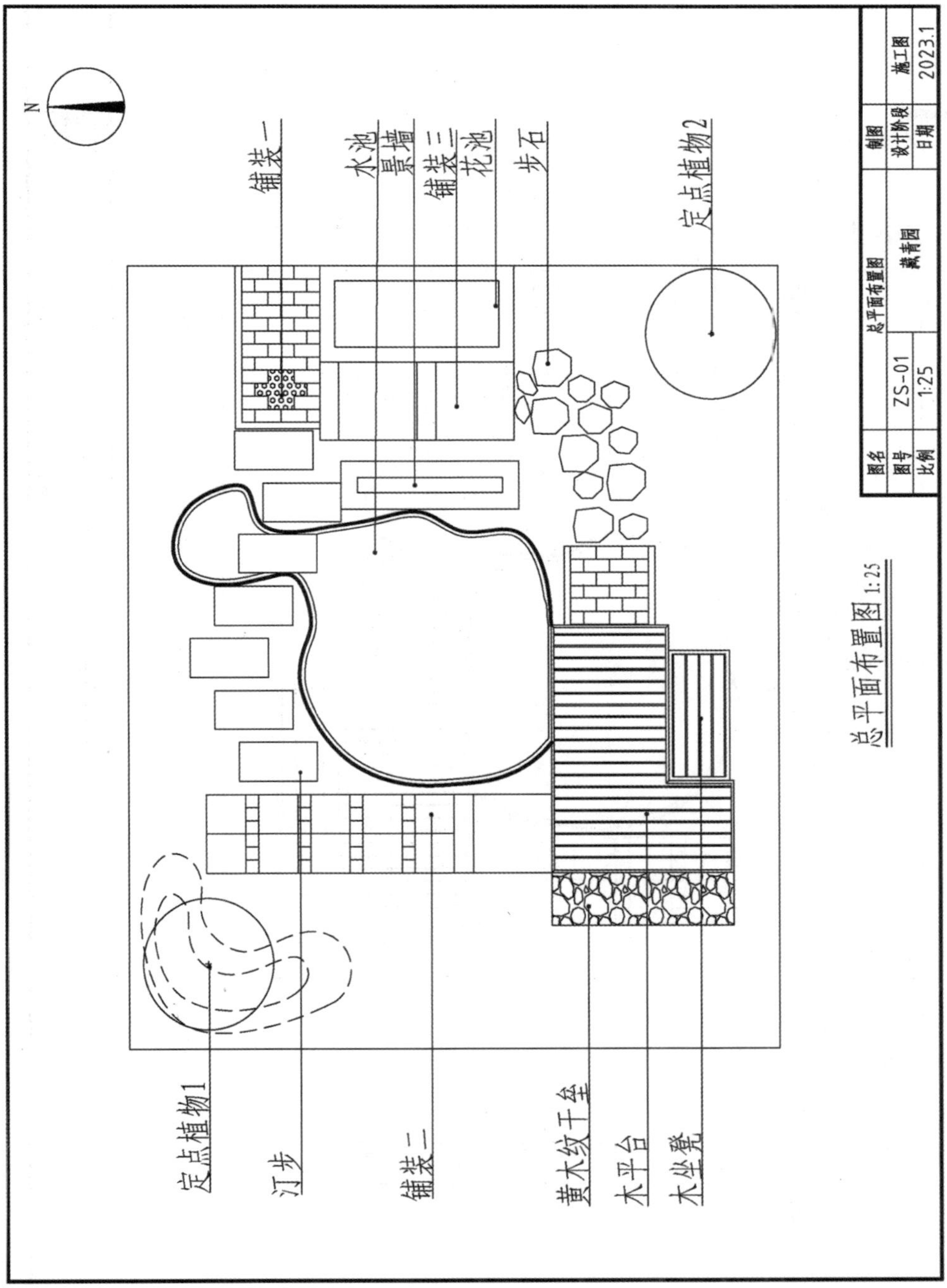

图2-2-2 藏青园平面布置

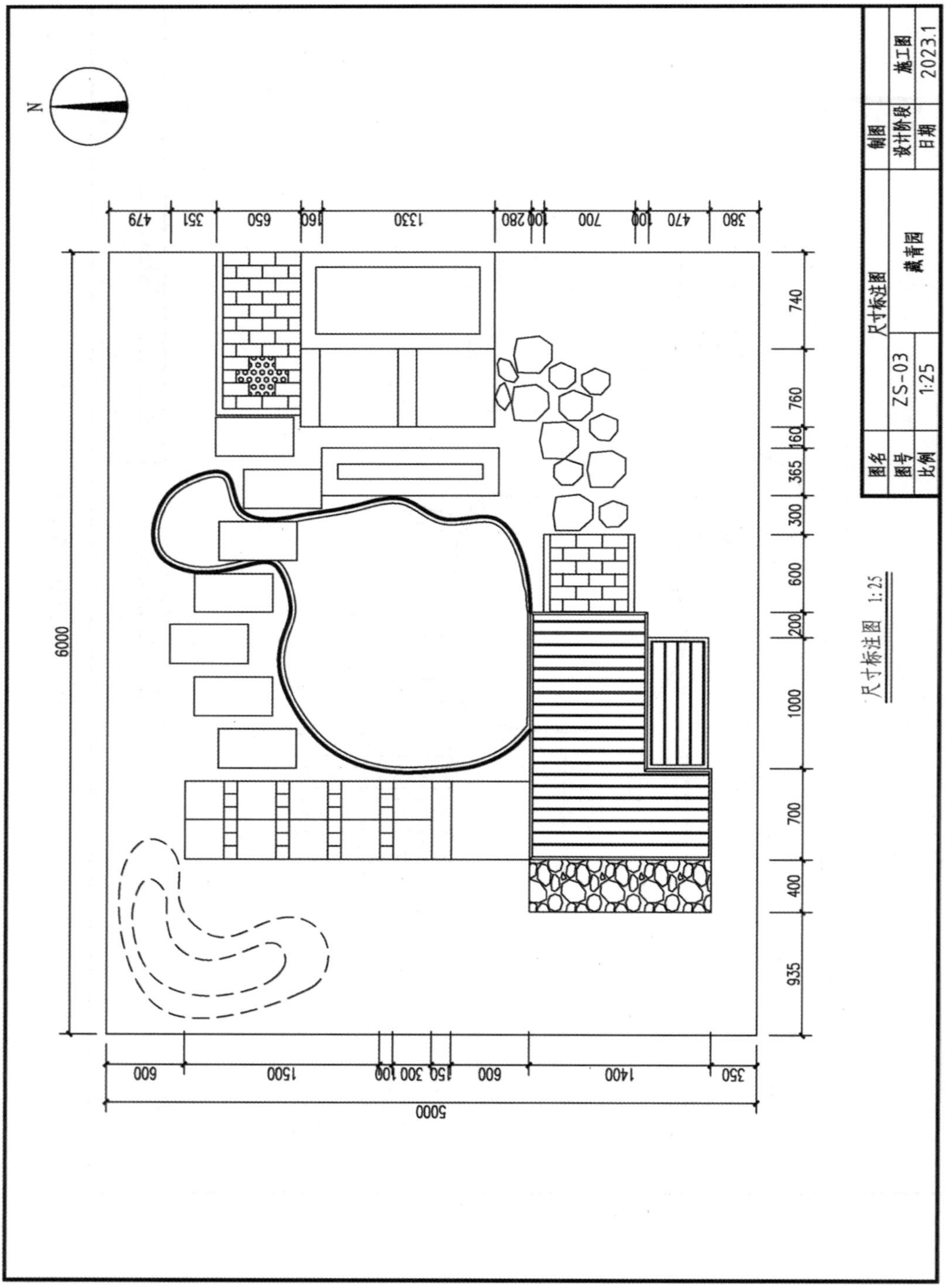

图2-2-3 藏青园尺寸标注图

2. 知识引领

用 AutoCAD 软件绘制园林图纸，一般是按 1∶1 比例输入尺寸，再根据用地范围的大小、总体布局和图纸情况，选择适宜的出图比例。通常规划用地面积大、总体布局内容多的，选择较小的绘图比例；反之，规划用地面积小、总体布局内容少的，则选择较大的绘图比例。在进行图面布局时，应该考虑图形、植物配置表、文字说明、标题栏和大标题等内容的图纸空间，应使图面布局合理，保证图面均衡。

用 AutoCAD 软件绘制园林总平面图的绘制流程如图 2-2-4 所示。

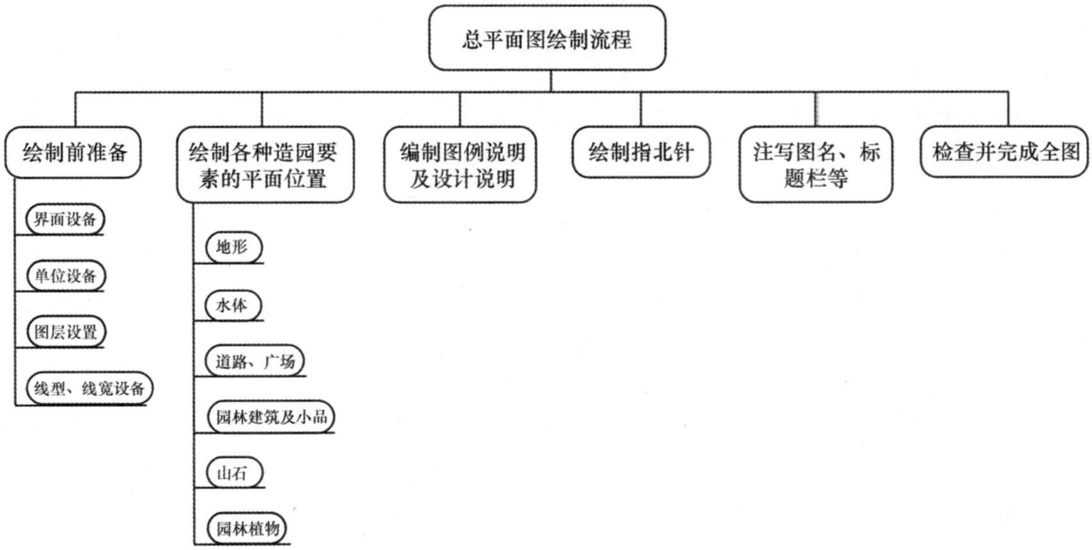

图 2-2-4 绘制园林总平面图流程

(1)绘制前准备

绘图前需要进入 AutoCAD 软件做基本设置，包括绘图界面设置、单位设置、图层设置；包括线型、线宽设置等。

①选项设置(快捷命令 OP)。

②单位设置(快捷命令 UNITS 或 UN)。

③创建若干图层(快捷命令 LA)，将不同的造园要素绘制在不同的图层上。按照《风景园林制图标准》(CJJ/T 67—2015)等规范要求，调整各图层线型、线宽进行 CAD 图纸的绘制。

④确定绘图范围，绘制 5000×6000 的矩形线框(快捷命令 REC)。输入 REC 回车→单击鼠标左键确定起始位置→输入@5000,6000 回车即可。

小提示：输入快捷键前请先将输入法调至英文输入状态。

(2)绘制各种造园要素的平面位置

根据《风景园林制图标准》(CJJ/T 67—2015)，选择合适的图层、线型、线宽进行 CAD 图纸的绘制。

①地形：在园林总平面图中，地形的高低变化及其分布情况通常用等高线来表示，一般只标注设计地形，等高线可以不标注高程。可先绘制现状地形与欲保留的地物，再绘制设计地形。表现设计地形的等高线用细虚线绘制；表现原地形的等高线用细实线绘制。

②水体：水体一般用两条线表示，外层表示水体边界线，即驳岸线，用粗实线绘制；内层表示水体的常水位线，用细实线绘制。

③道路、广场：用中细实线绘制。

④园林建筑及小品：在线型的运用方面，用粗实线画出断面轮廓，用中实线画出其他可见轮廓。对于坡屋顶和曲面屋顶，可采用屋顶平面来表示，用粗实线画出外轮廓，用细实线画出屋面。对花坛、花架等建筑小品用细实线画出投影轮廓即可。

⑤山石：山石均采用其水平投影轮廓线概括表示，外轮廓用粗实线绘制，纹理用细实线绘制。

(3)编制图例说明与设计说明

为使图面清晰、方便阅读，园林总平面图中，要求在适当的位置对图纸中出现的图例进行标注，说明其含义。对图中的建筑及设施予以编号，编号一般采用大写英文字母 A、B、C 等表示，然后再注明相应的名称。也可将必要的内容注写于设计说明中。

设计说明是用文字的形式进一步表达设计思想和艺术效果，或者作为图纸内容的补充说明。另外，对于图纸中需要强调的部分以及未尽事宜也可用文字进行说明，如影响园林设计而图纸中却没有反映出来的因素：地下水位、当地土壤状况、地理、人文等情况。编写设计说明要用简明扼要的语言，注写设计意图，说明施工的技术要求及做法等。总平面图图纸中不要求区分植物的品种，因此不用编制园林植物配置表。

(4)绘制指北针或风玫瑰图

指北针一般放在图纸的右上角。风玫瑰图也叫风向频率玫瑰图，是根据当地多年统计的各个方向、吹风次数的平均百分数值，按一定比例绘制而成的，图例中粗实线表示全年风频情况，虚线表示夏季风频情况，最长线段为当地主导风向。

(5)注写图名、标题栏、比例尺、会签栏等

比例尺可分为数字比例尺和线段比例尺，为了便于阅读，园林总平面图宜采用线段比例尺。

(6)检查并完成全图

检查图纸，确保图纸正确无误；为提高图面效果，可进行色彩渲染。

3. 任务实施

◇ 子任务 1

在藏青园总平面图中，地形、水体水平投影的绘制，可以用样条曲线（快捷命令 SPL）或多段线（快捷命令 PL）绘制。首先选择所绘要素所在的图层，然后开始绘制，具体操作方法如下：

方法一：输入快捷命令 SPL 回车→单击鼠标左键确定起点→依次单击鼠标左键，绘制等高线→输入 C 回车，终点和起点相交，等高线自动闭合。

方法二：输入快捷命令 PL 回车→单击鼠标左键确定起点→输入 A 回车→绘制等高线→

二维码 10　总平面图绘制　　　　二维码 11　施工图输出和打印

当终点接近起点时单击鼠标右键，选择闭合即可。

小提示：单击鼠标左键确定各点位置时，两个点之间的距离要适中，不宜过小也不宜过大，确保所绘等高线为平滑的曲线。

◇ **子任务 2**

汀步、景墙、花池水平投影的绘制，可以用直线（快捷命令 L）、多段线（快捷命令 PL）或者矩形（快捷命令 REC）绘制，首先选择所绘要素所在的图层，然后开始绘制。

小提示：

①在绘制汀步时，可以先绘制一个矩形步石，然后复制多个（快捷命令 Ctrl＋C，Ctrl＋V 或者快捷命令 CO），用移动（快捷命令 M）调整至合适的位置。

②在绘制景墙时，可以先绘制一个矩形，再用偏移（快捷命令 O）向内或向外绘制另一个矩形。

◇ **子任务 3**

木平台、木坐凳和铺装水平投影的绘制，同子任务 2 中的方法，一般选用多段线（快捷命令 PL）绘制，也可用直线（快捷命令 L）绘制。首先选择所绘要素所在的图层，然后开始绘制。绘制完轮廓线后，用填充（快捷命令 H）绘制内部纹路。

◇ **子任务 4**

步石的水平投影一般用多段线（快捷命令 PL）绘制，也可用直线（快捷命令 L）绘制。首先选择所绘要素所在的图层，然后开始绘制。

◇ **子任务 5**

在模型中绘制图形，在布局中绘制图幅线、图框线以及标注等。

在藏青园总平面图中，文字标注可以用引线标注（快捷命令 LE），也可用多段线＋多行文字（快捷命令 T）进行绘制。

对所绘藏青园总平图进行布局输出。在布局模式中首先绘制出 A3 图框；其次，进行标注文字样式的修改。进入标注样式管理器（快捷命令 STYLE），调整文字样式为仿宋，宽度因子为 0.7，文字大小为 3.5～5 mm。使用多行文字工具（快捷命令 T）进行文字内容的标注。最后标注图名和比例尺。

2.2.2 绘制竖向设计图

1. 任务描述

山石、水体、道路和建筑的标高以及它们之间的高度差别，为造园土方工程和土方调配以及预算和地形改造施工提供主要的依据。为使图面清晰可见，在竖向设计图纸中通常不绘制园林植物。

本任务要求绘制藏青园竖向设计图(图 2-2-5)，图纸包含水体、木作、铺装、砌筑等造园要素的平面布局和高程标注以及图名、指北针和标题栏等。

具体任务说明：

子任务 1，绘制标高符号，并将其定义成块，存储在电脑中。

子任务 2，完成藏青园竖向设计图(图 2-2-5)。

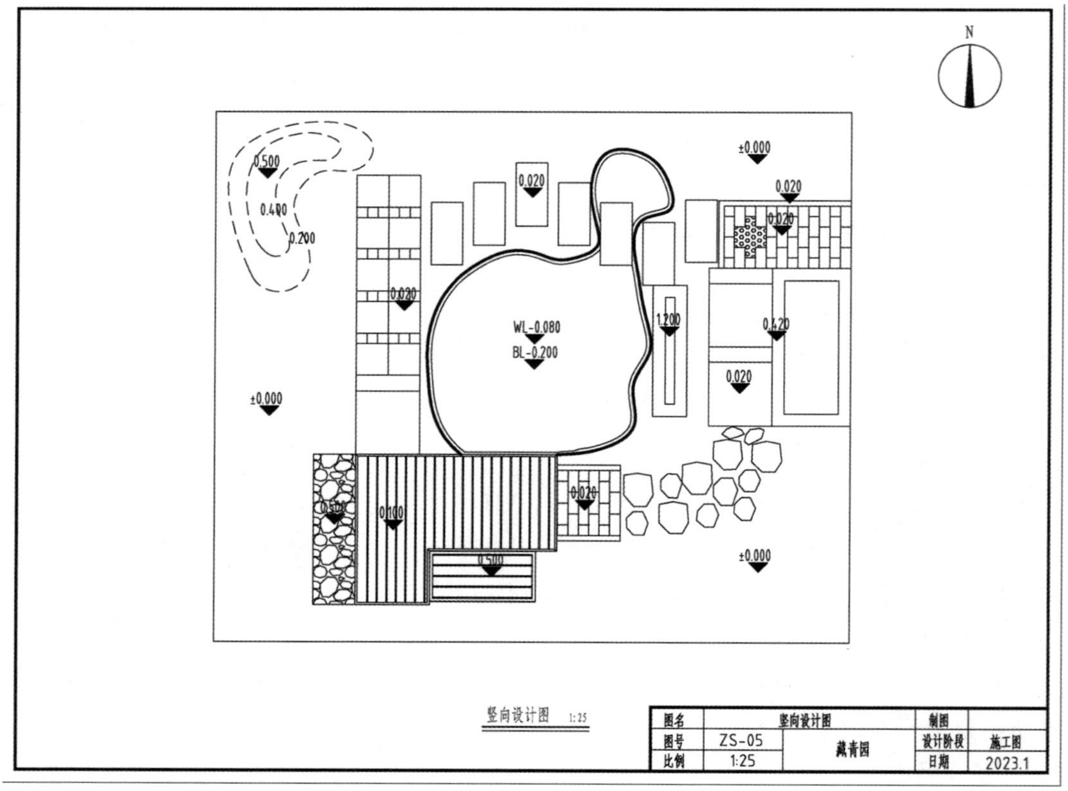

图 2-2-5 藏青园竖向设计图

2. 知识引领

标高符号用来表示某个部位高度的符号，通常用倒等腰直角三角形表示。其尖端指至所标注高度的部位，可以朝上也可朝下。一般室外绿地、路面的标高符号通常采用实心的三角形。当用标高符号标注湖底为平面的湖底高程时，标高符号下面应加画短线和 45°线表示湖底。假山石用标高符号标注最高部位的标高。道路高程一般标注于交汇、转向、变坡处。标注位置以圆点表示,圆点上方标注高程数字。

平面图上的标高均以米(m)为单位,在设计高程详图中小数点后保留3位有效数字;在设计高程总图及绿地中注写到小数点后第二位;不足的以“0”补齐。最后利用MT、PL命令,标注图名。

3. 任务实施

二维码12
竖向设计图

◇ 子任务1

绘制等腰直角三角形。

方法一:绘制长为6,宽为3的矩形→用直线命令,分别通过矩形左上和右上角点,向矩形下底边中点连线→分解(快捷命令X)矩形→删掉多余线→填充。

方法二:用多段线(快捷命令PL)绘制标高符号轮廓→填充(快捷命令H),选择SOLID图案。

小提示:

①绘制标高符号线宽设置为0.25。

②设置捕捉点(快捷命令OS)。

③打开对象捕捉(快捷命令F3)。

④将绘制的标高符号定义成块。

方法:定义块(快捷命令B),输入名称“绿地标高”,标高属性块创建完成。

◇ 子任务2

标高,完成藏青园竖向设计图。

方法:复制总平面图,将标注图层关闭,在相应位置插入标高符号(快捷命令I),选择“绿地标高”图块,指定插入点后,根据命令行提示,输入标高数值。

小提示:一般选择三角形尖端的顶点为插入点。

2.2.3 绘制水电施工图

1. 任务描述

水电布置图是施工图的一个重要组成部分。给排水工程包括给水和排水工程两个方面,给水工程指取水、净水、输水和配水等工程。本模块要求同学根据规划要求及管线综合设计有关参数,处理园林给排水管线在平面和竖向标高上的各种矛盾,将各种管线用所代表的图例或符号绘制在图上,并标明必要的数据和说明。

电气施工图是园林工程施工图的一个组成部分,它以统一规定的图形符号辅以简单扼要的文字说明,把电气设计内容明确地表示出来,用以指导园林电气的施工。电气施工图是电气施工的主要依据,它是根据国家颁布的有关电气技术标准和通用图形符号绘制的。

本任务要求是绘制给定图纸的水电布置施工图(图 2-2-6)。

任务具体说明:在给定 5 m×6 m 的小庭院中完成水电布置施工图。

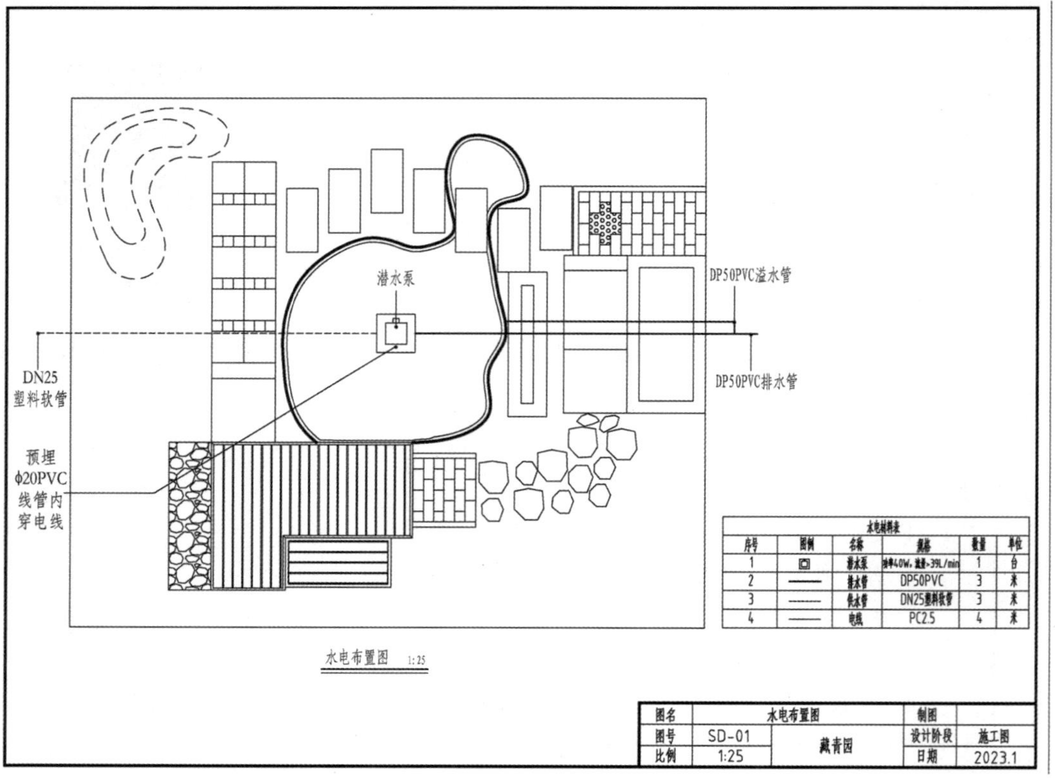

图 2-2-6 水电布置施工平面图

2. 知识引领

(1)绘制要点

给排水管线图的绘制,线型应符合国家现行标准《建筑给水排水制图标准》(GB/T 50106—2010)等的规定。

标高符号及一般标注方法应符合现行国家标准《房屋建筑制图统一标准》(GB/T 50001—2017)的规定。压力管道应标注管中心标高;重力流管道和沟渠宜标注管(沟)内底标高。标高单位可以按米(m)计算。

管径的单位应为 mm。

管径的表达方法应符合下列规定:

①水煤气输送钢管(镀锌或非镀锌)、铸铁管等管材,管径宜以公称直径 DN 表示;

②无缝钢管、焊接钢管(直缝或螺旋缝)等管材,管径宜以外径 DX 壁厚表示;

③铜管、薄壁不锈钢管等管材,管径宜以公称外径 D 表示;

④建筑给水排水塑料管材,管径宜以公称外径 dn 表示;

⑤钢筋混凝土(或混凝土)管,管径宜以内径 d 表示;

⑥复合管、结构壁塑料管等管材,管径应按产品标准的方法表示;

⑦当设计中均采用公称直径 DN 表示管径时，应有公称直径 DN 与相应产品规格对照表。

本次水电施工图的绘制只涉及较为简易的电线布置，详细的绘制规范可参考《建筑给水排水制图标准》(GB/T 50106—2010)等规范性文件。

电气专业的图线宽度(b)应根据图纸的类型、比例和复杂程度，按现行国家标准《房屋建筑制图统一标准》(GB/T 50001—2017)的规定选用，并宜为 0.5 mm、0.7 mm、1.0 mm，且应符合《建筑电气制图标准》(GB/T 50786—2012)等规范。

因园林用电施工图是专业性极强的图纸，从设计到施工必须严格按照电力设计规范进行，由专业人员设计和施工。

实际生产中的电气总平面图和电气平面图一般有本专业(包括强电和弱电，下同)设备轮廓线、图形符号轮廓线、本专业设备之间电气通路的连接线缆、非本专业设备轮廓线等。本次水电施工图的绘制只涉及较为简易的电线布置，详细的绘制规范可参考《建筑电气制图标准》(GB/T 50786—2012)等规范性文件。

(2)绘制步骤

①确定比例：水电布置可根据图纸尺寸和绘图范围大小选择合理的绘图比例，当内容比较简单、设计范围较小时，可适当放大比例，一般与总平面图比例一致，本任务绘图比例为 1∶25。详图比例可适当放大，本任务绘图比例为 1∶20。详图部分若局部表达有需要，可采用不同比例绘制。

②绘制内容：在 5 m×6 m 的小庭院中，给排水管线一般包括进水管、排水管、溢水管和水泵。电气专业包括电器通路连接线等。也可根据实际，增加照明等用电设施。

3.任务实施

规范绘制藏青园水电布置施工图。

(1)布置管线、确定管径

绘制图纸之前，首先分析图纸中的用水管线以及用电设备，选择合适规格的给排水管线和电线进行水电线路布局，并与潜水泵相连接，形成完整的水电布置图。

二维码 13
水电布置图

平面完成布局后，进行水池中水管的立体布局，确定竖向标高，确保进水、溢水、排水管线的畅通。

(2)调整线宽，开始绘制

根据《喷泉水景工程技术规程》(CJJ/T 222—2015)等规范，选择合适的图例以及线宽，进行 CAD 图纸的绘制。

在水电布置施工图中，为不同管线和电线创建若干图层(快捷命令 LA)→调整至合适的线宽→使用多段线(PL)命令、矩形(REC)等命令，进行电线、管线和潜水泵的绘制。

(3)进入布局模式，完善标注

在 CAD 中，使用布局模式进行文字的标注。在布局模式中首先绘制出 A3 图框。其次，进行标注文字样式的修改。使用快捷命令 STYLE 进入标注样式管理器，调整文字样式为仿宋，宽度因子为 0.7，文字大小为 3.5～5 mm。使用多行文字工具(快捷命令 T)进行文字内容的标注。

绘制完整后，标注图名和比例尺。

小提示：剖切符号的剖切线应与剖切数字垂直，以表明剖切方向。

2.2.4 绘制园路施工详图

1. 任务描述

绘制园路施工详图是明确总图设计中各处园林道路的详细做法及尺寸的重要图纸。设计内容主要包括铺装样式、图案尺寸、材料、颜色、规格、拼接方式以及所用材料的做法；主要功能是便于施工准备，如购买材料、明确施工工艺、计算工程量等。

任务具体说明：在给定 5 m×6 m 的小庭院中完成铺装做法详图（图 2-2-7、图 2-2-8）的绘制。

2. 知识引领

（1）绘制要点

园路施工详图主要包含铺装大样图和断面图等。铺装大样图主要包含铺装纹样放大细部尺寸、标注尺寸、纹样、剖切位置等。断面图主要表达施工做法，常用比例 1∶(5～20)。

在断面图绘制时，可以使用各种园路的标准做法，标准做法可参考国家标准设计图集以及行业规范图集。如《建筑场地园林景观设计深度及图样》(06SJ805）等。本次园路施工详图的绘制，在保证便于课程实际施工的前提下，省略了部分面层和结构。做法一般为（由下至上）素土夯实、50 厚灰土找平层以及面层。

（2）绘制步骤

①确定比例：铺装大样图可根据图纸尺寸和绘图范围大小选择合理的绘图比例，本任务绘图比例为 1∶20。断面图主要表达施工做法，比例可适当放大，常用比例为 1∶(5～20)。

②绘制内容：本图纸中铺装详图分为平面大样图和断面图，平面大样图主要展现铺装的尺寸、样式、颜色等，断面图主要表达铺装的做法。

3. 任务实施

规范绘制藏青园园路施工详图。

二维码 14
园路施工详图

（1）确定铺装样式和材料

本次详图设计材料主要摘录于全国职业院校学生技能大赛"园林景观设计与施工"赛项竞赛规程。园路、铺地、广场平面详图应绘出不同规格材料铺设的图形，标出具体尺寸，注出各项材料的材质、规格，平面填充图例应与设计内容一致。

（2）绘制铺装做法

首先在 CAD 模型中，进行铺装断面图的绘制。使用多段线（PL）命令和矩形（REC）命令，完成断面图线稿的绘制→使用填充（H）命令进行断面图铺装样式的填充。

然后，绘制素土夯实的图例→使用圆形绘制（C）命令进行圆形的绘制（此图中圆半径为 30 mm）→使用修剪（TR）命令将圆修剪成半圆→使用矩形（REC）命令绘制填充区域→使用快捷命令 H 进行填充→使用修剪（TR）命令修减掉多余的边线即可。

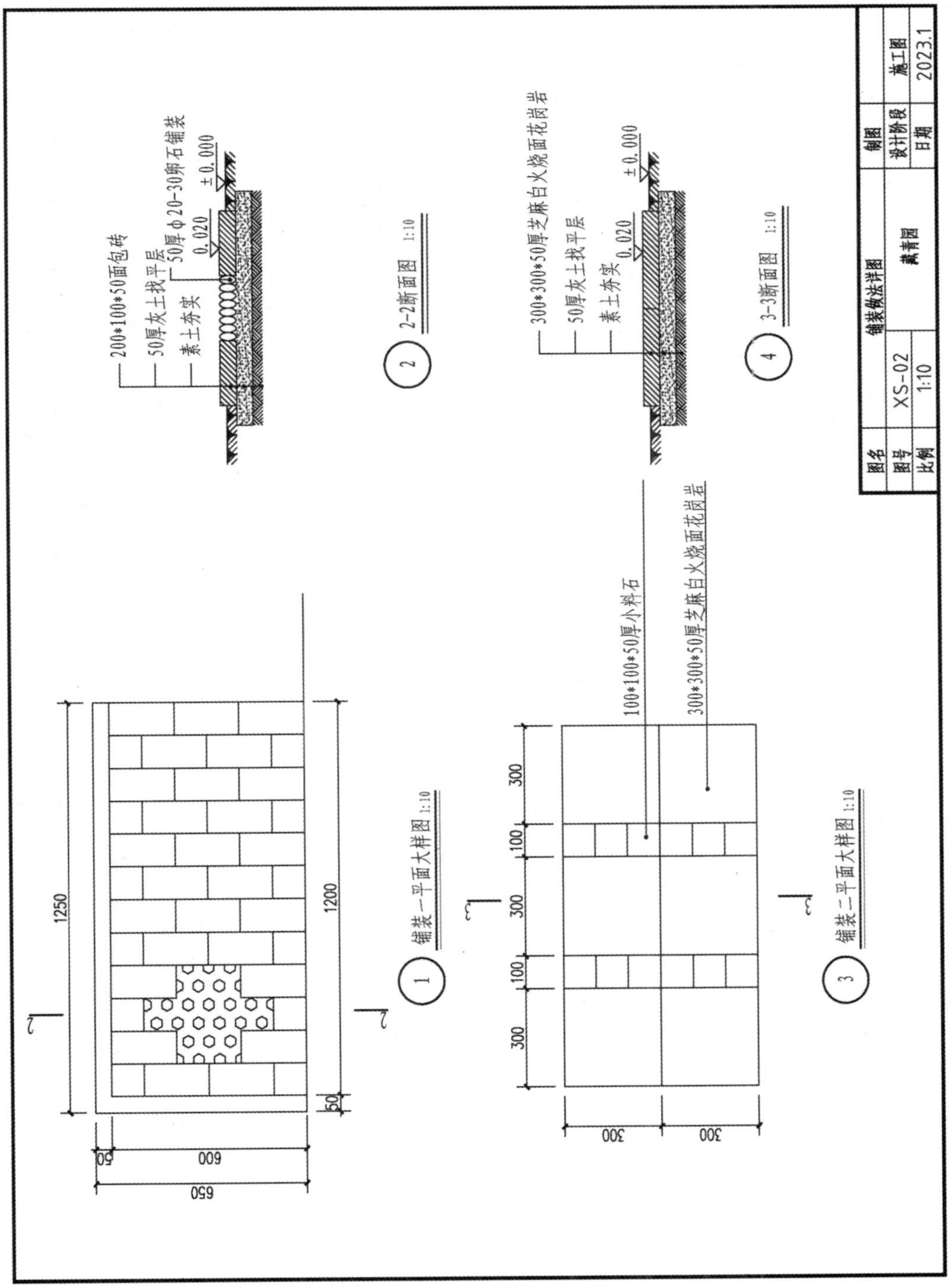
200*100*50面包砖
50厚灰土找平层
素土夯实
50厚φ20-30卵石铺装
0.020
±0.000
2-2断面图 1:10
300*300*50厚芝麻白火烧面花岗岩
50厚灰土找平层
素土夯实
3-3断面图 1:10
1250
1200
50
600
650
铺装一平面大样图 1:10
100*100*50厚小料石
300*300*50厚芝麻白火烧面花岗岩
300
100
铺装二平面大样图 1:10
图名
铺装做法详图
制图
戴青阳
图号
XS-02
设计阶段
施工图
比例
1:10
日期
2023.1

图2-2-7 铺装做法图1

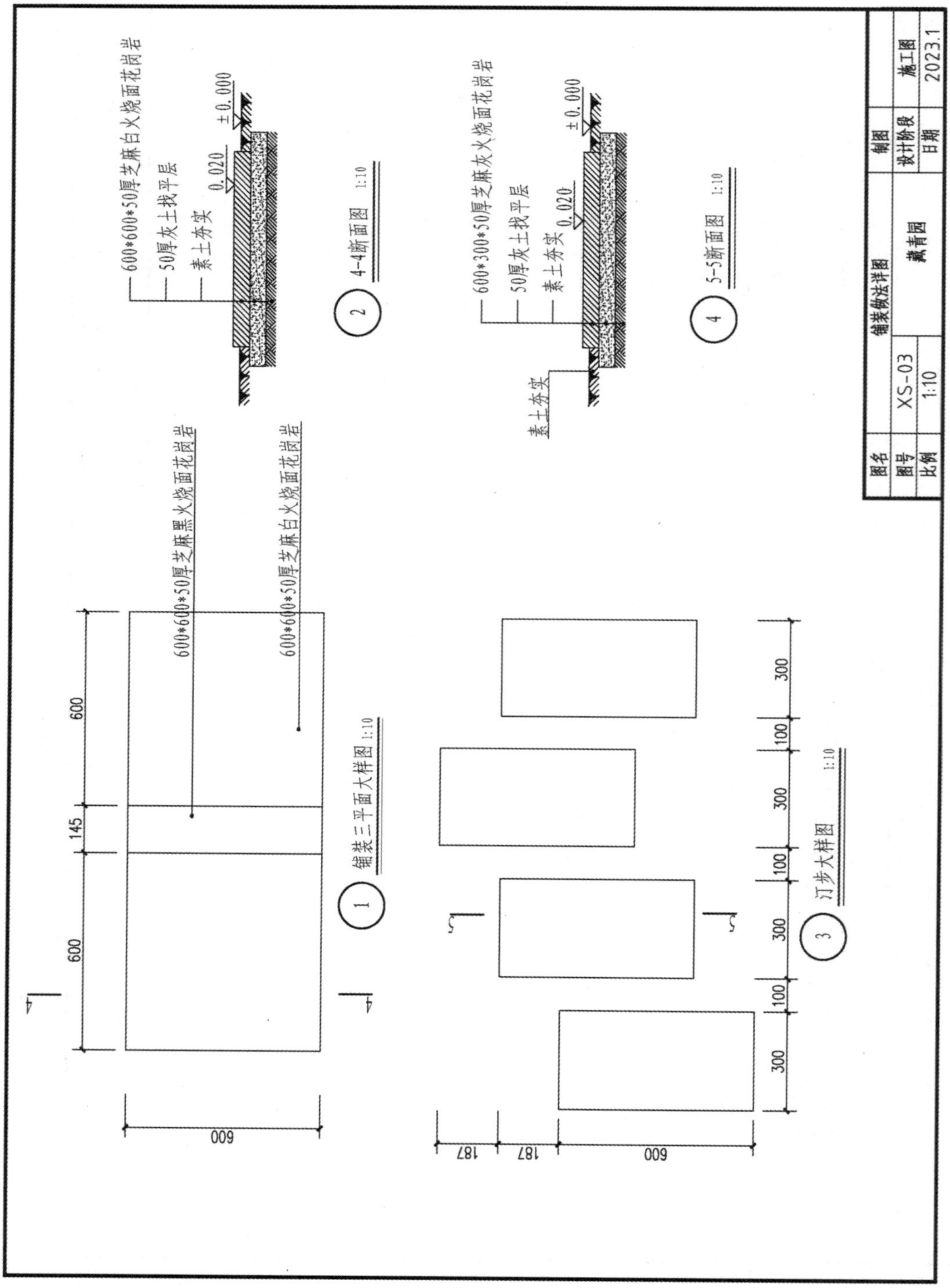

图2-2-8 铺装做法详图2

小提示：填充图案的比例和方向都是可以进行调整的，使用快捷命令(Ctrl+1)，在左侧编辑面板即可调整。

(3)进入布局模式，完善标注

在CAD中，使用布局模式进行文字和尺寸的标注。尺寸标注前可以用标注样式管理器(DIMSTYLE)进行尺寸样式的修改→使用标注(DAL)命令进行标注→同一行多个尺寸可使用连续标注(DCO)命令进行标注。

2.2.5 绘制花池、景墙施工详图

1. 任务描述

绘制花池、景墙施工详图是明确总图设计中各处景观小品的详细做法及尺寸。通过花池、景墙等园林小品的设计丰富场地内空间。设计内容主要包括花池景墙的尺寸、样式、材料以及所用材料的做法等；主要功能是便于明确施工工艺、计算工程量等。

子任务1，在给定5 m×6 m的小庭院中完成花池施工详图中做法详图(图2-2-9)的绘制。

子任务2，在给定5 m×6 m的小庭院中完成景墙施工详图中做法详图(图2-2-10)的绘制。

2. 知识引领

(1)绘制要点

景观小品的施工详图绘制，如花池、景墙等，需首先绘制平面大样图，确定平面尺寸及细部尺寸、剖切位置等；其次进行立面图的绘制，包含式样高度、材料、颜色等；最后进行断面图的绘制，包含构造做法、节点详图等。图纸比例一般为1∶(10～100)。

为保证花池排水良好，一般进行花池过水洞的设计。花池过水洞间隔2～4 m设置，独立花池至少有2个排水洞。景墙长度超过50 m时，在砖垛部位设置伸缩缝，遇到高低错落地形时，应设置变形缝。

本次藏青园设计为了便于施工，花池未进行排水洞设计，做法中省略了部分结构。

(2)绘制步骤

①确定比例：花池、景墙施工详图可根据图纸尺寸和绘图范围大小选择合理的绘图比例，本任务绘图比例为1∶10。断面图主要表达施工做法，比例亦可适当放大。

②绘制内容：本图纸中铺装详图分为平面大样图、立面图和断面图，平面大样图主要展现花池和景墙的尺寸、高度，断面图主要表达花池景墙的材料和做法，立面图主要表达花池景墙的排砖和营建方式。

二维码15
花池、景墙施工详图

3. 任务实施

◇ 子任务1

规范绘制藏青园花池做法详图。

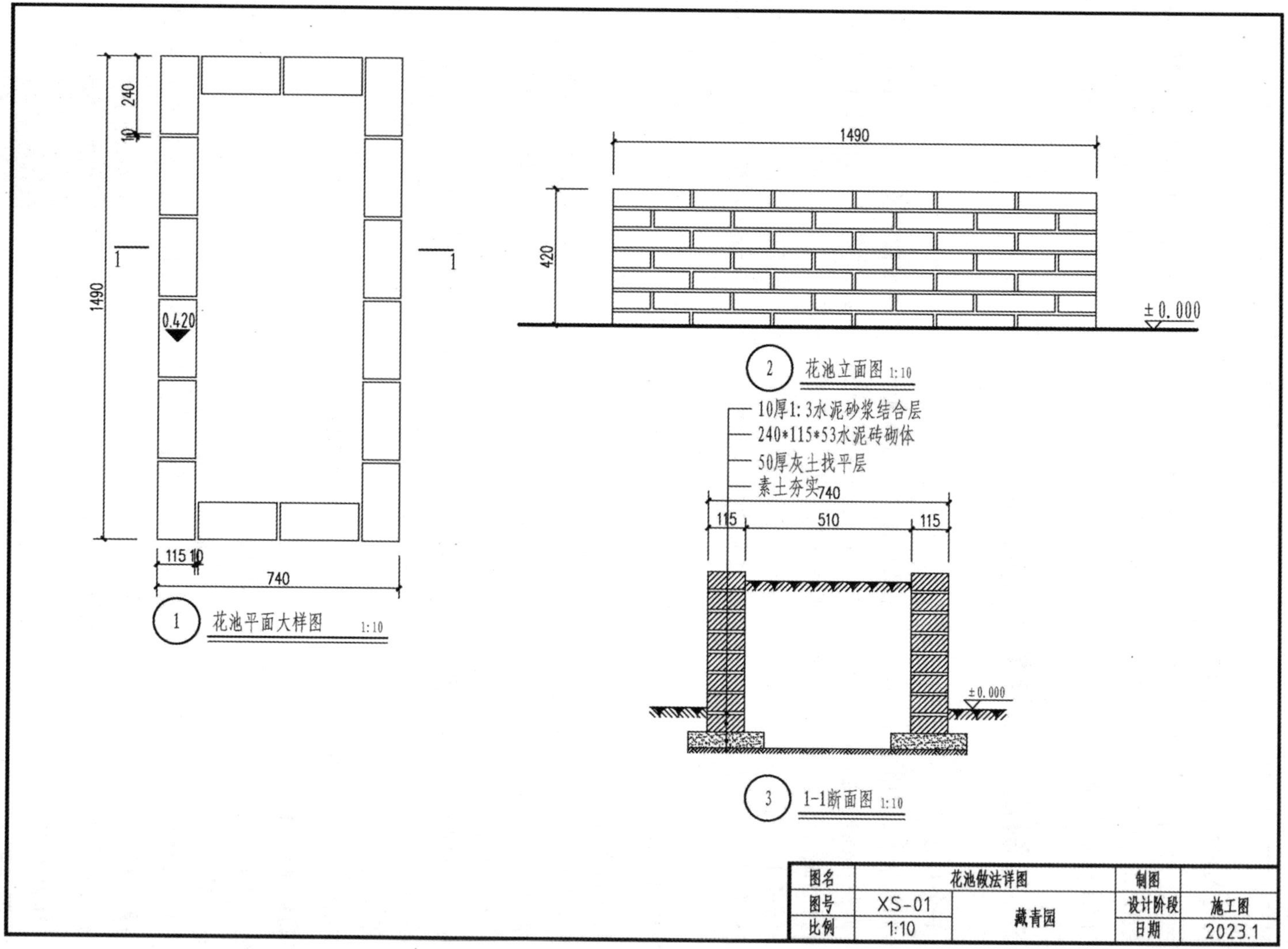
1490
240
10
1
1
0.420
115 10
740
1 花池平面大样图 1:10
1490
420
±0.000
2 花池立面图 1:10
10厚1:3水泥砂浆结合层
240*115*53水泥砖砌体
50厚灰土找平层
素土夯实
740
115
510
115
±0.000
3 1-1断面图 1:10
图名
花池做法详图
制图
图号
XS-01
藏青园
设计阶段
施工图
比例
1:10
日期
2023.1

图2-2-9 花池做法详图

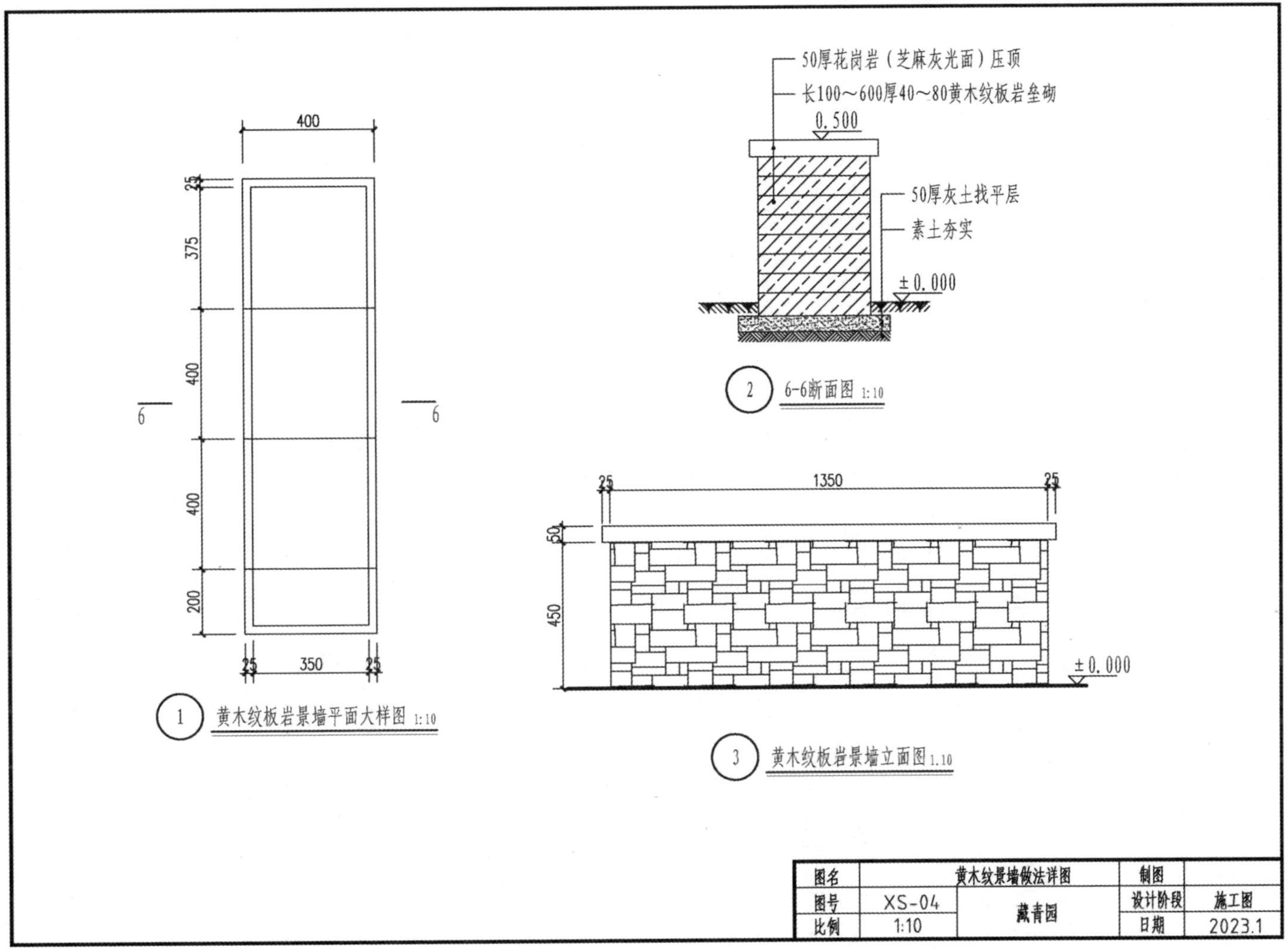

图2-2-10 黄木纹板岩景墙做法详图

(1)科学排砖、确定砌筑样式

砌筑前需要确定第一层和第二层的排砖方案，之后按照第一层、三层、五层排砖方式相同，第二层、四层、六层排砖方式相同的方案进行砌筑。

(2)绘制做法详图，完善标注

使用多段线(PL)命令和矩形(REC)命令进行花池轮廓的绘制→使用偏移(O)命令或者复制(CO)命令完成花池断面图的绘制→使用填充(H)命令完成断面图的填充→进入布局模式，进行文字和尺寸标注。

◇ 子任务2

规范绘制藏青园黄木纹景墙做法详图。

(1)确定材料尺寸，明确基础做法

本次景墙设计选择原材料为黄木纹片岩，片岩是指符合工程要求，经开采未经加工、形状不规则、边长通常不小于15 cm的较薄石块。顶端使用花岗岩进行压顶。本次施工图设计省略了部分面层和结构。做法一般为(由下至上)素土夯实、50 mm厚灰土找平层以及面层。

(2)绘制做法详图，完善标注

首先使用多段线(PL)命令和矩形(REC)命令进行景墙轮廓的绘制→使用阵列(AR)命令或者复制(CO)命令完成花池断面图的片岩绘制→使用填充(H)命令完成断面图的填充→进入布局模式，进行文字和尺寸标注。

小提示：片岩等石材的填充，可采用一条斜实线、一条斜虚线的填充图案。

2.2.6 绘制水池施工详图

1. 任务描述

绘制水池施工详图是明确总图设计中各处园林水景的详细做法及尺寸，设计内容主要包括水体深度、驳岸形式、给排水管线以及所用材料的做法等，水池中设有泵坑，采取循环用水。主要功能是便于施工准备，确定水池及管线的做法、计算工程量等。

任务具体说明：在给定5 m×6 m的小庭院中完成水池施工详图中做法详图(图2-2-11)的绘制。

2. 知识引领

(1)绘制要点

本次绘制的水池施工详图为静水面水池，包含平面大样图和断面图。在断面图绘制中，需重点表示各类驳岸形式，断面图重点表示水深及池壁、池底构造、材料方案等，其中喷水池需要表示喷水高度、喷射形状、范围等(示意)。

水池设计过程中，池底做法需考虑防水等级。防水设计中涉及水池的混凝土构造防水等级对应防水层层数及防水材料要求，可参考《地下防水技术规范》GB 50108、《地下防水工程质量验收规范》GB 50208的要求。此外，还需明确给水管管径、埋设深度或铺设的标高，宜标注

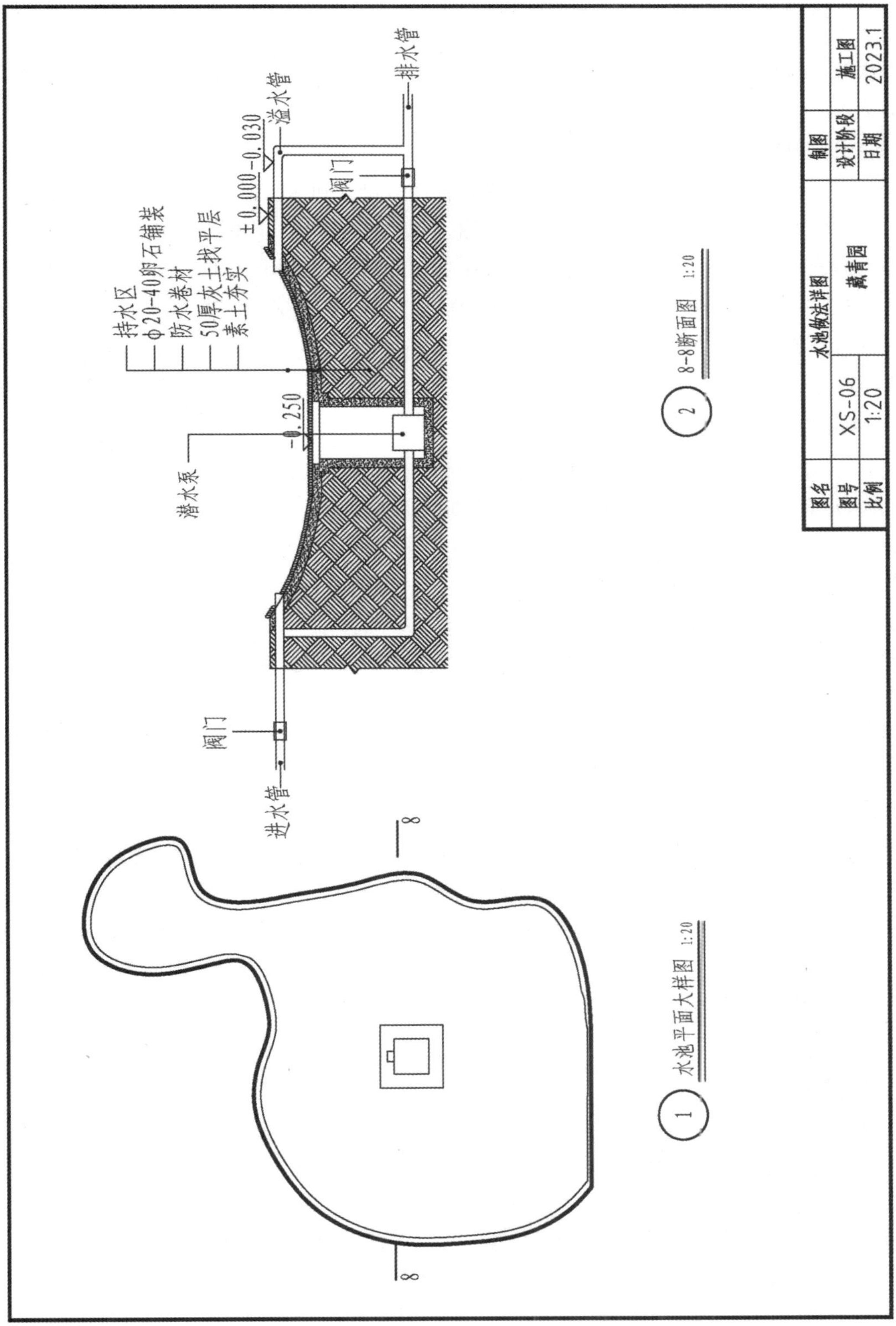

图2-2-11　水池做法详图

管道长度，并绘制节点图，注明节点结构、闸门井尺寸、编号及引用详图（一般工程给水管线可不绘节点图）。

本次藏青园设计为便于施工，仅涉及给排水管线的布置以及水泵的连接，池底未进行混凝土构造的设计。

(2)绘制步骤

①确定比例：水池施工详图绘制比例通常根据图纸尺寸和表达需要在1：(10～100)之中选择。本次绘制的图纸比例为1：20。断面图主要表达施工做法，比例亦可适当放大。

②绘制内容：本图纸中水池施工详图分为平面大样图和断面图，平面大样图主要展现水池的尺寸、潜水泵的位置，断面图主要表达管线的埋深、尺寸、水池的详细做法。

3. 任务实施

规范绘制藏青园水池施工详图。

(1)布置管线、确定做法

首先，确定水电布置施工图水池的做法和埋深，根据图纸需要，完善水池管线的布置。然后，确定水池的详细做法。为便于施工，藏青园水池构造做法由上至下依次是持水区→卵石铺装→防水卷材→50厚灰土找平层→素土夯实。

二维码16
水池施工详图

(2)绘制做法详图，完善标注

使用多段线(PL)命令和样条曲线(SPL)命令完成水池平面大样图的轮廓绘制→使用偏移(O)命令进行偏移，完成水池平面大样图的轮廓绘制；使用多段线(PL)命令、矩形(REC)命令和样条曲线(SPL)命令完成断面图的轮廓绘制→使用椭圆(EL)命令进行卵石的绘制→使用阵列(AR)命令将卵石铺满水池→完成填充后即可在布局模式中进行标注。

小提示：卵石铺装完成填充后，若需要局部进行调整，则首先使用分解(EXPLODE)命令后，方可进行局部调整。

2.2.7 绘制木作施工详图

1. 任务描述

绘制木作施工详图是明确总图设计中各处园林木铺面的详细做法及尺寸。木平台由于其密度小、强度高、有弹性和韧性、健康环保、易加工等特点，成为重要的园林铺装材料之一。设计内容主要包括木材规格、木铺装做法、拼接方式以及木铺面尺寸等；主要功能是便于施工准备，如购买材料、明确施工工艺、计算工程量等。

子任务1，在给定5 m×6 m的小庭院中完成木平台施工详图中做法详图(图2-2-12)的绘制。

子任务2，在给定5 m×6 m的小庭院中完成木坐凳施工详图中做法详图(图2-2-13)的绘制。

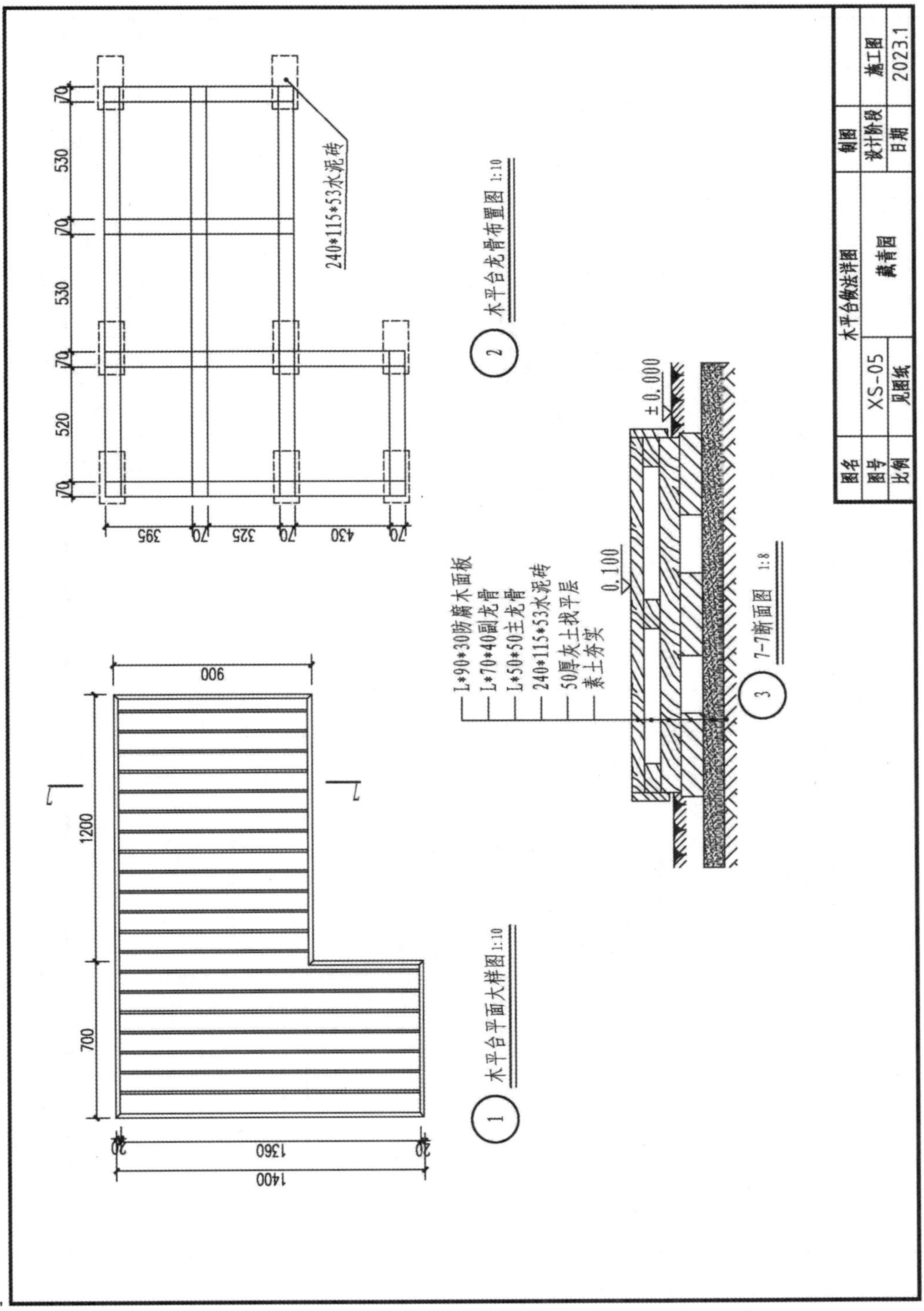

图2-2-12 水平台做法详图

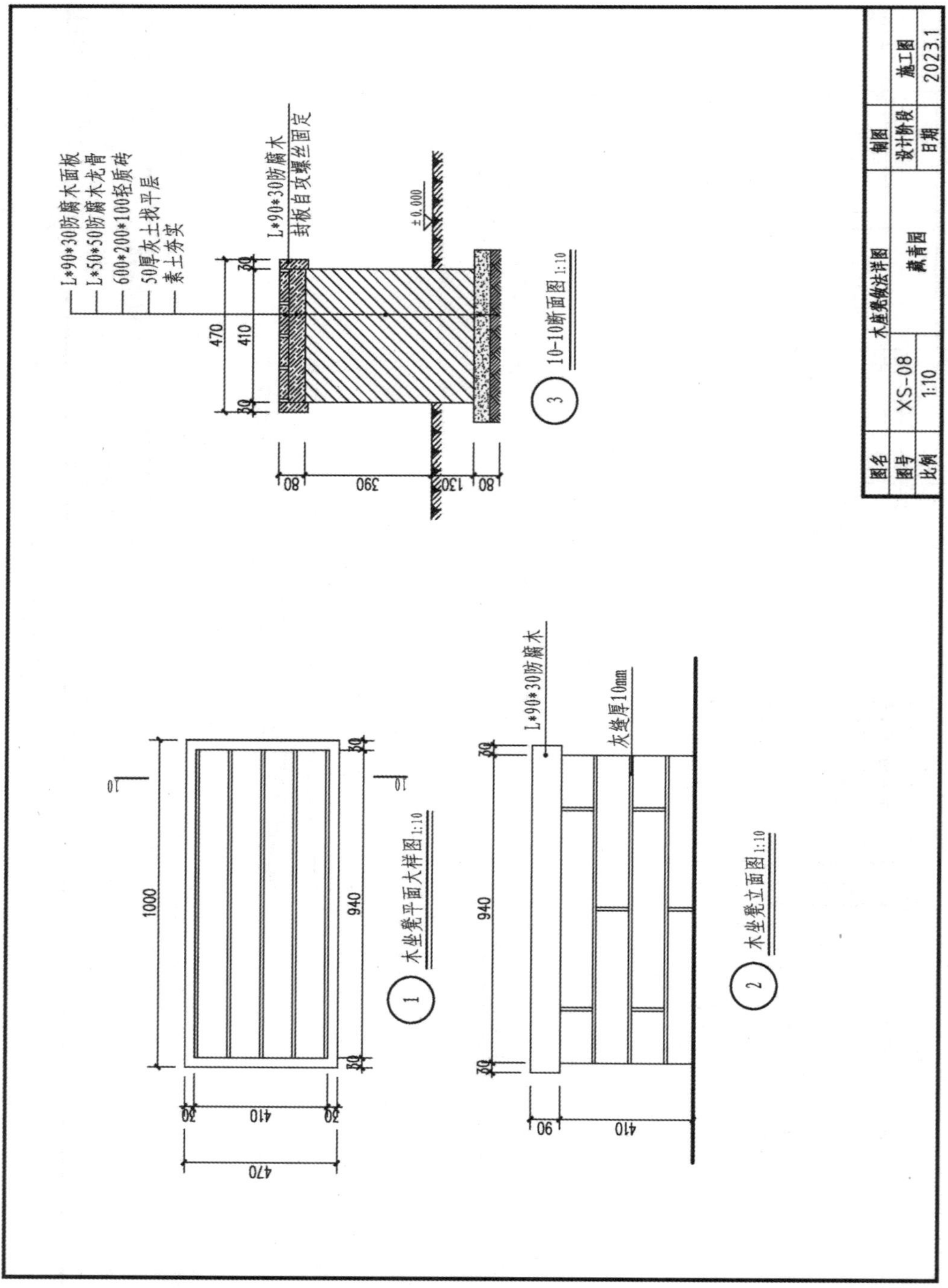

图2-2-13　木坐凳做法详图

2. 知识引领

(1)绘制要点

目前，在园林工程中主要应用的木作铺面是防腐木。由于木结构易腐烂，即便做了防腐处理，仍然不能长期泡在水中，故景观木平台多为架空式。在藏青园图纸绘制中，木平台采用水泥砖架空，之后进行龙骨和木平台的搭建。

在木作施工详图的设计与绘制过程中，应合理选择木板的厚度，如私家庭院用可选择厚度在 2～3 cm 的木板，而公共木制广场则应选用厚度在 4～5 cm 的木板。一般来讲，选用较薄的木材铺面时应加大龙骨的密度，但是无论何种规格的木铺面都只能承受轻型荷载。在园林木铺装工程实践中，防腐木木材长度一般为 4 000 mm 和 6 000 mm(特殊规格须定制)。

木作施工详图所选用的材料可参考全国职业院校技能大赛园艺赛项木材材料清单(表 2-2-1)，亦可根据实际原材料情况进行调整。为方便竞赛与施工，材料尺寸及做法进行了适当调整。标准做法可参考国家标准设计图集以及行业规范图集。

(2)绘制步骤

①确定比例：本任务平面大样图和龙骨布置图绘图比例为 1∶10。木平台断面图为了更加清晰地表达做法，比例进行了适当放大，比例为 1∶8。

②绘制内容：本图纸中铺装详图分为木平台平面大样图、木平台龙骨布置图、木平台断面图以及木坐凳平面大样图、木坐凳立面图和断面图。平面大样图主要表达尺寸和规格，龙骨布置图主要表达木平台的骨架基础，断面图主要表达材料尺寸和详细做法。

表 2-2-1　全国职业院校技能大赛园艺赛项木材材料清单

序号	名称	尺寸/ mm	数量	备注
1	防腐木面板	4 000×90×15	30 块	松木类(断面尺寸误差 2 mm)
2	防腐木龙骨	4 000×55×35	10 根	
3	防腐木立柱	4 000×85×85	2 根	

3. 任务实施

◇ 子任务 1

规范绘制藏青园木平台施工详图。

二维码 17
木作施工详图

(1)布置龙骨、确定做法

根据木平台的尺寸，合理进行龙骨的布置。在龙骨的顶点处，使用水泥砖进行支撑。为便于施工，藏青园木平台构造做法由上至下依次是防腐木面板→主龙骨→副龙骨→50 厚灰土找平层→素土夯实。

(2)绘制做法详图，完善标注

使用多段线(PL)命令和矩形(REC)命令完成木平面大样图的轮廓绘制→使用偏移(O)命令进行偏移→使用修剪(TR)命令后，完成木平台平面大样图和龙骨布置图的轮廓绘制；使用多段线(PL)命令、矩形(REC)命令完成断面图的轮廓绘制→完成填充后即可在布局模式中进行标注。

小提示：木平台龙骨布置图中，水泥砖应为虚线，若绘制调整线型后仍显示实线，则使用快捷命令(Ctrl+1)调整线型比例即可。

◇ **子任务 2**

规范绘制藏青园木坐凳施工详图。

(1)科学排砖、布置龙骨

砌筑前需要确定第一层和第二层的排砖方案，之后按照第一层、三层、五层排砖方式相同，第二层、四层、六层排砖方式相同进行砌筑。由于坐凳顶端为防腐木，需在面板下架设龙骨。

(2)绘制做法详图，完善标注

绘图步骤同木平台施工详图。

2.2.8 绘制种植施工图

1. 任务描述

园林种植施工图主要反映规划用地范围内所设计植物的种类、数量、规格、种植位置、配置方式、种植形式及种植要求。通常还在图面上适当的位置，用列表的方式绘制苗木统计表，具体统计并详细说明设计植物的编号、图例、种类、规范(包括树干直径、高度或冠幅)和数量等。种植图为组织种植施工、进行养护管理和编制预算提供重要依据。

园林植物种类繁多，姿态各异，平面图中无法详尽地表达，通常用"图例"概括表示。所绘图例必须区分出针叶树、阔叶树，常绿树、落叶树，乔木、灌木、绿篱、花卉、草坪和水生植物等。具体要求可参考《风景园林制图标准》(CJJ/T 67—2015)。但在实践中，有一些规划面积较小的设计，往往将总平面图纸与种植设计图纸合二为一。

本任务要求绘制藏青园植物配置图(图 2-2-14)，图纸包含水体、木作、铺装、砌筑等造园要素的平面布局和植物种类、数量、种植位置和苗木统计表，以及图名、指北针和标题栏等。

具体任务说明：

子任务 1，根据《风景园林制图标准》(CJJ/T 67—2015)，选择恰当的植物图例，复制在图纸中，调整至合适的大小，放置于合适的位置。

子任务 2，绘制苗木统计表。

2. 知识引领

(1)编制苗木统计表

苗木统计表是在种植施工图中适当位置，列表说明所设计的植物编号、植物名称(必要时注明拉丁文名称)单位、数量、规格及备注等内容。如果图上没有空间，可在设计说明书中附表说明。

(2)绘制种植施工图

按苗木统计表中的编号，绘制植物种植详图，说明种植某一植物时挖坑、施肥、覆土、支撑等种植施工要求。

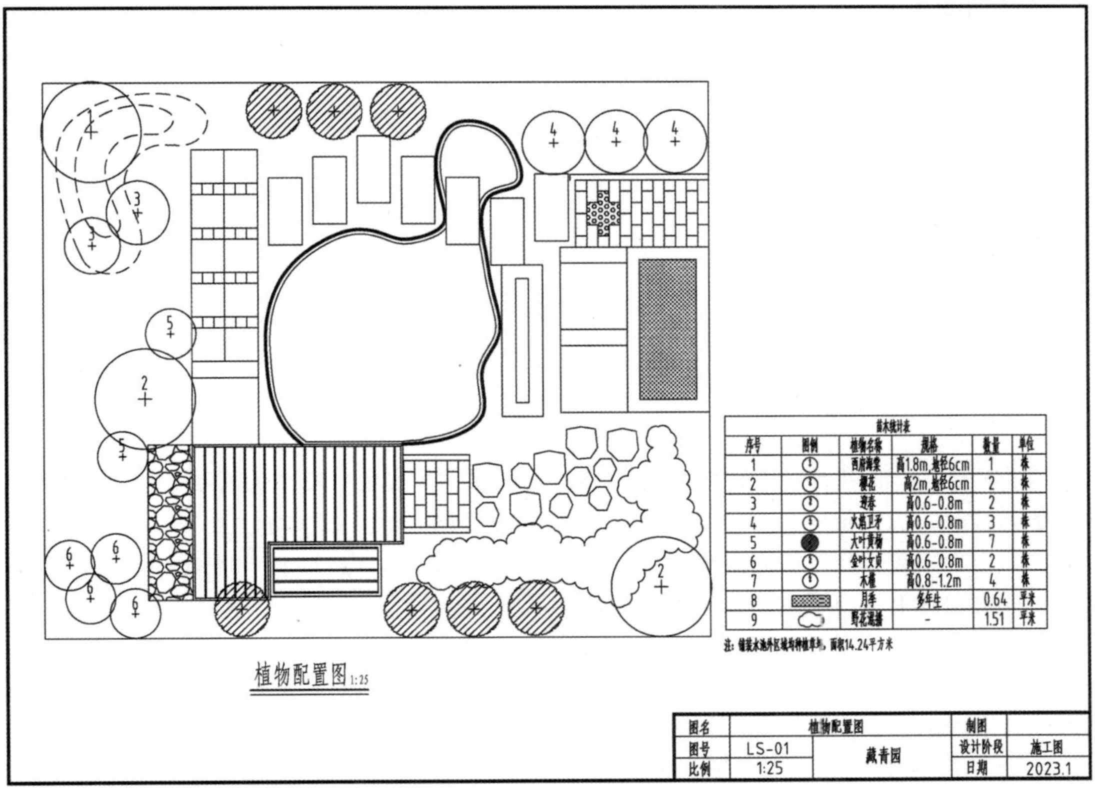

图 2-2-14　藏青园植物配置图

在种植设计图中，宜将各种植物按平面图中的图例或用单一圆形引出线的形式，绘制在所设计的种植位置上，并应以圆点标示出树干位置，即种植点的位置。树冠大小按成龄后效果最好时的树冠大小即冠幅绘制。为了便于区别树种，计算株数，应将不同树种统一编号。在将树种统一编号时，可标注在树冠图例中；或将相同树种的种植点尽可能地用折曲的粗实线相连，并用索引符号逐树种编号，索引符号用细实线绘制，圆圈的上半部注写植物编号，下半部注写数量，尽量排列整齐使图面清晰。也可直接用植物名称和数量表示。尽量排列整齐，清晰美观。

在规则式的种植设计图中，对单株或丛植的植物宜以圆点表示种植位置，对蔓生和群植的植物，用云线（细实线）绘出种植范围，草坪用小圆点表示（填充），小圆点应绘得有疏有密，凡在道路、建筑物、山石、水体等边缘处应密，然后逐渐稀疏，做出退晕的效果。

3. 任务实施

◇ 子任务 1

根据《风景园林制图标准》（CJJ/T 67—2015），选择植物图例，将选择好的植物图例用复制（快捷命令 Ctrl＋C）、粘贴（快捷命令 Ctrl＋V）的方法复制在图纸中，然后用缩放（快捷命令 SC）调整至合适的大小，再用移动（快捷命令 M）放置于合适的位置，最后用复制（快捷命令 CO）复制多个。

二维码 18
植物配置图

◇ 子任务 2

绘制苗木统计表。在适当位置列表说明所设计的植物编号、图例、名称、数量、规格和单位等。

方法:表格样式设置(快捷命令 TS)→插入表格(快捷命令 TB)→录入表格。

思想加油站

"统筹职业教育、高等教育、继续教育协同创新,推进职普融通、产教融合、科教融汇,优化职业教育类型定位"。

——党的二十大报告

随着社会经济的进步、科技水平快速发展,设计软件也发生着巨大的变革。教学中为了让学生掌握基础知识和技能,仍应用 AutoCAD 绘制施工图。但是在实际生产中,多数设计院和企业在应用天正建筑软件或者其他具有个性开发插件的 CAD 进行施工图设计与绘制,这些软件在一定程度上提升了绘图效率和绘图质量。

天正建筑软件的主要作用是使 AutoCAD 由通用绘图软件变成了专业化的建筑、园林绘图软件。将绘图过程中常用的命令分类提取出来,使同类功能以选项板的形式呈现在二维草图和注释模式下。用户可在选项板上直接单击按钮激活相关命令,无须反复点选多级菜单寻找命令,更方便快捷地完成工程图纸的绘制工作(图 2-2-15、图 2-2-16)。在学校教学中,除了关注专业基本的知识和技能,还要与时俱进地了解社会上相关技术变革,学生需要补充了解天正建筑软件等行业普遍使用的技术,以便打通就业最后一公里,真正落实产教融合。

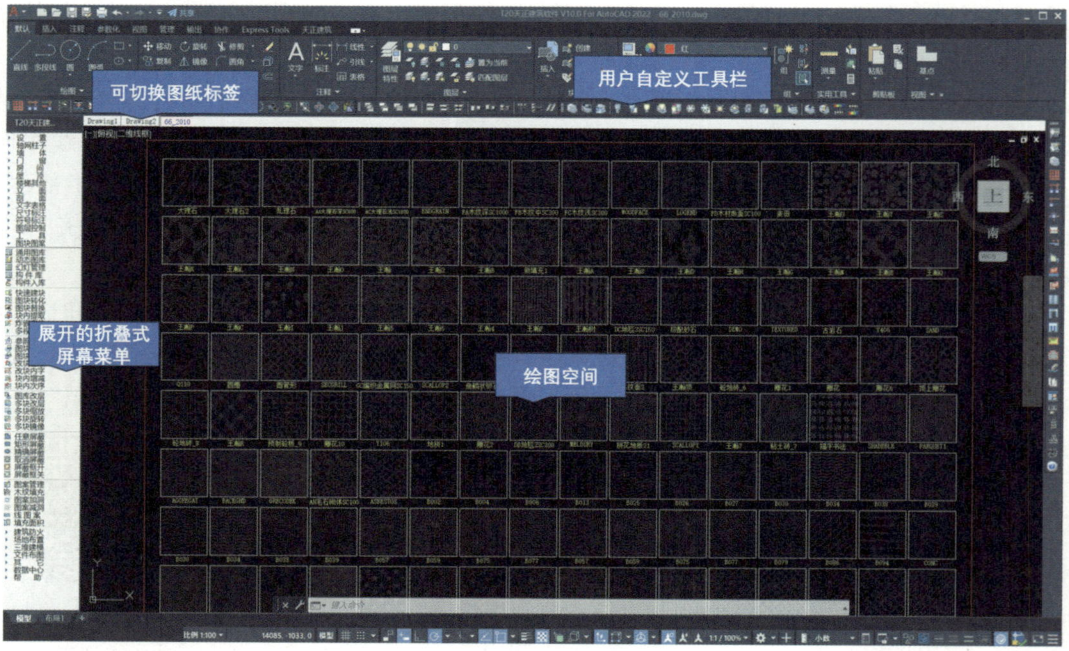

图 2-2-15 天正建筑界面操作面板

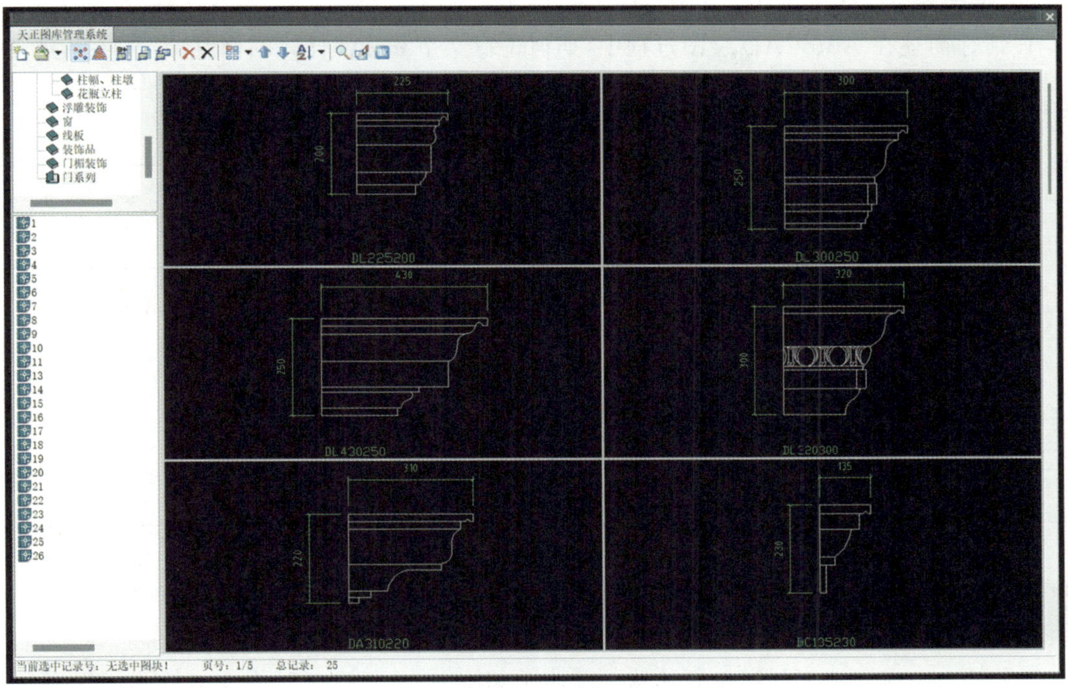

图 2-2-16　天正建筑界面图库管理系统

知识巩固

一、选择题

1. 标高符号及一般标注方法应符合现行国家标准《房屋建筑制图统一标准》(GB/T 50001—2017)的规定。标高符号的高度一般为(　　)。

A. 3 mm　　B. 4 mm　　C. 5 mm　　D. 6 mm

2. 在布局模式进行文字标注时，文字样式一般设置为仿宋，宽度因子和文字大小分别为(　　)mm。

A. 0.7,3.5～5　　B. 0.7,2～3.5　　C. 1,3.5～5　　D. 1,2～3.5

3. 在 AutoCAD 施工图材质填充中，石材的填充图案一般为(　　)。

A. 细实线　　B. 细虚线　　C. 粗实线　　D. 细实线和细虚线交替

二、判断题

1. 在 AutoCAD 中，以下命令的快捷键是：多段线(PL)、矩形(REC)、圆(PL)、偏移(O)、修剪(TR)、阵列(CR)。(　　)

2. 在实际生产生活中，因园林用电施工图是专业性极强的图纸，从设计到施工必须严格按照电力设计规范进行，由专业人员设计和施工。(　　)

3. 在断面图绘制时，可以使用各种园路的标准做法，标准做法可参考国家标准设计图集以及行业规范图集。(　　)

三、简答题

1. 请你简述在 AutoCAD 绘图过程中，如何进行文字和标注样式的修改。

2. 请你简述在 AutoCAD 绘图过程中，如何使用布局模式进行图纸的输出和打印。

项目演练

小组合作完成 5 m×6 m 小庭院藏青园施工图绘制(基本任务)，或完成任务 2.1 施工图设计部分自己设计的 5 m×6 m 小庭院的施工图绘制(拔高任务)，总体要求见表 2-2-2 所列。

表 2-2-2 总体要求

类型	时长	训练内容	考评点
2 人小组合作	10 h	总图	总图设计、图纸表达
		种植设计平面图	种植设计、图纸规范
		水电平面图	水电布置、图纸规范
		铺装详图	铺装做法、图纸规范
		水池详图	水池做法、图纸规范
		砌筑详图	砌筑做法、图纸规范
		木作详图	木作做法、图纸规范

实践过程记录

评价总结

请结合本项目施工图绘制的学习过程完成学习评价，自主从知识重难点、技能核心点、自我感受等方面进行梳理和总结，并记录在表 2-2-3 评价总结表中。

表 2-2-3 项目评价总结

序号	评价任务	评价标准		满分	评价		综合评价
		评分项	评价描述		自评 40%	师评 60%	
1	AutoCAD施工图的绘制	图纸输出	在 AutoCAD 软件中布局统一用 A3 纸排版	2			
			图纸图框	1			
			封面、目录的图名、图号、图幅等与详图对应，编写符合制图规范	2			
			按照提供的图纸，正确绘制施工设计说明	2			
			总平面图	3			
			尺寸定位平面图	2			
			竖向设计平面图	2			
		种植设计平面图	植物数量、冠幅与提供材料相符	2			
			乔、灌、草搭配合理	2			
			图例选用符合制图规范	2			
			苗木统计表规格、数量、图例等正确	2			
			植物定点坐标正确	2			
			树种标注正确	2			
		水电平面图	与总平面图、水景详图等相符	2			
			给水、排水、溢水等设施表达正确，符合制图规范	2			
			电路布置正确，符合制图规范	2			
		水池详图	平面大样图、结构剖面图、总平面图相符	2			
			绘制比例、线型、剖切符号等正确，符合制图规范	2			
			平面大样图材料、尺寸标注正确	2			
			结构剖面图材料、尺寸标注正确	2			

续表 2-2-3

序号	评价任务	评价标准		满分	评价		综合评价
		评分项	评价描述		自评 40%	师评 60%	
1	AutoCAD施工图的绘制	砌筑详图	平面大样图、结构图、总平面图相符	2			
			比例、线型、剖切符号符合制图规范	2			
			平面大样图材料、尺寸标注正确	2			
			结构图结构层符合规范，材料、尺寸和文字标注正确	2			
		铺装详图	铺装施工图索引符号、详图符号正确	2			
			平面大样图、结构图的材料、尺寸标注正确	2			
			比例、线型正确	2			
		木作详图	木平台平面大样图、结构图、总平面图相符	2			
			比例、线型符合制图规范	2			
			材料、结构符合制图规范	2			
	合计			60			

模块3　园林工程施工技术

模块学习导图

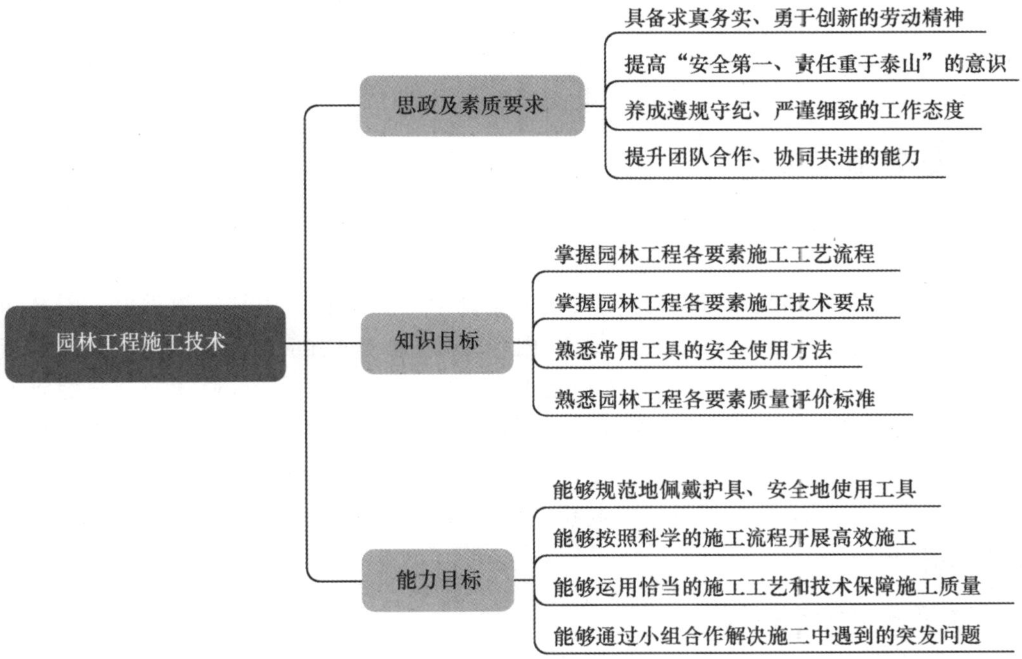

模块知识链接

(1)《建设工程项目管理规范》(GB/T 50326—2017)
(2)《普通混凝土小型砌块》(GB/T 8239—2014)
(3)《砌体结构工程施工规范》(GB/T 50924—2014)
(4)《建设工程工程量清单计价规范》(GB 50500—2013)
(5)《砌体结构工程施工质量验收规范》(GB 50203—2011)
(6)《通用硅酸盐水泥》(GB 175—2023)
(7)《喷泉水景工程技术规程》(CJJ/T 222—2015)
(8)《园林绿化工程施工及验收规范》(CJJ/T 82—2012)
(9)《建设工程施工现场环境与卫生标准》(JGJ 146—2013)
(10)《普通混凝土用砂、石质量及检验方法标准》(JGJ 52—2006)
(11)《混凝土用水标准》(JGJ 63—2006)
(12)《绿化种植分项工程施工工艺规程》(DB11/T 1013—2022)

二维码 19　相关标准文件

模块内容导入

学生在具备园林施工图识图、园林施工图设计和绘制等能力的基础上，将系统地学习园林工程各要素施工技术过程。本模块分为安全与文明施工、铺装施工、水景施工、砌筑施工、木作施工和绿色空间布局6个任务，重点介绍目标工程各要素施工工艺流程、施工技术要点和施工问题解决等知识和技能。

任务3.1　安全与文明施工

3.1.1　安全施工要求

1. 任务描述

随着城市建设的不断发展，园林绿化在城市建设中的地位和作用越来越重要。园林绿化施工系室外作业，劳动强度大、施工工序复杂、内容较多，施工过程应落实安全防护及文明施工保障措施，确保安全文明施工。在园林工程施工中，需要按照施工需要，遵守安全与健康方面的要求，对身体进行安全防护。正确佩戴防护用具能有效避免作业时对人身产生的安全伤害；熟练、正确地使用各种类型的手工工具和大型的电动工具，才能在保证人身安全的基础上呈现优秀的作品。本任务主要针对护具的佩戴和电动工具的使用进行介绍。

2. 知识引领

(1)防护用具安全佩戴要求

园林工程施工过程中涉及的安全防护用具主要包括：眼睛和耳朵的保护用具、手套、防尘口罩、护膝、安全鞋、袖套、工装裤等。防护用具样式及用途见表3-1-1。

表3-1-1　安全防护用具

序号	用具名称	用具图片	功能及其用途
1	耳塞(耳罩)	 	切割时或有噪声时保护耳朵，防止噪声
2	防尘口罩	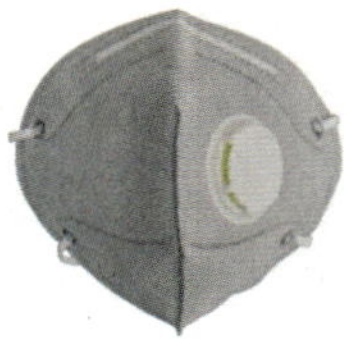	防尘口罩的选择与佩戴需遵照现行的《呼吸防护用品的选择、使用与维护》国家标准，还应考虑佩戴者的舒适性等因素；园林施工时佩戴，可以有效防止吸入粉尘等颗粒物

续表3-1-1

序号	用具名称	用具图片	功能及其用途
3	带侧翼护目镜		具有清晰耐用的防刮擦镜片，两侧需带侧翼，在非安全区域施工作业时要求全程佩戴，以防止灰尘、土壤等飞溅到眼睛
4	防切割手套		防切割纤维材质，对切割和毛刺有良好的防护作用，根据施工要求佩戴
5	袖套(护臂)	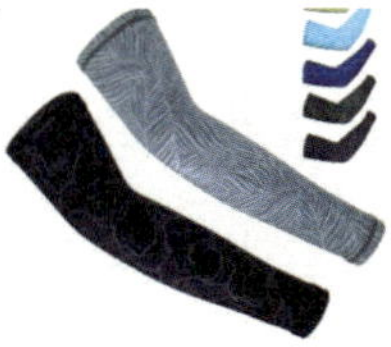	施工时应穿着长袖上衣、长裤；若穿着短袖上衣作业，需搭配棉质袖套，保护手臂，有效防止因皮肤裸露造成的伤害
6	护膝		跪地作业时佩戴护膝，保护膝盖
7	工装裤		多口袋功能性工装裤，方便实用、耐磨结实；带护膝工装裤，穿着舒适、较为实用
8	安全鞋		保护双脚，在施工作业时全程穿着，防砸伤、防穿刺、防电等

在施工中要依照规定穿戴防护用具，表 3-1-2 为世界职业技能大赛园艺项目比赛过程中对安全防护的要求。

表 3-1-2　世界职业技能大赛园艺项目安全防护要求

任务	带侧翼的护目镜	防尘口罩	防切割手套	安全鞋	工装裤	耳塞（耳罩）	护膝
处理土壤和基层	√	√	√	√	√		
夯实土壤	√	√	√	√	√	√	
切割自然石	√	√	√	√	√	√	
切割木头	√	√	√	√	√	√	
木料打孔	√	√		√	√	√	
加工自然石	√	√	√（用凿子的手）	√	√	√	√
砌台阶和自然石	√		√	√	√		√
放置景石	√		√	√	√		√
铺装	√	√	√	√	√		√
种植	√		√	√	√		√（跪地施工时）

(2)电动工具安全使用要求

在园林工程施工过程中，为了提高施工效率，会使用各种类型的电动工具，尤其是砌筑施工、木作施工、铺装施工 3 个模块，会比较频繁地使用电动工具，对材料进行加工、固定、改造等，以呈现高精度、高水准的优秀作品。

园林工程施工中常用的电动工具及设备见表 3-1-3。在使用电动工具及设备前，务必仔细阅读使用说明、操作规范等，安全、熟练操作后方可在施工中使用。

表 3-1-3　电动工具及设备

序号	用具名称	用具图片	功能及其用途
1	台式石材切割机		参数参考：功率 22 kW，电压 115～400 V，锯片直径 400 mm，最大锯切深度 100 mm，便于切割厚度约 100 mm 的大规格石材或砖块，水切灰尘小
2	手持式砂浆搅拌机		参数参考：功率 850 W，转速约 650 r/min，用于搅拌砂浆

续表3-1-3

序号	用具名称	用具图片	功能及其用途
3	手持切割机		参数参考：电压 220 V，功率 1 100 W，锯深约 64 mm，切割厚度在 30 mm 以内的石材。手持切割机也可切割小型木料，在使用之前更换切割锯片即可
4	斜切锯		参数参考：功率 1 675 W，转速 1 900～3 800 r/min，锯片直径 305 mm，可斜切，用于木作施工时木料的切割、下料等
5	激光水平仪		参数参考：精度±0.2 mm/m，自动安平范围±3°，绿光，应搭配三脚架使用，配合水准尺使用，最终实现标高测量，控制标高的目的
6	曲线锯		参数参考：功率 500 W，木材锯深 85 mm，钢材锯深 10 mm，斜切 45°，可调速，用于切割曲线、直线、斜线等，可塑造弧形、内外圆形、直线方形等
7	角磨机		参数参考：功率 800 W，电压 18 V，转速 9 000 r/min，圆盘直径 125 mm，可用于木料打磨、钢板切割打磨等
8	手持无线充电钻		参数参考：多功能锂电钻，转速 0～450 r/min，扭矩 25 N·m，可替换钻头，用于钻孔、起拧螺钉

在园艺赛项中，最常使用的大型电动工具有石材切割机和木材切割机。

①石材切割机操作

在使用石材切割机前，戴上防护手套、防护眼镜、隔音耳罩、防尘口罩，调整切割机锯片高度，直至切割片与工作台平行，或者低于工作台 2 mm，按切割机启动开关，切割时只要把切割物体放在操作台上，左右手压住切割物，使切割物在切割时形成固定点，不会摆动。注意：如果遇到切割物尺寸过小，可以用其他物体支撑，尽量保持手与切割片的距

二维码 20
石材切割机使用指南

离在 5 cm 以上。先让切割机转动 3～5 s，等转速达到正常，再匀速缓慢推动操作台进行切割，切割完成后必须及时关闭开关，推动切割机时匀速推动，推动速度过快可能导致切割机转速下降，甚至会出现切割物爆边误伤自己的情况。当天完成所有切割工作后，需及时对切割机进行清洁保养。

②木材切割机（斜切锯）操作

在使用斜切锯前，首先做好自我防护措施，戴上防护手套、防护眼镜、隔音耳罩、防尘口罩，左脚固定支架侧端，向下按动红色卡扣的同时，握住把手向上提起机器，展开斜切锯支架至合适高度，拔掉安全插销，展开左右两端支架至合适长度并固定，调整挡板至合适位置，以保证左手能将木材与挡板紧密贴合，检查机器是否处于正确角度并锁死，打开辅助照明灯，切割时只要把切割物体放在操作台上，左手压住木材，使切割物在切割时固定点不会摆动，按斜切锯启动开关，先让斜切锯转动 1～3 s，让斜切锯转速达到正常，右手握住切割机向下切割。注意：如果保留切割线左侧的木材，则用锯片左侧对准切割线的右侧切割，如果保留切割线右侧的木材，则用锯片右侧对准切割线的左侧切割，切割完成后必须及时关闭开关，当天完成所有切割工作后，需及时对斜切锯进行清洁保养。

二维码 21
木材切割机操作
使用指南

3.1.2 文明施工要求

在园林工程建设过程中，施工企业如何加强管理、文明施工、创造精品工程，是所有要求不断进步的企业正在思考的问题。园林绿化工程包括园林建筑、土方、理水、铺地、植物栽培等，工序繁多，使用材料特殊，受季节和环境影响很大。文明施工贯穿于整个施工过程之中，是园林绿化企业管理水平的综合反映，是对人员、材料、机械设备、安全防护、安全用电、场容等方面进行科学管理。创造良好的施工环境和施工秩序，是确保安全生产、加快施工进度、保证工程质量、降低工程成本的基本要求。一般在招投标过程中，招标方往往要考察施工单位的现场管理情况，文明施工可帮助企业提高知名度和市场竞争能力。此外，园林绿化工程往往需要多部门、多行业协同作战。因此，必须通过文明施工，对现场进行综合协调。比如绿化苗木的起掘、运输、堆放、种植等，需严格按照文明施工的要求去做。如果苗木进场无计划，过早进苗，乱堆乱放，不仅影响其他工程，而且会造成大量死苗。另外，土方工程一般采用挖掘设备和推土设备，如果材料进场无计划，现场布置不合理，将造成挖掘机或推土机怠工。

文明施工重点是加强现场管理，对现场各生产要素进行整理、整顿、清扫、清洁，提高素养等。整理是对施工现场的人、事、物进行调查分析，按有关要求，及时把施工现场不需要的人、事、物进行清场。整顿是为各项物资找到最合理的位置。清扫是维护打扫施工现场的设备、场地、物品，保持环境卫生，使设备正常工作。清洁是前三项工作的继续和深入。提高素养是指提高施工现场人员的素质，使其养成遵章守纪和文明施工习惯。

如在世界技能大赛园艺赛项中，场地的卫生情况与整洁情况是得分的一个标准。选手完成一天的施工后，要将场地卫生打扫干净，工具清洁、收纳入工具箱。

思想加油站

“坚持安全第一、预防为主，建立大安全大应急框架，完善公共安全体系，推动公共安全治理模式向事前预防转型。推进安全生产风险专项整治，加强重点行业、重点领域安全监管”。

——党的二十大报告

图 3-1-1 为安全施工标语与警示牌。

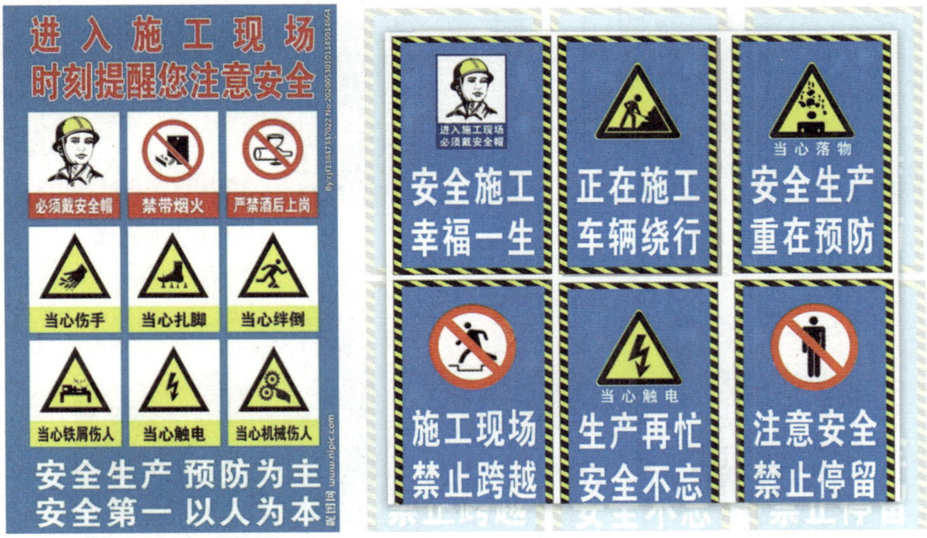

图 3-1-1　安全施工标语与警示牌

☆ **从这些施工现场设立的安全标语和警示牌我们能看出什么呢?**

我们能够看到安全施工的重要性，安全施工应警钟长鸣；看到贯彻规范文明施工的重要意义，提前预防避免悲剧发生；看到落实安全文明施工的四字箴言——必须、严禁。

人人心中有安全、事事落实重安全、各行各业都安全。因而，进入施工现场：

①必须佩戴安全帽，保护头部不受到伤害(图 3-1-2)；

图 3-1-2　施工人员佩戴安全帽

②必须穿安全鞋、戴防护手套，防止扎脚、砸脚、伤手；

③必须正确操作机械，防止机械伤人；

④必须保证场地材料和工具摆放有序，减少绊倒、擦伤等意外情况发生(图 3-1-3)；

⑤必须保障施工环境健康(图 3-1-4、图 3-1-5)；

图 3-1-3　施工材料有序摆放

图 3-1-4　定期清理垃圾

图 3-1-5　多功能抑尘车

⑥严禁带烟火、严禁酒后上岗；

⑦严禁跨越现场、严禁施工之外的人员停留。

知识巩固

一、选择题

1. 在世界职业技能大赛园艺项目比赛中，根据安全防护要求，进行以下哪个任务过程中需要佩戴耳塞或耳罩？(　　)

A. 种植　　B. 铺装　　C. 切割木头　　D. 处理土壤和基层

2. 在世界职业技能大赛园艺项目比赛中，根据安全防护要求，进行以下哪个任务过程中可以不佩戴护膝？(　　)

A. 夯实土壤　B. 加工自然石　　C. 铺装　　　　　　D. 砌台阶和自然石

二、判断题

1. 世界职业技能大赛园艺项目比赛中，根据安全防护要求，防尘口罩必须一直佩戴。(　　)

2. 世界职业技能大赛园艺项目比赛中，根据安全防护要求，施工时必须全程穿安全鞋。(　　)

项目演练

小组合作完成 7 m×7 m 小庭院藏青园营建工程，整个施工过程中要贯彻安全文明施工要求。正确规范佩戴护具；在操作中能够基本符合人体工程学，无跳跃、奔跑、忙乱等行为发生；能够正确使用工具和设备加工及安装材料，施工过程保持工作区域整洁度，施工结束后做到场地干净。

实践过程记录

____

____

____

____

____

____

____

____

____

____

评价总结

请结合本项目小庭院施工安全文明操作过程完成学习评价，并自主从知识重难点、技能核心点、自我感受等方面进行梳理和总结，记录在表 3-1-4 中。

表 3-1-4 项目评价总结

评价任务	评价标准		满分	评价		综合评价
	评分项	评价描述		自评 40%	师评 60%	
工作流程	工作区域整洁度	操作过程中使用必需材料和工具并摆放整齐，所有边角料都使用	1			
	施工组织是否科学	操作流程逻辑性强，步骤清晰，未出现无故停顿现象	0.5			
	团队合作	团队成员分工明确，能够很好地完成各自负责的部分，互相协作默契	0.5			
	工具设备及材料使用	工具和设备使用非常专业，材料与图纸规定完全一致，材料加工及安装非常专业	1			
	工效	操作准确无误，灵活应对，注意力集中，无跳跃、奔跑、忙乱的行为	1			
	健康与安全	护具佩戴规范、仪器工具使用正确	1			
合计			5			

任务 3.2 铺装施工

3.2.1 花岗岩铺装

1. 任务描述

园林铺装是指在园林中运用各种材料对园林场地（主要是广场和道路）进行铺砌装饰。铺装的形式多样，类型丰富，主要为游人提供游览通道、集散和提供游人休息、活动的场所。优秀的铺砌装饰不仅可以实现功能上的使用需求，还可以打造优美的场地景观，增强园林的艺术效果，给游人带来美的享受。铺装施工使用的材料包括花岗岩道牙石、花岗岩板材、面包砖（透水砖）、小料石、黄木纹片岩、火山岩、鹅卵石等。本任务要求面层材料采用花岗岩进行铺设。

任务具体说明：在某座 7 m×7 m 的小庭院中铺设一处花岗岩铺装（图 3-2-1、图 3-2-2），要求错缝铺设，并用钢板做道牙。

2. 知识引领

铺装施工选用的面层材料不同，所采用的施工方法和施工工艺也略有不同，铺装流程大致按如下顺序进行（图 3-2-3）：

准备材料、工具→按图定位放样→基础开挖→平整、夯实→道牙石切割→铺装道牙石→检测调整尺寸、标高→铺设中间主体→板材切割→铺设边角→检测调整尺寸、标高→细砂扫缝→清扫整理。

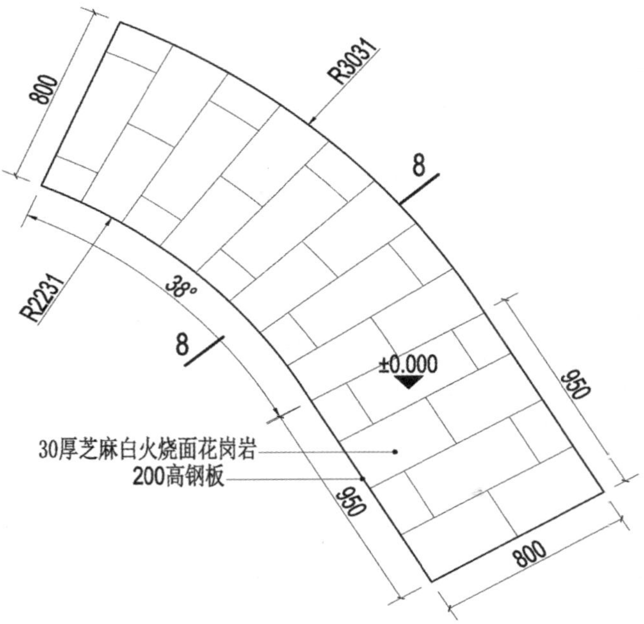

图 3-2-1 花岗岩铺装平面大样图

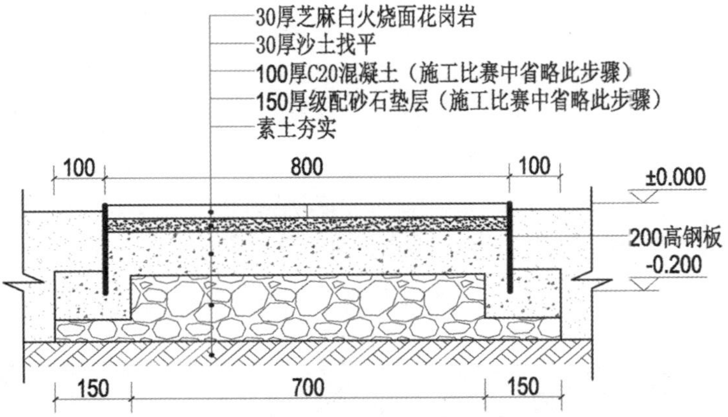

图 3-2-2 花岗岩铺装断面图

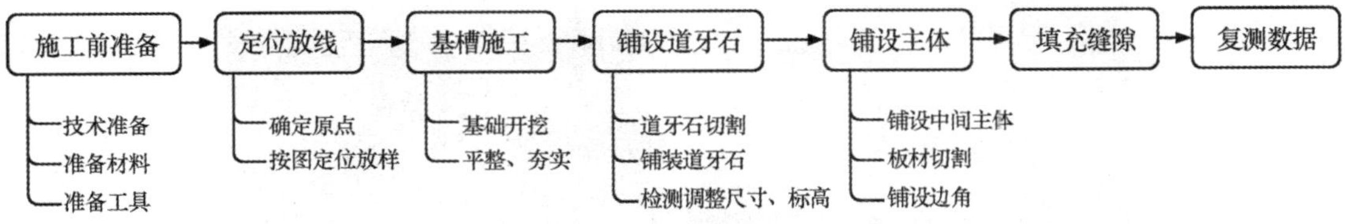

图 3-2-3 铺装施工流程

(1)施工前准备

①工具和材料准备

施工中需要用到的各种工具设备要提前准备好,有些大型电动设备还要开机调试。所有设备工具都要摆放有序,放在便于施工的位置上。对施工中要用到的材料进行品种、规格和数量的清点复查,尤其要对材料的尺寸进行复测,如果复测结果和标称数据之间有误差,一定要在施工开始之前确定解决方案。

②方案及数据准备

施工开始前,要确定铺装先后顺序,并计算好施工有关数据,如放线数据、块料切割尺寸等。如果铺装设计标高不一样,一般先做标高较低的部分,这样可以有效避免后期施工对前期已完成部分造成破坏,更好地保护成品,提高效率。铺装施工时,先进行边界安装,确定铺装的位置以及标高,为面层施工提供参照。

(2)定点放线

把设计图纸中需要铺装的区域和标高在场地上标定出来,作为施工的依据,施工场地通常都是规则的形状,在放线时可以依托场地的边框,以边框作为坐标的 X 轴和 Y 轴,以提高放线的效率。但在此之前,必须对场地进行必要的校准。

(3)基础施工

铺装是否稳定可靠,关键在于基础,因此基础施工显得非常重要。根据块料铺装时是否使用砂浆结合层,可将铺装施工工艺分为浆铺(图 3-2-4)和干铺(砂铺)。块料面层通过砂浆(黏合剂)与基础层黏合,称为浆铺,是园林工程施工中普遍采用的方法,稳定可靠,经久耐用。缺点是由于基础层(一般是混凝土结构)和砂浆结合层的存在,透水性能差,如果铺装面不够平整,雨天容易积水。在铺装施工中,不使用砂浆结合层,在基础层上铺砾石(粗砂)找平层,然后直接铺装块料面层的施工方法,称为干铺(砂铺)。由于干铺(砂铺)不使用砂浆结合层,因此,稳定性比较差,工程上为了提高其稳定性,会加大加厚块料的尺寸,使块料变得比较厚重,甚至使用大块的厚度超过 10 cm 的整石等。块料干铺的优点明显,透水性能好,在重视城市建设的生态、环保、绿色等要求的今天,应用很多。本书中的铺装施工内容主要介绍干铺的工艺流程和做法。

图 3-2-4　浆铺

(4)找平层铺设

垫层经夯实以后，表面不平整，必须经找平才能进行面层施工。找平层一般是由砾石或粗砂铺垫，施工时厚度不宜超过 3 cm。找平层铺设一般与面层铺设同时开展，同步推进。

(5)面层铺设

铺装施工中，面层铺设是最为关键的一步，直接影响铺装实施的效果。不同的面层材料施工要求不尽相同，但在面层施工中要稳定可靠。表面平整，整齐美观，铺装面的尺寸和标高准确等，都是面层施工的基本要求。

(6)场地清理

面层施工中，要及时清理施工过程产生的垃圾，保持工作面干净整洁，尤其是在留缝铺装中，扫缝后及时清理，要做到“工完料清”。

3. 任务实施

施工要点：花岗岩铺装过程见二维码 22。

二维码 22
钢板封边花岗岩铺设

准备铺装材料和工具：材料为花岗岩板材和细砂；工具主要有手持石材切割机、角磨机、铁锹、夯土器、钢卷尺、水平尺、橡皮锤、抹子、扫把等。

放线与基槽施工：根据图纸上花岗岩铺装的尺寸进行放线，在放样处进行基础开挖，并用夯土器夯实。

切割钢板：用角磨机切割钢板，首先角磨机需要换上金属砂轮片，注意安装时一定要把砂轮片拧紧，切割前确保角磨机的开关处于关闭状态。切割前量出需要的尺寸，画线切割。量距时要注意拼接处钢板的厚度(2～3 mm)，比如拼接方式一和方式二不同(图 3-2-5)，虽然总尺寸相同，但每块钢板的长度有所差别，要将其考虑进去测量，以免引起偏差。画线时要注意两点：第一，用马克笔或记号笔在钢板上画线，更容易看清楚；第二，钢板上边缘和下边缘要同时测量尺寸并标记，再用直角尺连接两个标记，画出切割线。

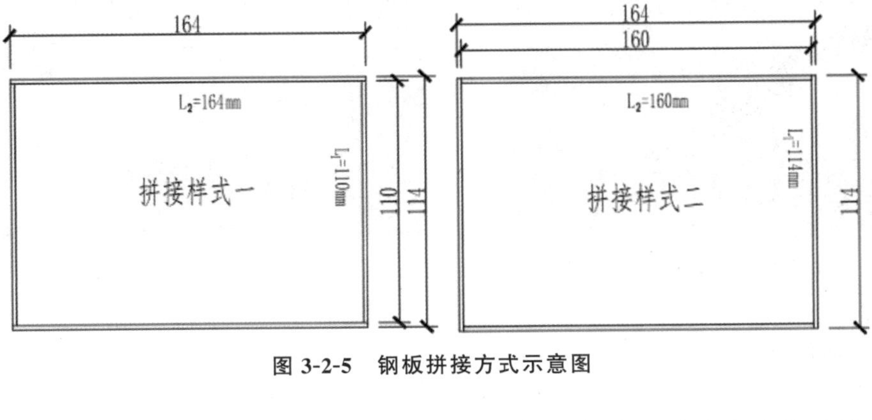

图 3-2-5 钢板拼接方式示意图

切割时注意佩戴护目镜、耳塞、口罩、手套等护具，使用角磨机时注意确保砂轮片在右，握把在左，人在角磨机的左侧，从外侧往自身方向持续切，保证火花向外喷射，有利于自身安全。见图 3-2-6。刚切割完的钢板具有很多毛刺，存在不安全因素，需要进行上下打磨，一共要打磨 3 次，包括切口上边缘、切口下边缘和切口正面。

铺设顶头钢板：先开槽，将钢板放入槽中沿边框线进行铺设，调整钢板的高度和水平，使其达到图纸要求的标高，之后向槽中回填土，确保铺好的钢板稳固。

图 3-2-6　切割钢板

铺设钢板内侧的花岗岩：采用干铺施工工艺，流程为挖槽→整平→夯实→铺浮土→铺设花岗岩。铺贴时，花岗岩板材四角要同时着落，再用橡皮锤敲击至标高线找平。注意竖向方向铺设时要各排错缝，可以用抹子适当微调缝隙。为提高精准度，可测量每块花岗岩 4 个角的标高从而保证铺装的高度和水平。本任务中花岗岩整体呈弧形，所以先扩大范围铺整块花岗岩，再根据图纸给定的宽度要求在花岗岩上画出弧线，沿着弧线切割出弧形。

弧形花岗岩铺装一般有两种情况：一种是给定圆心的；另一种是自定义的。本任务属于第二种情况。在铺好的花岗岩一侧根据图纸给定的样式确定一条弧边，弧边的画法为：将一块钢板在花岗岩的一侧上边按照图纸的样式弯出弧度（图 3-2-7），沿着弯出的弧线在花岗岩上画线。根据图纸给定的道路宽度，量出尺寸，在花岗岩的另一侧定点（图 3-2-8），尽量多定一些点，钢板在花岗岩上通过所有标记的点弯出一条弧线，描线画出第二条弧线。

图 3-2-7　利用钢板在花岗岩上画弧线

图 3-2-8　量距定点

切割弧边花岗岩：画好线后，用手持切割机沿线切割，此时要注意切割机的线要甩到手柄一侧，沿着线的内侧切割，将线切掉。切割时注意佩戴护目镜、耳塞、防尘口罩、手套等护具，手持切割机需要平稳推进，切忌用猛力。需要对切割的弧边进行修理，使其变得平滑，对于突出或者尖角的部位进一步打磨。

安置固定钢板：弧形边修理完成后，在两侧开槽，紧贴花岗岩弧边安装钢板（图 3-2-9），为了让钢板与花岗岩结合得更加紧密，可将钢板外侧用龙骨 45°斜插土中进行支撑，之后将支撑物覆土掩埋（图 3-2-10）。

清理复测：清理铺装表面，复测尺寸、标高、水平，把待测的道路两侧端点标记清楚。

图 3-2-9 安装钢板

图 3-2-10 支撑钢板

3.2.2 面包砖铺装

1. 任务描述

面包砖是一种耐磨砖，其砖面较小，多为凹凸面形式，具有防滑、耐磨、维修方便等特点。由于其外形美观，抗压性强，防滑防冻，经久耐用，具有性价比高、价格高的优点，已成为常用的路面砖。一般使用干铺（砂铺）的施工方法进行道路和广场的面层铺装时，因面层材料的不同和是否留缝等，施工方法不尽相同。面包砖铺装一般采用密缝铺设方法。

任务具体说明：

子任务1，在某座5 m×6 m的小庭院中铺设一处横竖交替的长方形面包砖铺装，道牙采用面包砖立铺（图3-2-11）。

子任务2，在某座7 m×7 m的小庭院中铺设一处工字斜边的面包砖铺装，道牙材料选用道牙石。见图3-2-12和图3-2-13。

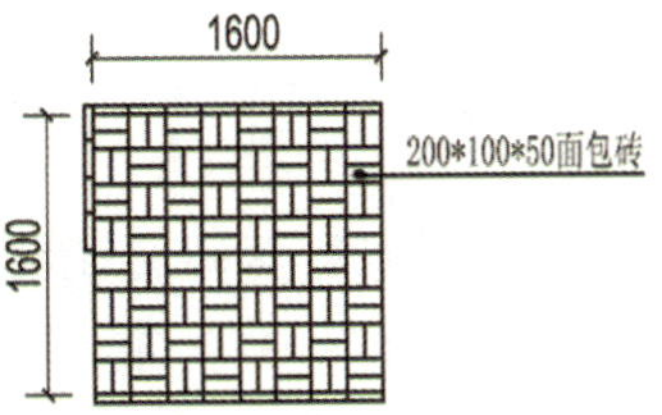

图 3-2-11 面包砖铺装大样图

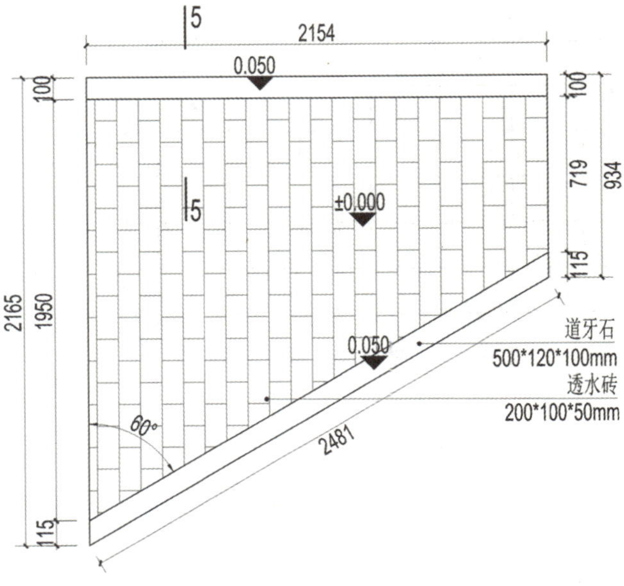

图 3-2-12 面包砖斜边铺装平面大样图

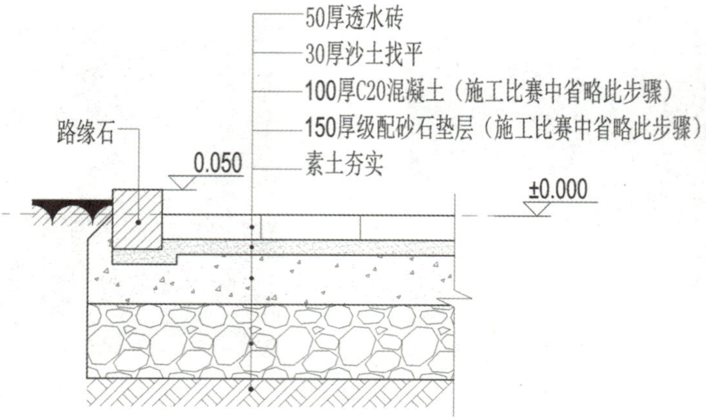

图 3-2-13　面包砖铺装断面图

2. 知识引领

面包砖铺装的施工步骤为准备材料、工具→按图定位放样→基础开挖→平整、夯实→道牙石切割→铺装道牙石→检测调整尺寸、标高→铺设中间主体→透水砖切割（现量现切）→铺设边角→检测调整尺寸、标高→细砂扫缝→清扫整理。

面包砖铺装施工遵循 3-2-1 花岗岩铺装中的施工流程和方法。本节补充密缝铺装的施工方法和技术要求等相关知识。

密缝铺装一般使用的面板都是规则形状，大多是长方形、正方形，也有正多边形，以六边形居多。密缝铺装对面料要求非常高，要求面料边角齐整，材质均匀，无色差或色差小。密缝铺装时，长方形的面料（通常长宽比是 2∶1）采用错缝铺装（图 3-2-14），而正方形面料则一般采用对缝（通缝）（图 3-2-15）铺装。无论是错缝铺装还是对缝铺装，缝隙都要对齐、通直，不能有差错和扭曲。

图 3-2-14　错缝铺装示意图

图 3-2-15　对缝铺装示意图

（1）基础层施工

一般干铺施工中基础层包括素土层和垫层。基础层多由级配碎石构成，基础层铺设完毕后要进行夯实。夯实使用到的工具设备有多种，如平板振动器、电动平板夯、手夯等。根据设计图纸中基础的设计厚度计算开挖（回填）场地的深度（高度），夯实以后回填垫层。垫层通常是砂石按一定配比混合而成（级配碎石），垫层铺设完成以后也必须进行夯实。素土层和垫层回填时要根据松散系数确定散铺的厚度，过厚会导致找平层偏薄，影响面层的平整度；过薄会增加找平层的厚度，影响面层的强度。

(2)找平层铺设

基础层施工完成以后，在找平层施工之前，一般先进行铺装边界安装。铺装边界统称路缘石，通常有石材、木材、金属、标砖(步道砖)等材质。路缘石安装完成以后，再进行找平层铺设。找平层一般用粗砂或粒径不超过 1 cm 的砾石铺设，厚度一般不超过 3 cm。在铺设找平层时，也要根据材料的松散系数适当增加铺设的厚度。找平层铺设和面层铺设是同步进行的，找平一块铺装一块。

(3)面层铺设

密缝铺装的面料基本上都是规则形状的，在铺装施工开始之前，要对区域内面包砖的分布进行预排，一般采用错缝铺装。密缝铺装对缝隙要求较高，一般要求铺装的缝隙不大于 1 mm，而且缝隙要齐整，不能错位扭曲。当铺装区域和面料之间不能完全匹配时，就需要对面料的边角部位进行切割。切割的尺寸必须精准，这样可以保证铺装面和路缘石之间完全贴合。

3. 任务实施

◇ **子任务 1**

准备铺装材料和工具：材料为面包砖和细砂；工具主要有手持石材切割机、铁锹、夯土器、钢卷尺、水平尺、橡皮锤、扫把等。

放线与基槽施工：在放线时依托场地的边框，以边框作为坐标的 X 轴和 Y 轴，在 X 轴上设定面包砖铺装基准点，通过基准点，在 X 轴上量出边长为 1 600 mm 的距离，用记号笔在边框上标出位置线和数据；在与此垂直的边框 Y 轴上同样量出 1 600 mm 的距离，用记号笔在边框上标出位置线和数据。截取 4 根棉线，每一根棉线两头分别缠在面包砖上，线的两端分别与边框标记线重合，以此围出纵横垂直的面包砖铺装的区域和边界。在放样处进行基础开挖，并用夯土器夯实。平整夯实场地是铺装中比较重要的环节，基础紧实才能确保板材平整。若土壤起尘，可向土壤表面适当洒水。

铺设道牙石：道牙石具体铺设流程和方法见 3.2.5 部分内容。

铺设中间面包砖主体：采用干铺施工工艺，流程为挖槽→整平→夯实→铺浮土→按照设计规定的图案铺设面包砖。铺装过程中用橡皮锤轻轻锤击面包砖(图 3-2-16)，使其达到要求标高，并测量水平，水平尺底面需与面包砖面贴合(图 3-2-17)。

扫缝：主体铺装基本完成后，检查尺寸、高度、水平度，用抹子适当微调缝隙，使缝隙均匀呈一直线，用扫把清扫铺装面上的杂物，并用细砂扫缝。

◇ **子任务 2**

面包砖铺装任务实施流程见二维码 23。

本任务的铺装技术要点与子任务 1 基本相同，先放线，然后铺道牙石，最后铺设中间面包砖。不同之处为本任务道牙材料选用 500 mm×120 mm×100 mm 的道牙石，且面包砖采用工字斜边铺设。因此有两点需要注意：

(1)放线道牙石时，由于道牙石尺寸往往不够标准，需要确保道牙石内侧尺寸的精准度。

二维码 23
面包砖铺装

图 3-2-16　橡皮锤轻敲面包砖

图 3-2-17　测面包砖水平

(2)由于采用面包砖工字斜边铺设,面包砖的横向铺设顺序为从直边到斜边。为方便斜边面包砖的切割,斜边的道牙石可先不做,用棉线代替道牙石放出斜边控制线,待面包砖铺出斜边控制线后,用水平尺沿斜边控制线在面包砖上划线,将划线的面包砖取出,在背面或侧面按顺序进行标号后进行切割回铺,或用手持切割机沿线切割(图 3-2-18),最后铺设斜边道牙石。

图 3-2-18　手持切割机沿线切割面包砖

3.2.3　碎拼铺装

1. 任务描述

黄木纹碎拼是一种较为随意的铺装方式,色泽纹路能保持自然原始的风貌,加上色泽调配变化,能将石材质感的内涵与艺术性展现无遗,符合人们崇尚自然、回归自然的文化理念。在精致优雅的庭院中任意随性的形态组合打破常规,能带来不一样的韵味。

任务具体说明:在某座 7 m×7 m 的小庭院中铺设一处黄木纹碎拼铺装,道牙材料选用道牙石(图 3-2-19、图 3-2-20)。

2. 知识引领

黄木纹碎拼铺装一般采用留缝铺装,留缝铺装与密缝铺装在施工步骤上的区别主要是面

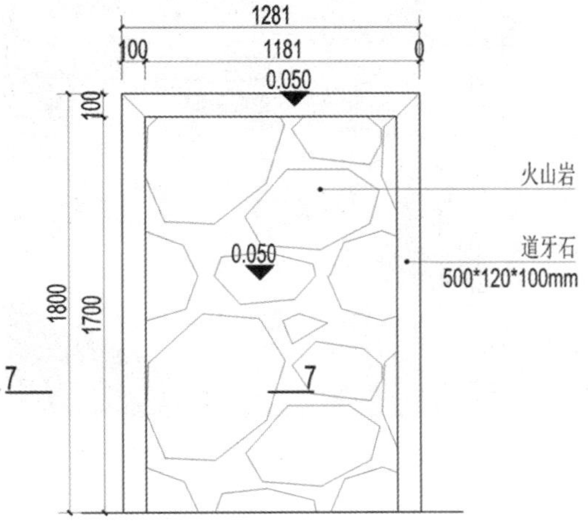

图 3-2-19 黄木纹碎拼平面大样图

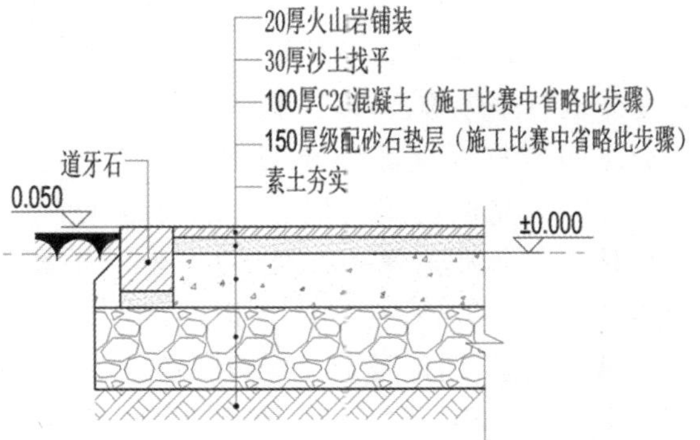

图 3-2-20 黄木纹碎拼断面图

层的处理，基础层和找平层的施工几乎相同。留缝铺装施工的核心问题是排板和缝隙处理。

(1)排板

留缝铺装施工中，缝隙的宽度一般在 1～3 cm，面层块料大的，缝隙可以适当留得宽一些，但整个区域应做到缝隙均匀一致。

规则面层块料在留缝铺装时，与密缝铺装一样，无论是错缝还是对缝铺装，缝隙除了要均匀一致外，纵横缝隙都要整齐划一，不能错位扭曲。

碎拼铺装时，使用的块料大小不同，形状各异。铺装不仅要展现块料的自然质感，表现大小面板之间交错的韵律和节奏，还要符合游人行走的生理特性。碎拼铺装基本上都是按留缝铺装来进行施工的。应注意以下几点：

①铺装之前，在了解场地形状和使用块料面层的形状、大小的前提下，在图纸上绘出面板的排列方案。

②可以将块状面料按大小分为大、中、小 3 种类型，预铺时先铺大块面料，大块面料之间填铺中等大小的块料，在中等大小块料之间再填铺最小的块状面料。

③单个块状面料的形状为四边形、五边形、六边形时，铺装能较好地实施下去，所以要对不符合形状要求的块料进行加工修饰。为了表现自然质感，块料的边缘呈现自然形态，不能用机器进行切割，可使用锤和凿子进行手动加工。加工时要注意观察石材的纹理，充分利用纹理的走向，这样会提高加工的效率。

(2)缝隙处理

铺装完成后，块料之间的缝隙必须要进行填缝处理。填缝的方法主要有勾缝和扫缝两种。

①勾缝：用调制好的水泥砂浆填埋缝隙，做成凹缝，缝隙深度不大于 1 cm，深浅一致。一般在浆铺施工中采用勾缝。

②扫缝：用拌合好的含有少量水泥(＜5%)的砂灰进行扫缝，砂灰量基本和面层持平。扫灰完毕后洒少量的水，然后将缝隙捣实，形成凹缝。

3. 任务实施

碎拼铺装任务实施流程见二维码 24。

二维码 24
碎拼铺装

施工要点：黄木纹片岩碎拼与普通板材铺设方法基本相同。难点是要求缝隙均匀，不要通缝，一般以图 3-2-21 中标出的“奔驰缝”为好。因黄木纹片岩大小不一，表面为自然面，高低不平，可借助一段挺直的木龙骨进行整体敲击，以控制整体的平整度。黄木纹片岩之间所有的缝隙都要用细砂填充扫缝(图 3-2-22)，待铺设完成后用扫把清扫多余的砂子。在园艺项目技能训练和竞赛中，扫缝时一般不加水泥，直接用细砂扫缝。另外，在技能竞赛中，要求选手根据标高测量点数量，用记号笔在准确的黄木纹片岩标高点上画出方框形状的记号用于裁判测量，根据要求可在方框中标☒(图 3-2-23)或标出 1、2、3……的序号。

图 3-2-21　黄木纹碎拼缝隙示例

图 3-2-22　黄木纹片岩之间用细砂填充扫缝

图 3-2-23　铺设完成后标记标高测量点

3.2.4　小料石铺装

1. 任务描述

小料石铺装是园林中常见的一种道路形式。其主要优势是防滑耐磨，形式多变。小料石形状一般为正方形，厚度正常在 3～10 cm，表面粗糙，颜色主要以芝麻灰、芝麻白为主。本任务要求铺设一段小料石铺装。

任务具体说明：

在某座 7 m×7 m 的小庭院中铺设一处小料石铺装，小料石铺装具有坡度，3 条边为直边，1 条边为弧边(图 3-2-24、图 3-2-25)。

2. 知识引领

小料石在施工过程中，大致按如下施工顺序进行：施工前准备→定点放线→基础施工→块石铺设→处理缝隙和复测数据，其中浇筑垫层步骤在竞赛和实训中省略。用小料石进行异形铺装时，需要对边角处小料石进行加工(锤子和凿子凿琢)。

(1)施工前准备

施工前需要熟悉施工图纸，确定施工顺序。准备好小料石铺装所用的材料(小料石、细砂、

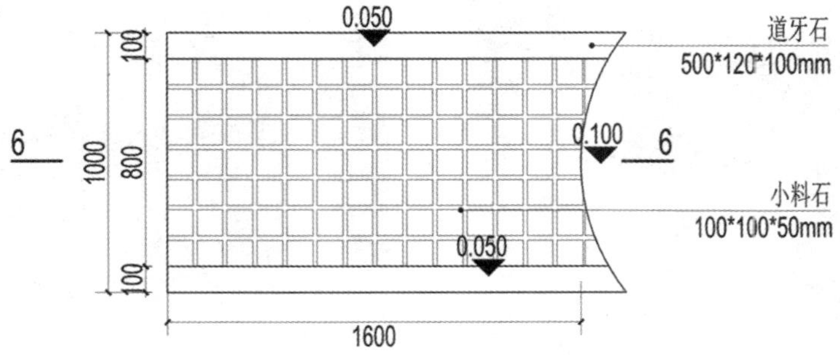

图 3-2-24 小料石铺装平面大样图

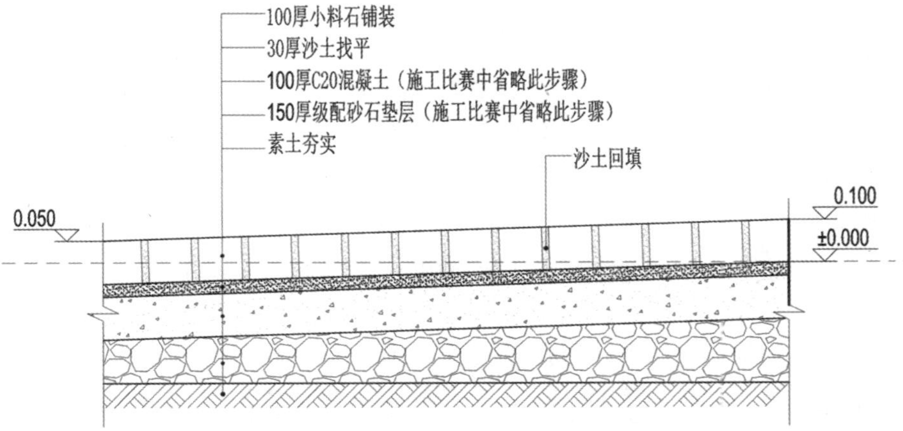

图 3-2-25 小料石铺装断面图

水泥、水）；准备好水泥搅拌器、激光水平仪、石材切割机、铁锹、水平尺、卷尺、放线绳、定位木桩、记号笔、橡皮锤和勾缝器等设备和工具。

(2)定点放线

遵照铺装放线一般流程和方法（见 3.2.1 放线方法介绍）。

(3)基础施工

放线完成后，按照已有的小料石边缘线开挖基槽，基槽开挖宽度应比放样基础宽 100 mm 左右，深度根据设计而定，一般基槽标高略高于图纸要求的 1 cm 左右，槽底要平整。随后进行夯实，夯实是为了让基础更稳固。

(4)小料石铺设

带坡度的小料石铺装第一步将最高边和最低边小料石铺设完成（图 3-2-26）；第二步根据两端高差放出坡度线；第三步沿着坡度线将两侧斜坡铺设完成（图 3-2-27）；第四步沿着坡度条拉线铺设中间部分。

在小料石铺设过程中为了保持美观，石块之间缝隙应控制在 1～1.5 cm，由于石块尺寸之间存在误差，缝隙过小能够明显看出缝隙大小不一，缝隙过大会显得整体感较差。

在铺设过程中还需要注意保证缝隙均匀，由于小料石自身尺寸不一致，所以在铺设时要统

图 3-2-26　小料石铺两端

图 3-2-27　小料石沿边线铺设

一根据小料石某个角点进行定位。

铺设小料石的过程中还需要对石块进行筛选，石块表面凹凸程度或表面色差较大的小料石不宜使用。铺设完成后可整体用木板进行夯实，保证铺装整体平整度(图 3-2-28)。

(5)处理缝隙

小料石铺装结束后应该对缝隙进行处理，勾缝深度在 2～5 mm，深浅一致(图 3-2-29)。勾缝完毕后需要进行整体清洁，要根据砂浆的硬结程度选择勾缝或清洁时间，一般可在砂浆初凝后进行勾缝。竞赛和训练时用细砂扫缝，砂子量基本与面层持平。

图 3-2-28　木板夯实小料石

图 3-2-29　小料石缝隙充实饱满

(6)复测数据

最后，需要复测小料石铺装的尺寸数据，发现问题及时调整，保证小料石施工的精准度。

3. 任务实施

(1)分析图纸、提炼数据

分析图纸，列出施工过程中需要的尺寸数据：小料石铺装宽度为 800 mm、最短长度为 1 600 mm；道牙石为水平铺设、标高为 0.05 m，小料石为斜坡铺设、最低边标高为 0.05 m、最高边标高为 0.1 m。

(2)施工要点

定点放线：根据道牙内侧数据在工作站内将道牙的内侧线放样出来，将道牙安装完成后可参照道牙进行小料石铺装，注意保证道牙内侧在一条直线上。

基础夯实：放线完成后，在小料石铺设区域将地基整平并对基础进行夯实。

铺设标高最低端小料石：根据图纸标高，将低端小料石整条铺设到准确高度 0.05 m，并均匀分缝。

铺设标高最高端小料石：根据图纸标高，将高端小料石整条铺设到准确高度 0.1 m，并均匀分缝。

铺设斜坡小料石：根据低端小料石与高端小料石的高度，高端到低端方向带线将斜坡通过棉线拉出来；再根据棉线的坡度进行斜坡料石铺设(图 3-2-30)，棉线高度即为每块料石高度；斜边铺设完成后均匀分缝，依次后推将斜边条条铺设完成。

图 3-2-30 沿线铺设小料石

注意：

为了保证缝隙均匀且通直，可以借助木板或靠尺控制缝隙尺寸和排布，如图 3-2-31 所示。

图 3-2-31 木板控制缝隙

在园艺赛项中，小料石铺装需要测量尺寸，测量方法是从一侧小料石铺装的边界到另一侧小料石铺装的边界，所以靠道牙的小料石一定要紧贴道牙石铺设，不留缝隙，才能保证测量尺寸准确。

小料石扫缝：用细砂将缝扫满，缝隙捣实，形成凹缝。

清扫铺装面：可以毛刷或扫把清扫铺装面，使其干净、整洁。

欲了解小料石铺装操作流程和方法详情，请扫描二维码 25，观看操作动画。

二维码 25
小料石施工

3.2.5 道牙石铺装

1. 任务描述

道牙石，也叫路缘石，指的是设在路面边缘的界石。它是作为设置在路面边缘与其他构造带分界的条石，起到保障行人、车辆交通安全和保证路面边缘齐整的作用，同时起到利于排除路面水的作用。道牙石宜用石材或混凝土制作。本任务要求铺设石材道牙石。

任务具体说明：

在某座 5 m×5 m 的小庭院中铺设道牙石，材料是花岗岩石材道牙石，要求密缝铺装、且全部倒角。见图 3-2-32 至图 3-2-35。

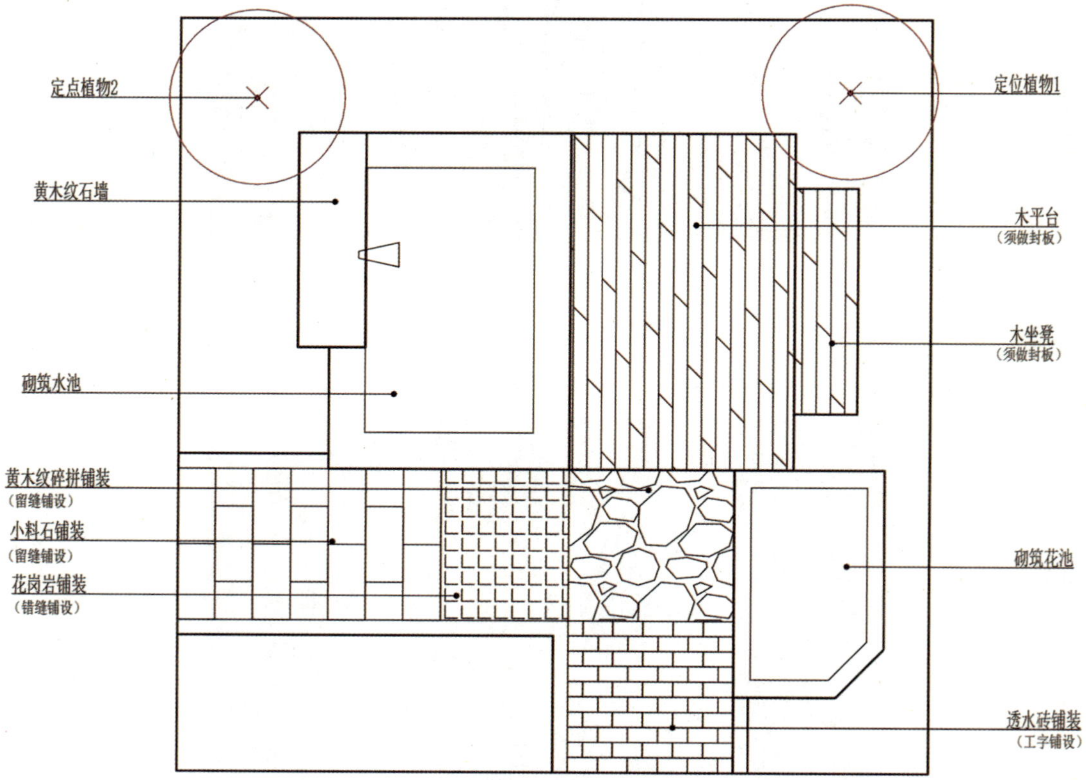

图 3-2-32　平面布置图

2. 知识引领

道牙石铺装流程大致按如下顺序进行（图 3-2-36）：施工准备→测量放线→基槽施工→铺筑基层→铺筑结合层→道牙石安装→复测数据（验收）→灌缝与勾缝→道牙石背后施工。在竞

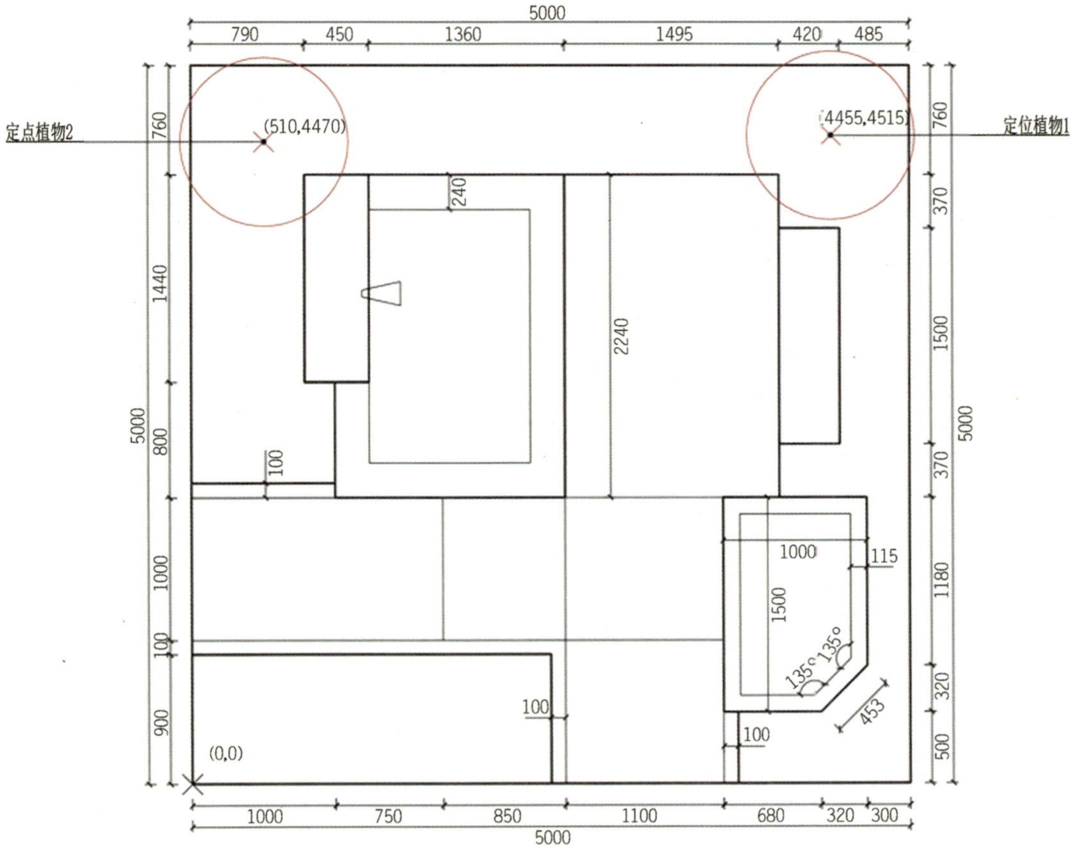

图 3-2-33　尺寸标注图

赛和实训中铺筑基层、铺筑结合层、浇筑混凝土后背三个步骤省略，本任务要求道牙石密缝铺设，因此也不需要灌缝与勾缝。

(1)施工准备

技术准备：认真研读施工图纸，确定道牙施工工艺流程，然后对沿路现状进行调查，了解施工环境来确定施工方案。项目技术负责人应对技术员、施工员、质检员、实验员进行详细的技术交底，施工员对操作工人进行详细的技术交底，落实各环节应注意的施工要点。原材料合格证及复试报告单齐全、砂浆配合比经实验室确定。

物资准备：若施工材料用量大，须提前预制、加工、订货及采购。施工现场范围狭窄，不可能现场堆积储存，必须按计划做好材料调运工作。

道牙石：主要包括立道牙石、平道牙石、专用道牙石，宜用石材或混凝土制作，应有出厂合格证。施工前应根据设计图纸要求，选择符合规定的石材或预制混凝土道牙石。安装前应按产品质量标准进行现场检验，合格后方可使用。石质道牙石应采用质地坚硬的石料加工，强度应符合设计要求，宜选用花岗石。

水泥：采用强度等级不小于 32.5 级的硅酸盐水泥或普通硅酸盐水泥。水泥应有产品合格证和出厂检验报告，进场后应对强度、安定性及其他必要的性能指标进行取样复试。其质量必须符合国家标准《通用硅酸盐水泥》(GB 175—2023)等的规定。当对水泥质量有怀疑或水泥

图 3-2-34　竖向设计图

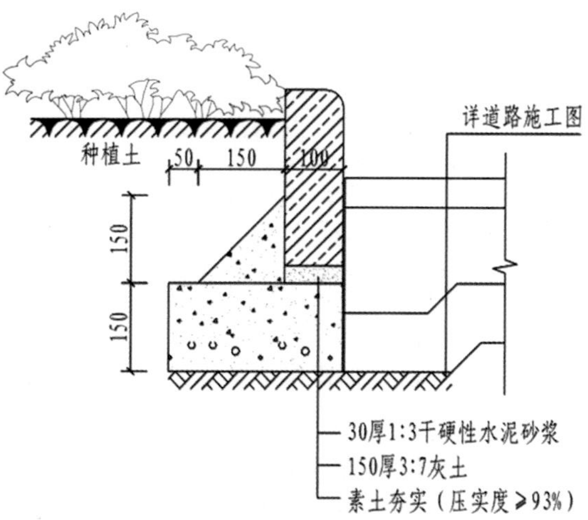

图 3-2-35　道牙剖面图

出厂超过三个月时，在使用前必须进行复试。

砂：中砂、粗砂，其含泥量不大于3%，砂进场后应有试验报告。砂的质量应符合国家现行标准《普通混凝土用砂石、质量及检验方法标准》(JGJ52—2006)的规定。

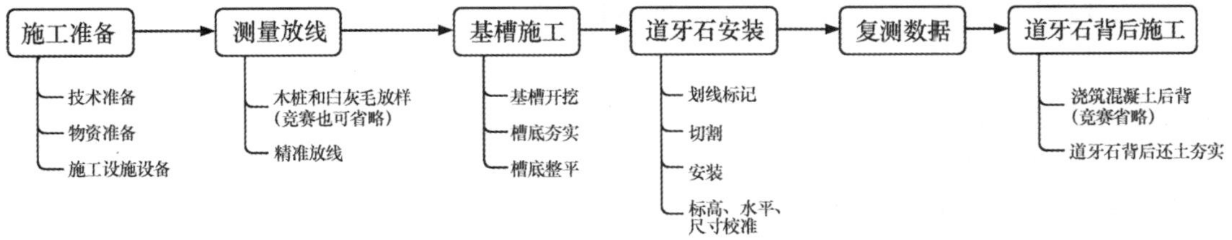

图 3-2-36 铺筑道牙石施工流程

砂浆拌合和用水：宜采用饮用水，当采用其他水源时，其水质应符合国家现行标准《混凝土拌合用水标准》(JGJ63)的规定。

施工设施设备：石材切割机、砂浆搅拌机、橡皮锤、弯面压子、灰槽、小水桶、筛子、扫帚、铁锹、GPS全球定位系统、全站仪、经纬仪、水准仪、水平尺、钢卷尺、小线等。

(2)测量放线：安装路缘石前，校核道路中线，安装路缘石高程和线位控制桩，直线段桩距宜为 10～15 m；曲线段桩距宜为 5～10 m；路口处桩距宜为 1～5 m。

(3)基槽施工：按桩线位置拉小线或撒白灰线，以线为准，对道牙石基层进行基槽开挖，基槽开挖深度应比设计要求加深 10～20 mm，以保证基础厚度，槽底应修理平整、夯实。

(4)铺筑基层：道牙石基础宜与路床同时填挖碾压，以保证有整体的均匀密实度。根据设计要求准备铺筑的材料，并对使用材料进行测量，保证使用材料符合设计及施工要求。如图3-2-35 所示为灰土基层，在铺筑灰土基层时摊铺长度应尽量延长，以减少接茬。灰土基层实厚一般为 15 cm，由于土壤情况不同先虚铺 21～24 cm。灰土摊铺好后开始碾压，碾压应在接近最佳含水量时进行，以“先轻后重”的原则，先用轻碾稳压，碾压 1～2 遍，马上检查表面平整度和高程，边检查边铲补，如必须找补时，应将表面翻到至少 10 cm 深，用相同配比的灰土找补后再碾压，压至表面坚实平整无起皮、波浪等现象。

(5)铺筑结合层：道牙石和基层之间，铺垫水泥砂浆结合层，结合层是基层的找平层，也是道牙石的黏结层。一般用 1∶3 水泥砂浆，砂浆厚 20～30 mm，砂浆应饱满、厚度均匀。砂浆摊铺宽度应大于铺装面 5～10 cm 左右，已拌好的砂浆应当日用完。也可用 3～5 cm 的粗砂均匀摊铺而成。特殊的石材料铺地，如整齐石块和条石块，结合层采用 M10 的水泥砂浆。

(6)道牙石安装：钉桩挂线后，沿基础一侧把道牙石依次排好。相邻道牙石缝隙用 8 mm厚木条或塑料条控制，缝隙宽不应大于 10 mm。道牙石砌筑应稳固、直线段顺直、曲线段圆顺、缝隙均匀。在安装路口、隔离带端部等曲线段道牙石时，宜按设计弧形加工预制，也可采用小标准块。雨水口处的道牙石应与雨水口相配合施工。无障碍道牙石、盲道口道牙石应按设计要求安装。

(7)复测数据(验收)：道牙石安装后，对道牙石进行平面及高程检测，每 10 m 检测一点，当平面及高程超过本标准时应进行调整。

(8)灌缝、勾缝：道牙石安装验收合格后及时灌缝、勾缝。灌缝前应将道牙石内的土及杂物剔除干净，然后用符合设计要求的水泥砂浆灌缝填充密实，设计没有要求时，道牙石宜采用M10 水泥砂浆灌缝，灌缝初凝后用弯面压子压成凹型，勾缝应圆滑，勾缝完成后将路缘石上多余的灰浆清理干净，适当洒水养护，常温下养护不得少于 3 d。

(9)道牙石背后施工：道牙石安装验收合格后及时按照设计要求在道牙石背后浇筑混凝土

后背，作为支撑，并还土夯实。还土夯实宽度不宜小于 50 cm，高度不宜小于 15 cm，压实度不得小于 90%。

3. 任务实施

(1)施工准备

准备铺装工具：大型石材切割机、激光水准仪、铁锹、夯土器、钢卷尺、水平尺、橡皮锤、放线绳、角度尺、记号笔、护目镜、护耳、防尘口罩、手套等。

分析图纸，绘制道牙石排列方案：如图 3-2-37 所示，图中道牙石规格为 500 mm×120 mm×100 mm，预计使用道牙石 11 块。

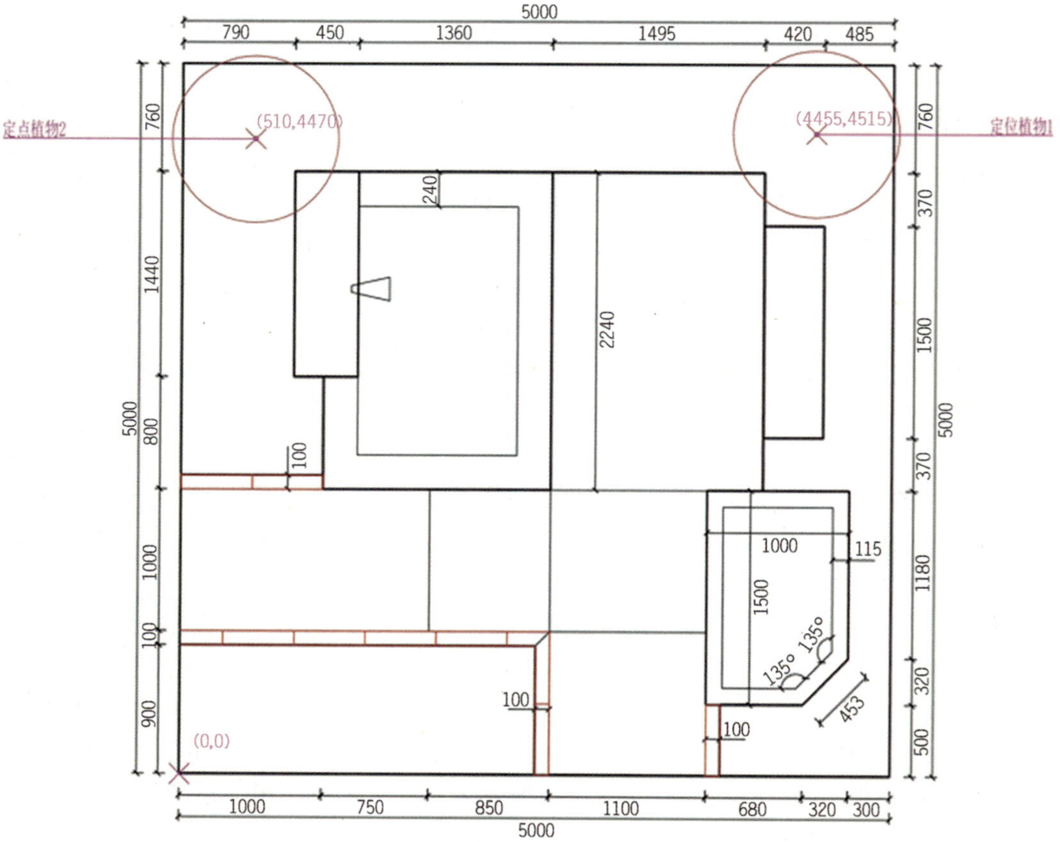

图 3-2-37　道牙石排列方案

(2)施工要点

测量放线：根据图纸上道牙石铺装的位置与尺寸进行测量定位，用木桩和白灰放毛样。

基槽施工：在放样处进行基槽开挖，并用夯锤夯实。平整、夯实场地是铺装中比较重要的环节，基础紧实才不影响道牙石的平整。若是土壤起尘则较为干燥，可向土壤表面适当洒水。

精准放线：用面包砖和放线绳精准放线，其好处是既可以确定边界，又可以确定标高。

道牙石安装：依据预先绘制的道牙石排列方案，对道牙石进行划线标记，然后用大型台式切割机进行切割。切割时需佩戴护目镜、口罩、护耳(或耳塞)，但不能戴手套。根据道牙所在的位置及材料特点，铺装顺序可从一头开始，也可由 90°拐弯处开始，即从中间向两头，要求铺装平整、无松动。

复测数据:道牙石铺装过程中,应及时检查道牙石的尺寸、高度和水平度,这项工作一直贯穿整个铺装过程,最终还要进行数据复测,不合格需要及时调整。

清扫整理:可以用扫把清扫道牙石,清扫多余的细砂,使其干净、整洁。

道牙石铺装方法见二维码26。

二维码26
道牙石铺装

思想加油站

“我们要实现好、维护好、发展好最广大人民根本利益,紧紧抓住人民最关心最直接最现实的利益问题,坚持尽力而为、量力而行、深入群众、深入基层,采取更多惠民生、暖民心举措,着力解决好人民群众急难愁盼问题”。

——党的二十大报告

虽说园路也是园林景观构成的一部分,但它主要的功能还是交通,是游人活动的场地,也就是说园路要有一定的粗糙度,还需减少地面的反射。因此在进行铺装设计和施工时不能为了追求景观的效果而忽略了园路的使用功能。比如,室外大面积的光面花岗岩铺装路面,虽然景观效果好,整齐、大方,但是路面比较光滑,尤其在雨雪天气存在严重的安全隐患,应将“防滑”这一实用性考虑在前。大思想家墨子曾经说过,真正的“巧”并不是外观的精美或技术的精湛,真正的“拙”也不是简朴的外观和技艺的粗糙,只有放在“利人”的标准下才能检验造物的“巧”与“拙”。科技发明和应用要注重实效,以人为本。

在连续阴雨的天气,经常会出现路面积水的现象(图3-2-28)。这样不仅影响了路面的美观,还影响了人和车辆的正常通行,有时积水中还会导电,给路过的行人造成生命安全的威胁。因而,路面积水不是小问题,要分析发生的原因,积极采取措施,避免或减少类似情况的发生。

图3-2-38 路面积水

路面积水最重要的原因有路面的不平整和局部路段受外力的挤压产生凹陷。另外,排水管道太窄或是排水管道的位置高于路面以及纵横坡设计不合理等,均可能造成路面积水。需要提高设计水平、加强工程质量管理,对于施工的每一个步骤要加强监管,当完成一个步骤后要及时地进行检测，发现不合格的步骤要及时改进。其次，对于路面积水的部分要进行及时的处理，当发现管道堵塞时应立即清理，加强园林护理人员的巡视工作，对于积水问题及时通报。路面积水仅是一个公共问题的缩影，如若从根本上解决类似的社会公共问题，就需要各部门、各环节均秉承以人为本的理念，尽力而为，为天下兴利除害。

知识巩固

一、选择题

1. 碎拼铺装完成后，块料之间的缝隙必须要进行填缝处理，填缝的方法主要有勾缝和扫缝两种，缝隙深度一般不大于(　　)。

A. 1 cm　　B. 2 cm　　C. 3 cm　　D. 4 cm

2. 铺装过程中垫层经夯实以后，表面不平整，必须经找平才能进行面层施工。找平层一般都是砾石或粗砂，施工时厚度不宜超过(　　)。

A. 1 cm　　B. 2 cm　　C. 3 cm　　D. 4 cm

二、判断题

1. 块料面层通过砂浆(黏合剂)与基础层黏合，称为干铺，是园林工程施工中普遍采用的方法，稳定可靠，经久耐用。(　　)

2. 黄木纹碎拼铺装一般采用留缝铺装，留缝铺装与密缝铺装在施工步骤的区别主要是面层的处理，基础层和找平层的施工几乎相同。(　　)

3. 面包砖铺装一般采用密缝铺装施工方法。(　　)

三、简答题

1. 简述面包砖铺装的施工步骤。

2. 小料石铺设要点有哪些?

3. 简述面包砖工字斜边铺设的施工难点和破解方法。

项目演练

小组合作完成 5 m×6 m 小庭院藏青园施工图中红线区域内(图 3-2-39)的铺装施工，基本要求见表 3-2-1 所列。

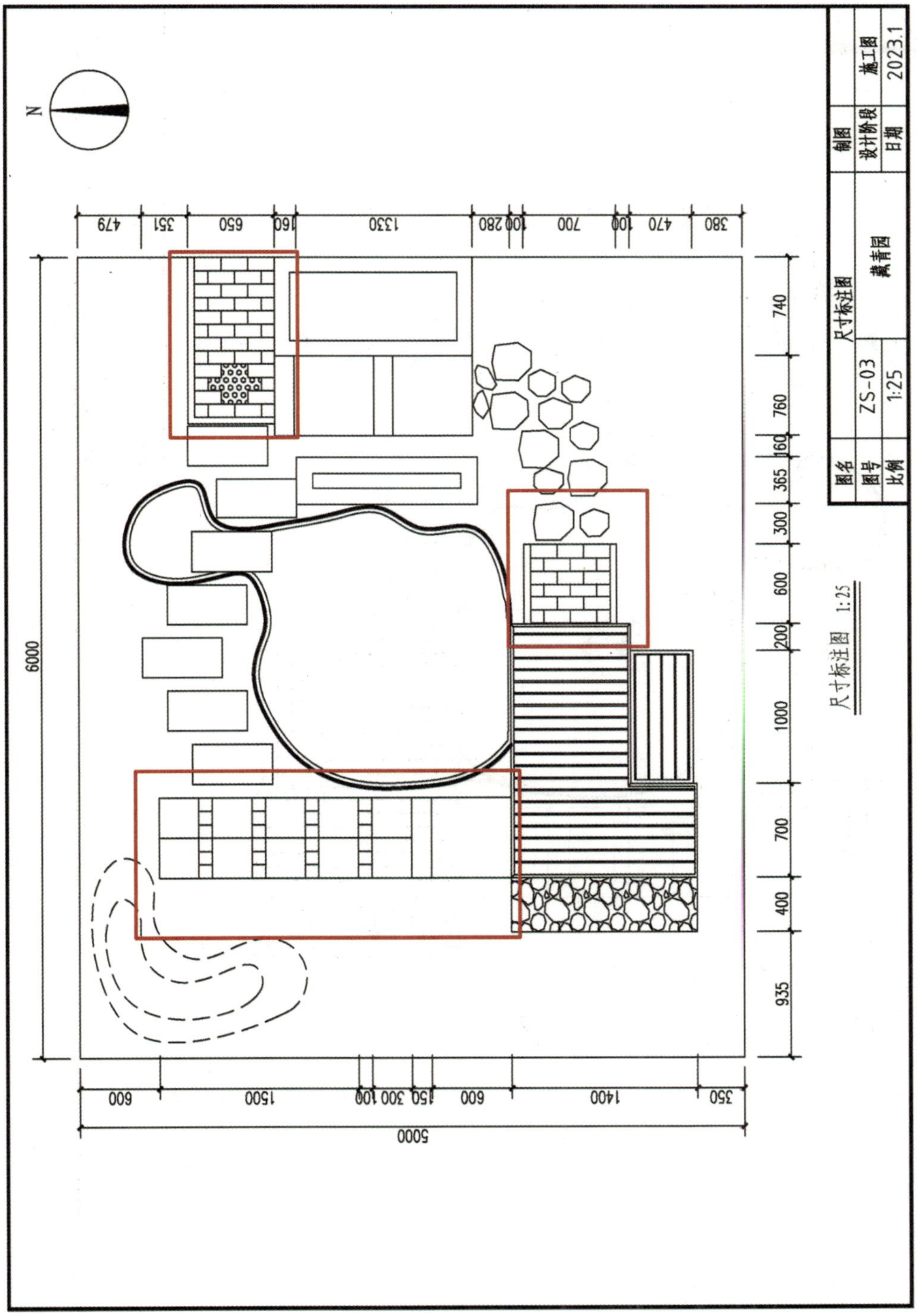

图3-2-39 藏青园铺装设计图

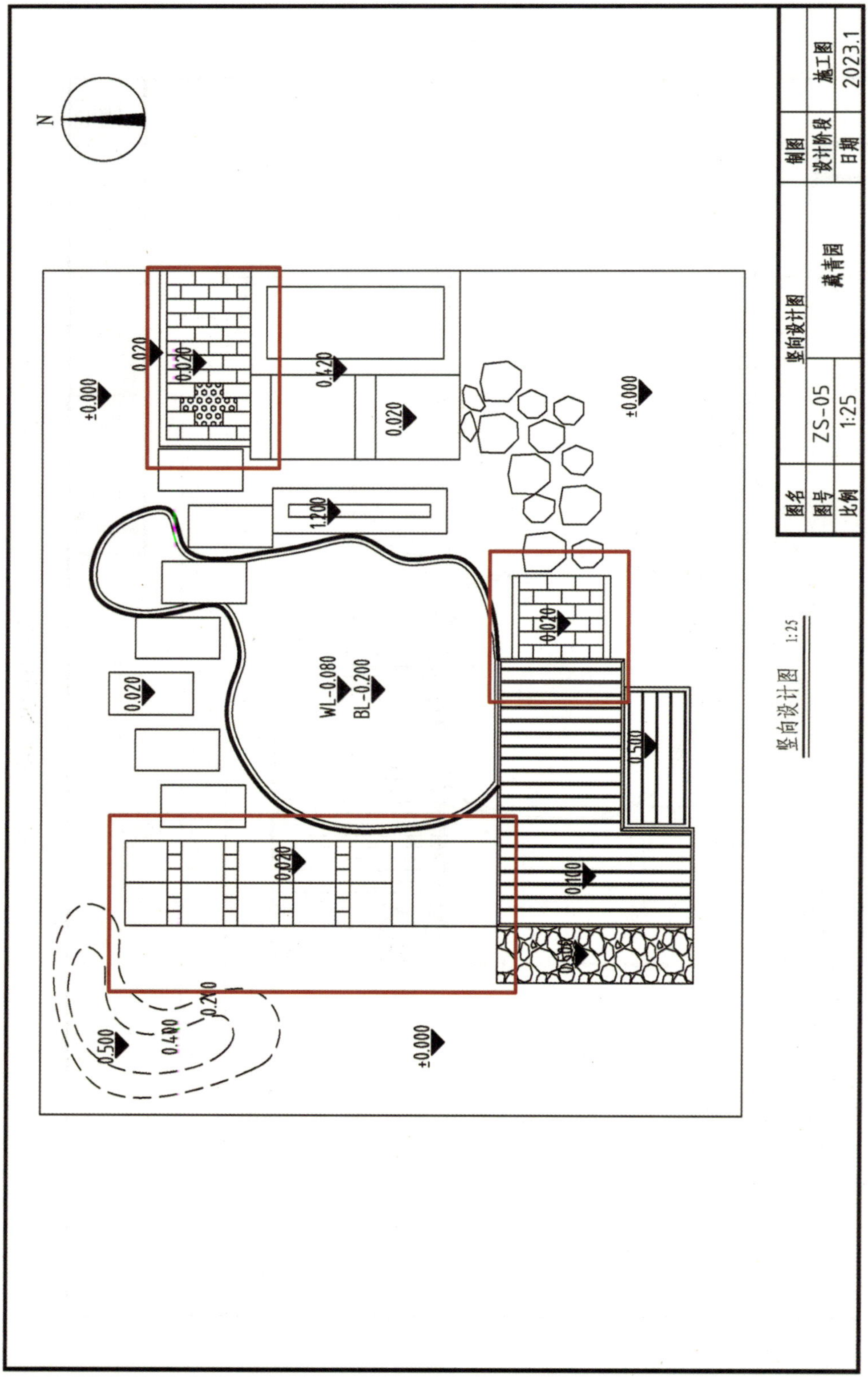

N
±0.000
0.020
0.420
1.200
WL-0.080
BL-0.200
0.500
0.100
0.400
0.200
竖向设计图 1:25
图名
竖向设计图
图号
ZS-05
比例
1:25
制图
设计阶段
施工图
日期
2023.1

续图3-2-39

表 3-2-1　基本要求

类型	时长	训练内容(红线范围)	考评点
4 人小组合作	4.5 h	花岗岩	尺寸、标高、水平、缝隙
		小料石铺装	尺寸、坡度、缝隙
		面包砖铺装	尺寸、标高、水平、缝隙
		道牙铺装	标高、水平、缝隙

实践过程记录

评价总结

请结合本项目铺装部分的学习过程完成学习评价，并自主从知识重难点、技能核心点、自我感受等方面进行梳理和总结，并记录在表 3-2-2 评价总结表中。

表 3-2-2　项目评价总结

序号	评分任务	评价标准		满分	评价		综合评价
		评分项	评价描述		自评 40%	师评 60%	
1	透水砖铺装	尺寸 1	容差±0～2 mm，1； ±>2～4 mm，0.5； >4 mm，0	1			
		尺寸 2		1			
		尺寸 3		1			
		标高 1	容差±0～2 mm，1； ±>2～4 mm，0.5； >4 mm，0	1			
		标高 2		1			
		标高 3		1			
		水平 1(是/否)	气泡未出线为是，出线为否	1			

续表 3-2-2

序号	评分任务	评价标准		满分	评价		综合评价
		评分项	评价描述		自评 40%	师评 60%	
2	花岗岩铺装	尺寸 1	容差±0～2 mm,1; ±>2～4 mm,0.5; >4 mm,0	1			
		尺寸 2		1			
		尺寸 3		1			
		标高 1	容差±0～2 mm,1; ±>2～4 mm,0.5; >4 mm,0	1			
		标高 2		1			
		标高 3		1			
		水平 1(是/否)	气泡未出线为是,出线为否	1			
3	小料石铺装	是否全部扫缝(是/否)		1			
		尺寸	容差±0～2 mm,1; ±>2～4 mm,0.5; >4 mm,0	1			
		小料石的缝隙均匀	大部分的缝隙不均匀 0～0.2; 50%的缝隙均匀一致 0.3～0.6; 超过 50%的缝隙均匀一致 0.7～0.9; 所有的缝隙都均匀一致 1	1			
		小料石整体是否整洁、美观(是/否)		1			
4	道牙铺装	标高 1	容差±0～2 mm,1; ±>2～4 mm,0.5; >4 mm,0	1			
		标高 2		1			
		水平(是/否)	气泡未出线为是,出线为否	1			
		道牙的整体外观	少于一半的道牙密缝铺设,整体观感较差 0～0.2; 多于一半的道牙密缝铺设,整体观感一般 0.3～0.6;3/4 的道牙密缝铺设,整体观感较好 0.7～0.9;所有的道牙密缝铺设,整体观感好 1	1			
5	安全规范施工		护具佩戴规范、仪器工具使用正确	2			
	合计			24			

任务3.3 砌筑施工

3.3.1 花坛砌筑

1. 任务描述

花坛是园林中常见的一类通过砌筑建造的构筑物，一般高度不高(树池基本和地面持平或略高)，建造花坛的材料可以是砖块，也可以是料石，还可以是木材、金属等其他材料。本任务要求建造砖砌结构的花坛。花坛壁墙面通常分为清水墙和浑水墙。不抹灰的墙面叫清水墙，没有任何外墙装饰，能直观地看清楚墙体结构；墙体完成施工后，进行抹灰等装饰的墙面叫浑水墙，砌筑要求没有清水墙严格。本任务要求花坛壁砌筑为清水墙。

任务具体说明：

子任务1，在某座4 m×5 m的小庭院中建造一处标砖砌筑清水墙施工的12砖墙花坛(图3-3-1、图3-3-2)。

子任务2，在某座7 m×7 m的小庭院中建造一处标砖砌筑清水墙施工的18砖墙花坛，需要花岗岩压顶(图3-3-3、图3-3-4)。

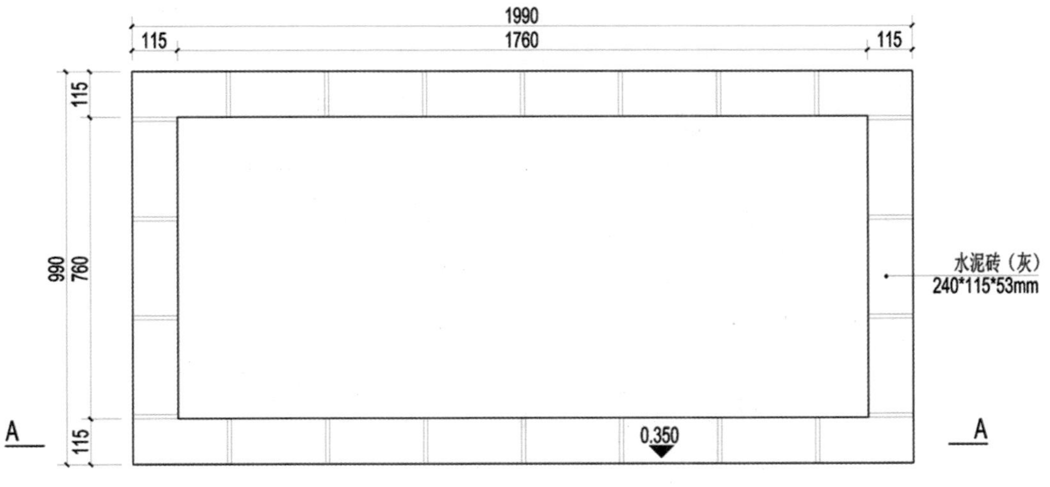

图3-3-1 12砖墙花坛平面大样图

2. 知识引领

不同厚度的墙体，砌筑的施工流程基本相同，大致按如下顺序进行(图3-3-5)：施工前准备、定点放线、基槽施工、浇筑垫层、砌筑基础、砌筑主体、处理缝隙和复测数据，其中浇筑垫层和砌筑基础两个步骤在竞赛和实训中省略。

(1)施工前准备

施工前需要熟悉施工图纸，确定施工顺序；准备好砌筑所用砂浆、砖块等材料；准备好水泥

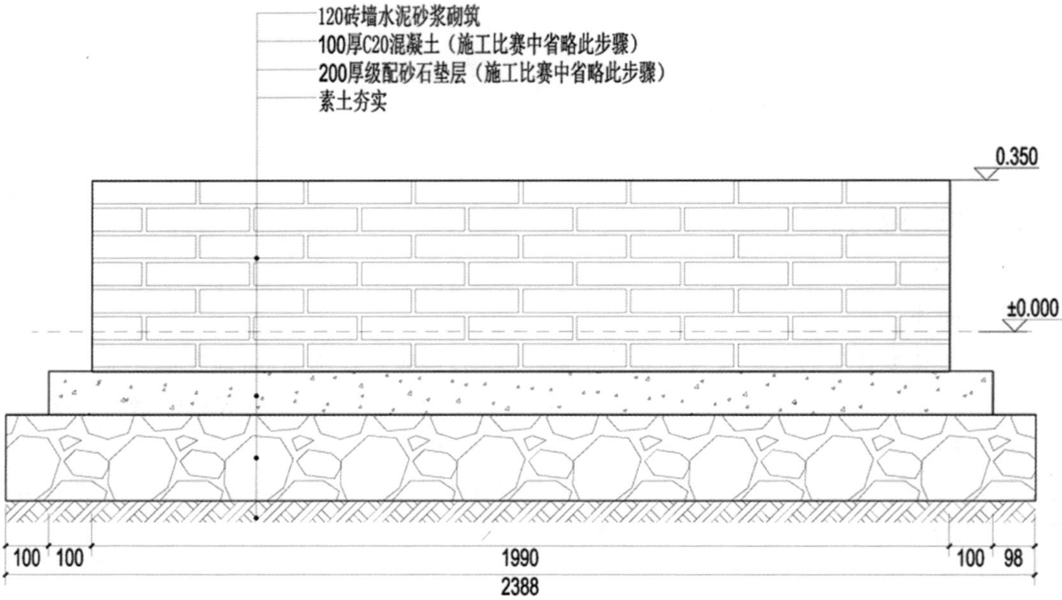

图 3-3-2　12 砖墙花坛断面图

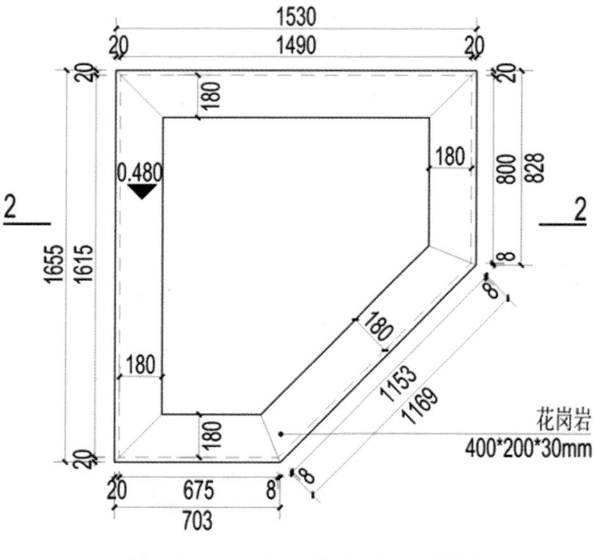

图 3-3-3　18 砖墙花坛平面大样图

二维码 27
铅锤使用方法

搅拌器、激光水平仪、水平尺、卷尺、放线绳、定位木桩、记号笔、砖刀、橡皮锤和勾缝器等设备和工具，如遇到异形砌体需要切割砖块，还应该准备角度尺等工具（图 3-3-6）。砖刀和铅锤的使用方法见二维码 27。

(2)定点放线

把设计图纸中需要砌筑的区域在场地标定出来，作为施工的依据。在放线前可以先放框线，或者以边框作为坐标的 X 轴和 Y 轴，但在此之前需要对场地尺寸进行校准。

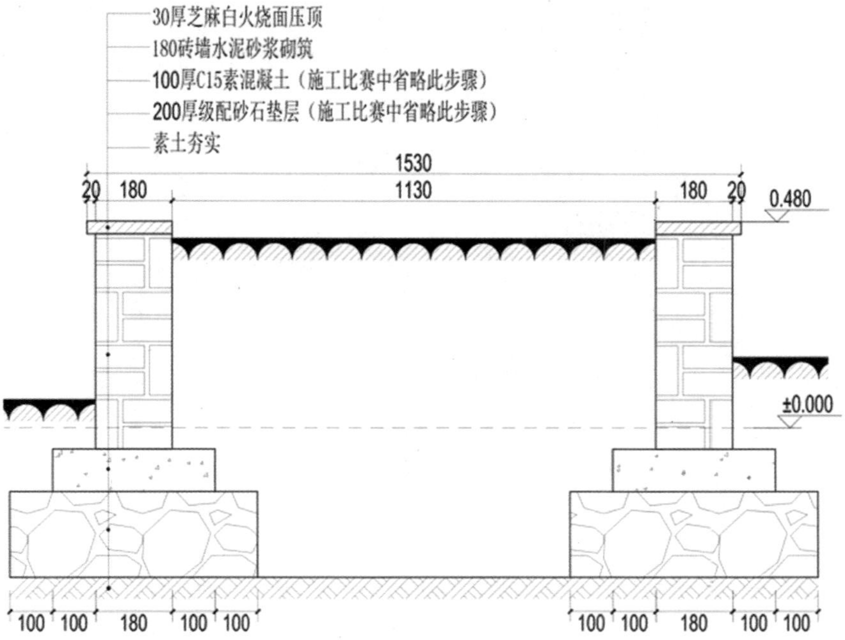

图 3-3-4　18 砖墙花坛断面图

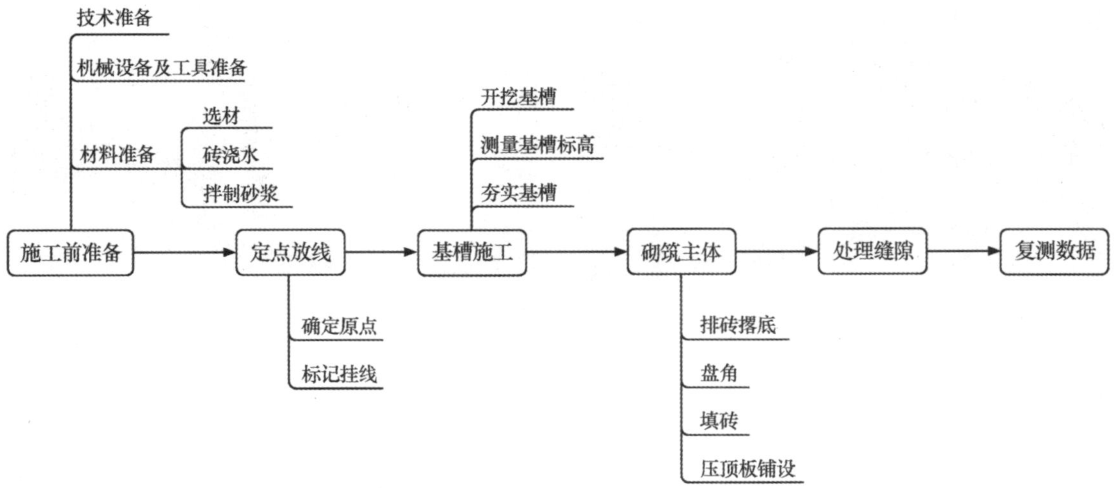

图 3-3-5　砌筑施工流程

(3)基槽施工

放线完成后，按照已有的花坛边缘线开挖基槽，基槽开挖宽度应比墙体基础宽 100 mm 左右，深度根据设计而定，一般基槽标高略高于图纸要求的 1 cm 左右，槽底要平整。随后进行夯实，夯实是为了让基础更稳固。图 3-3-7 显示根据计算好的标高数据，施工人员开挖花池基础并进行夯实。

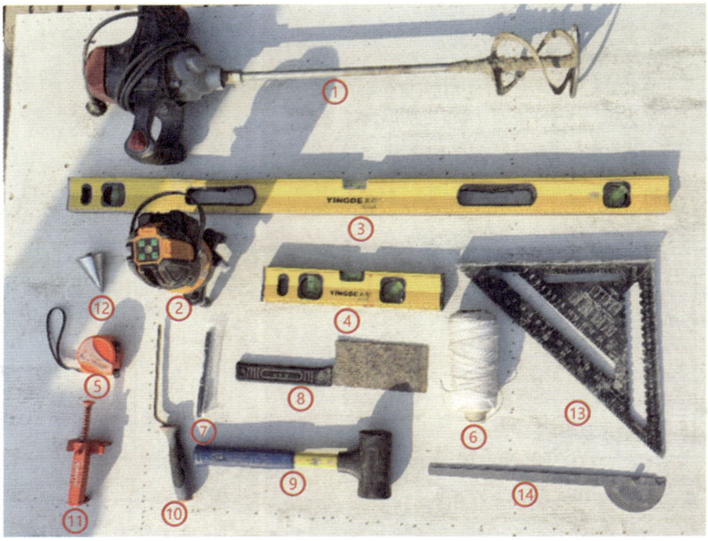

图 3-3-6　砌筑砖墙常用工具

注：①水泥搅拌器；②激光水平仪；③长水平尺；④短水平尺；⑤卷尺；⑥放线绳；⑦记号笔；⑧砖刀；⑨橡皮锤；⑩勾缝器；⑪挂线器；⑫铅锤；⑬三角尺；⑭角度尺

(a)基础开挖　　(b)基础夯实

图 3-3-7　基础开挖并夯实

(4)砌筑主体

按照"三一砌筑法"(一铲灰、一块砖、一挤揉)进行主体砌筑。砌筑步骤包括排砖撂底、盘角、填砖和压顶等。

排砖撂底是指在夯实好的地基上摆放第一层砖(图 3-3-8)，构筑物的长度由砖块的尺寸和灰缝宽度共同构成，在清水墙的质量评价中，要求灰缝均匀，最大缝隙和最小缝隙相差 <4 mm。

排砖撂底完成后，先进行拐角部位的砌筑即盘角(图 3-3-9)，保证角砖尺寸和高程数据准确，通过挂线控制每层砖的尺寸和高程。一般砌筑 3 层，需借助铅锤或水平尺保证墙体垂直(图 3-3-10)。墙体的高度可以通过皮数杆对照砖层及标高或者水平尺标高度数来控制(图 3-3-11)，如有偏差要及时修正。

图 3-3-8 排砖撂底

图 3-3-9 盘角

图 3-3-10 检测墙体垂直

图 3-3-11 检测砌筑高度

在盘好的两角之间砌筑墙体即为填砖(图 3-3-12)。填砖时,长度较长的墙体每层都要挂线(可以用面包砖或挂线器挂线),线要拉紧,然后铺灰、砌砖,要保证平缝水平、丁缝竖直,且错缝砌筑、隔层对缝(图 3-3-13)。填砖的技术动作包括拨浆、砌头、刮缝和敲平等。水泥砂浆应随用随拌,一般在 3 h 内用完。

图 3-3-12 挂线填砖

图 3-3-13 隔层对缝

有些花池有压顶设计,因压顶板比墙体宽,在铺设时一般要求沿中线对称铺设,但有时压顶板材料宽窄尺寸有偏差,无法保证两侧对齐,则需保证外侧对齐。为了增强构筑物外观效果,拐角位置常需要倒角拼装(图 3-3-14),拼接缝隙一般要求在 2 mm 以内。

(5)处理缝隙

清水墙应随砌随勾缝，划缝深度在2～5 mm，深浅一致(图3-3-15)。砌筑完毕后需要进行墙体勾缝清洁(图3-3-16)，要根据砂浆的硬结程度选择勾缝或清洁时间，一般可在砂浆初凝后进行勾缝。

图3-3-14　压顶板倒角

图3-3-15　墙体勾缝

(6)复测数据

最后，需要复测数据，发现问题及时调整，保证砌筑施工的精准度。逐一测量砌筑主体的长度、宽度、高度和水平(图3-3-17)。

图3-3-16　墙体勾缝清洁

图3-3-17　复测墙体高度

3.任务实施

◇ 子任务1

(1)分析图纸、提炼数据

分析图纸，列出施工过程中需要的尺寸数据，如定点放线数据，长度、宽度、高度等(表3-3-1)。

表 3-3-1 12 砖墙花坛砌筑数据

长度/mm	宽度/mm	砌筑层数	标高数值/mm	标高读数/mm
1 990	990	第六层	350	250
		第五层	287	313
		第四层	224	376
		第三层	161	439
		第二层	98	502
		第一层	35	565
		基层	−18	618

注意：

砌筑施工前，需要提前算出砌筑层数和每一层的标高读数，图纸显示花坛标高 0.350 m，假设原点标高读数为 600 mm，则花坛顶层标高读数应为 250 mm，按照标砖厚度 53 mm、缝隙 10 mm 计算，每一层的砌筑高度是 63 mm，依次算出每一层的标高读数。基层标高数值 −18 mm，表示从原点高度下挖 18 mm(图 3-3-18)。

图 3-3-18 12 砖墙花坛砌筑模型

(2)科学排砖、两层为一单元

砌筑前需要借助 AutoCAD、SketchUp 等软件或者现场摆砖来确定第一层和第二层的排砖方案，之后按照第一层、第三层、第五层排砖方式相同，第二层、第四层、第六层排砖方式相同进行砌筑。排砖的原则为尽量少切砖，且上下两层错缝砌筑。12 砖墙花坛第一层、第二层的排砖方式见图 3-3-19。

图 3-3-19 12 砖墙花坛两层排砖方案

(3)施工要点

定点放线：从原点起，以花坛的一条边框作为基准，量出长边 1 990 mm 的距离，用记号笔在边框上标出位置线和数据；在与此垂直的边框上量出 990 mm 的距离，用记号笔在边框上标出位置线和数据。如果场地其他要素已完成施工，影响放通线(平行的两条边框等距定点放线)，采用局部放线方法确定花坛的位置，具体做法如下：一根棉线两头分别缠在面包砖上，线的一端与边框标记线重合，另一端垂直放入场地内，通过测量与之垂直边的距离进行微调确定位置。

基础开挖与夯实：操作过程中尽量避免碰触放好的位置线，开挖范围需大于放线范围，开挖后初步整平，并测量标高，使标高读数为 610 mm 左右，再进行夯实，使标高读数达到约 618 mm。夯实后复测调整放线尺寸。

铺设第一层：先沿线铺角砖，砖块不要贴线，需留 1 mm 距离，避免线被砖带偏，第一层标高读数调整为 565 mm，4 块角砖铺设完成后，复测长宽距离。随后，挂线填砖，线与花坛外边界齐平，留有 1 mm 距离，按照预定的排砖方案铺设角砖之间砖块。花坛一条边铺设完成后，需要测量水平。

搅拌水泥：水泥的搅拌方法为在搅拌桶内倒入清水，水量大概为容器体积的 1/5，随后加入一铲半的水泥，和水充分搅拌，之后按照水泥和细砂 1∶3 的体积比倒入过筛后的细砂，再充分混合搅拌，直至水泥砂浆手握成团。

砌筑第二层：砌筑时先铺水泥，进行拨浆（图 3-3-20），先砌筑角砖，保证第二层角砖的标高读数为 502 mm，如果高度稍高，可用砖刀的手柄轻轻敲击砖块，进而调整高度。通过角砖砌筑位置控制第二层花坛的长度和宽度。多余的水泥随砌随刮，提高墙体整洁度。角砖砌筑完毕需要复测第二层尺寸。然后，挂线填砖，为了竖缝砂浆更加饱满，需要砌头（图 3-3-21）。多余的水泥砂浆随砌随刮，养成做事干净利落的习惯。第二层填砖完成后需测量水平，复测长度和宽度。

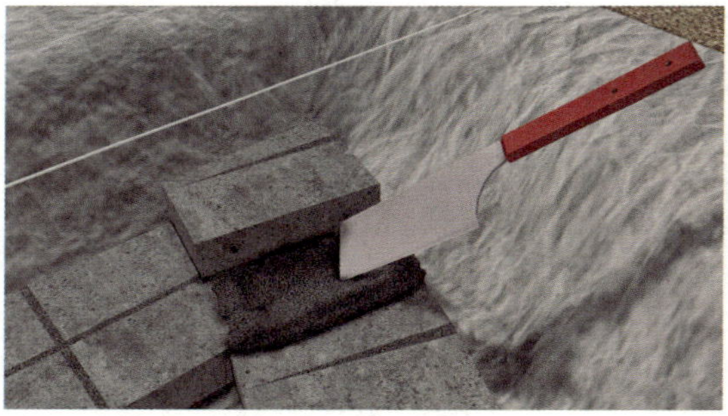

图 3-3-20　拨浆

图 3-3-21　砌头

砌筑其他层：花坛第一层和第二层作为一个单元完成砌筑后，重复单元操作，直至砌筑到顶层。过程中每砌筑 3 层需要借助水平尺测量墙体垂直度，及时调整。顶层需更加精准，除了保证长度、宽度、水平，还需要复测标高。砌筑完成后，每一层、每一条边的尺寸都需要进行复测。

处理缝隙：首先将不饱满的横缝和竖缝填充水泥砂浆，使其砂浆饱满。再用勾缝工具进行划缝，使缝隙向内凹陷，整齐、美观。

清扫墙体：可以用钢刷清扫墙面，使其干净、整洁。施工成品见图 3-3-22。

欲了解 12 砖墙花坛砌筑操作流程和方法详情，请扫描二维码 28，观看操作动画。

二维码 28

12 砖墙花坛操作

◇ **子任务 2**

(1)分析图纸、提炼数据

分析图纸，列出施工过程中需要的尺寸数据，如定点放线数据，墙体各边长度、压顶板各边长度、高度等（表 3-3-2）。

图 3-3-22　12 砖墙花坛砌筑成品

表 3-3-2　18 砖墙花坛砌筑高度数据　mm

砌筑层数		标高数值	标高读数
压顶板		480	120
第四大层	第八小层	440	160
	第七小层	377	223
第三大层	第六小层	314	286
	第五小层	251	349
第二大层	第四小层	188	412
	第三小层	125	475
第一大层	第二小层	62	538
	第一小层	−1	601
基层		−54	654

注意：

花坛压顶板所用石材为 400 mm×200 mm×30 mm 的花岗岩。图纸显示花坛标高 0.480 m，假设原点标高读数为 600 mm，则花坛顶层标高读数应为 120 mm，按照压顶板厚度 30 mm、标砖厚度 53 mm、缝隙 10 mm 计算，依次算出每一层的标高读数。因为 18 砖墙的组砌方式为两块顺砖平砌、一块顺砖立砌，所以将两侧平砖和一层立砖的组合看成一大层，每层标高读数见表 3-3-2。

(2)科学排砖、两大层为一单元

18 砖墙花坛第一大层、第二大层的排砖方式，异形拐角处砖块的切割样式见图 3-3-23。

18 砖墙花坛压顶板排布方式见图 3-3-24。拼接部分的面板长度不可以小于面板总长的 1/3，压顶板的外沿需要在一条线上。

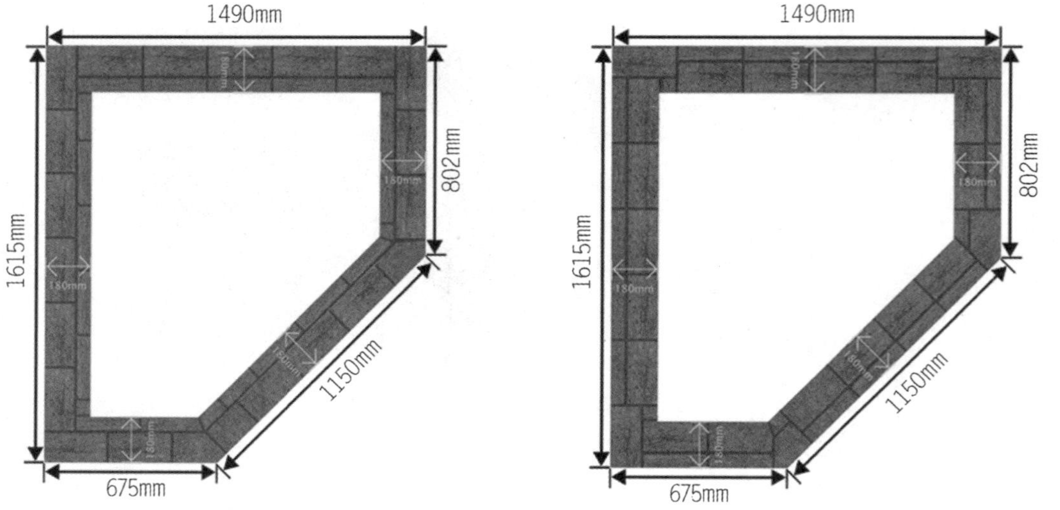

图 3-3-23　18 砖墙花坛两大层排砖方案

(3)施工要点

放线与基槽施工：按照图纸尺寸放线，进而开挖和夯实，随后复测放线尺寸。

铺设第一大层：根据排砖方案，第一大层外侧顺砖平砌两块、内侧顺砖立砌一块，按照 12 砖墙的砌筑方法完成外侧两层平砖砌筑，随后进行第一大层内侧立砖砌筑。在此过程中需要注意外侧异形角砖切割方法。本任务中，花坛有 5 个拐角，2 个拐角为 135°。

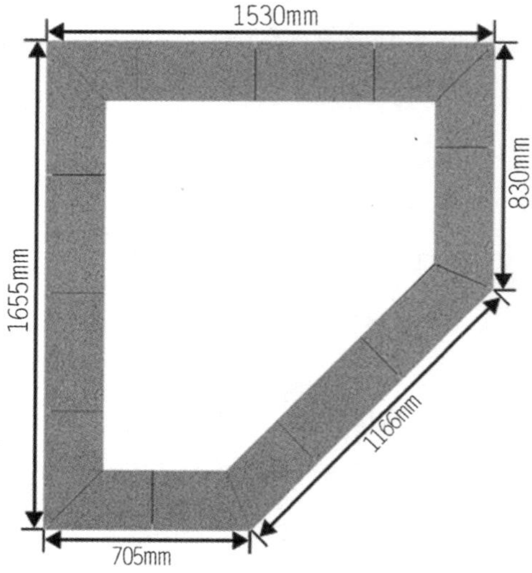

图 3-3-24　18 砖墙花坛压顶板排布方案

135°角砖切割方法如下：砖的一边量出需要的尺寸并进行标记，借助 45°角模具，模具的斜边与切割机横挡板平行贴紧，一条直角边与砖的宽度边贴合，从而确定砖的切割角度，角度不变，微调位置，使得切割机锯片过标记线斜切(图 3-3-25)；在斜切边上从拐角点开始量出所需的距离并标记，过标记点做垂直线，沿垂直线切割(图 3-3-26)，进而完成拐角砖切割。

砌筑第二大层：先砌外侧立砖，拐角处仍为平砖砌筑，拐角处异型砖切割方法同第一大层。错缝砌筑第二大层内侧的平砖，内侧转角处的空隙可以用切割余料进行填充。

砌筑其他层：以第一大层和第二大层为砌筑单元，按照相同的方法完成其他各层的砌筑。

砌筑花坛压顶板：90°拐角用两块 45°花岗岩拼接实现，135°拐角用两块 67.5°花岗岩拼接实现。花岗岩作为压顶板使用时，光面朝上。由于压顶板宽度 200 mm，花坛宽度 180 mm，故压顶板外侧比墙体宽出约 20 mm，且外沿需在一条直线上。压顶板砌筑与标准砖砌筑方法相似，先砌角砖，后填中间。

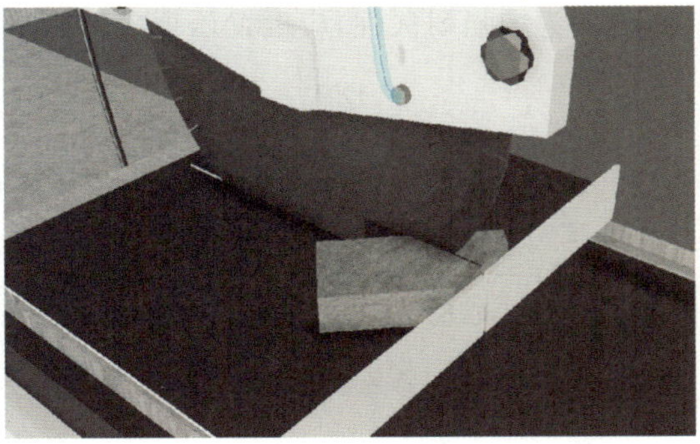

图 3-3-25 斜切第一刀

图 3-3-26 斜切第二刀

值得注意的是，在切割中间部分最后填充的花岗岩时，应测量花岗岩上下两个边的尺寸，以保证相邻材料拼接紧密（图 3-3-27）。

处理墙体外侧缝隙，清洁墙体和压顶板表面。最后，复测压顶板尺寸、高度、水平、外沿一条线上，各层墙体尺寸。施工成品见图 3-3-28。

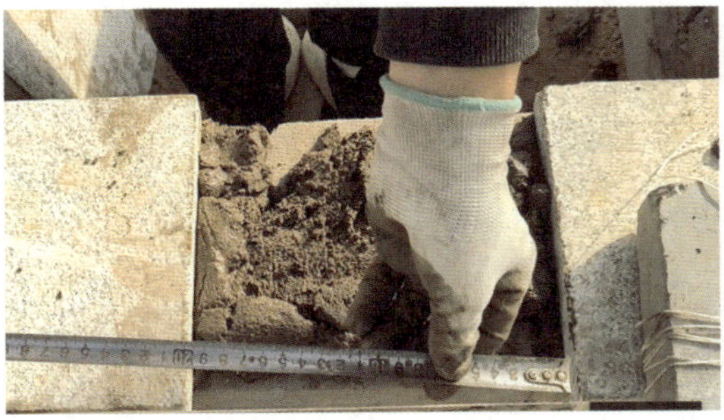

图 3-3-27 压顶板切割尺寸测量方法

图 3-3-28 18 砖墙花坛砌筑成品

欲了解 18 砖墙花坛砌筑操作流程和方法详情，请扫描二维码 29，观看操作动画。

二维码 29

18 砖墙花坛操作

3.3.2 景墙砌筑

1. 任务描述

景墙是园林中常见的小品，是艺术化的墙体，其形式不拘一格，功能因需而设，材料丰富多样。景墙常用砖、混凝土砌块和石块砌筑，墙体高度超过 1 m 时，宜与结构工程师配合，共同进行设计。一般地基土上，基础埋深宜为 45～60 cm；黏土上，基础埋深要求 90 cm，甚至更深；

地基土质不均时，景墙基础可采用混凝土和钢筋混凝土。为增强耐久性，应设置压顶或采取措施加固墙体的顶部。本任务要求建造砖块与瓦片结合的清水墙景墙。

任务具体说明：

在某座 7 m×7 m 的小庭院中建造一处砖块与瓦片融合砌筑的特色景墙（图 3-3-29、图 3-3-30），需要花岗岩压顶，根据景观墙体的构造设计要求，正确进行特色景墙施工。

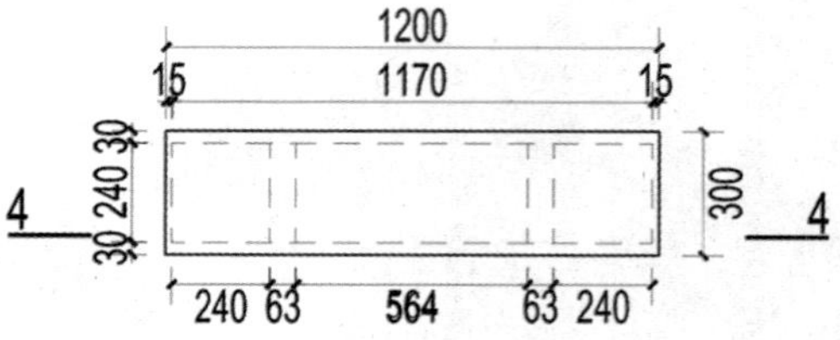

图 3-3-29　特色景墙平面大样图

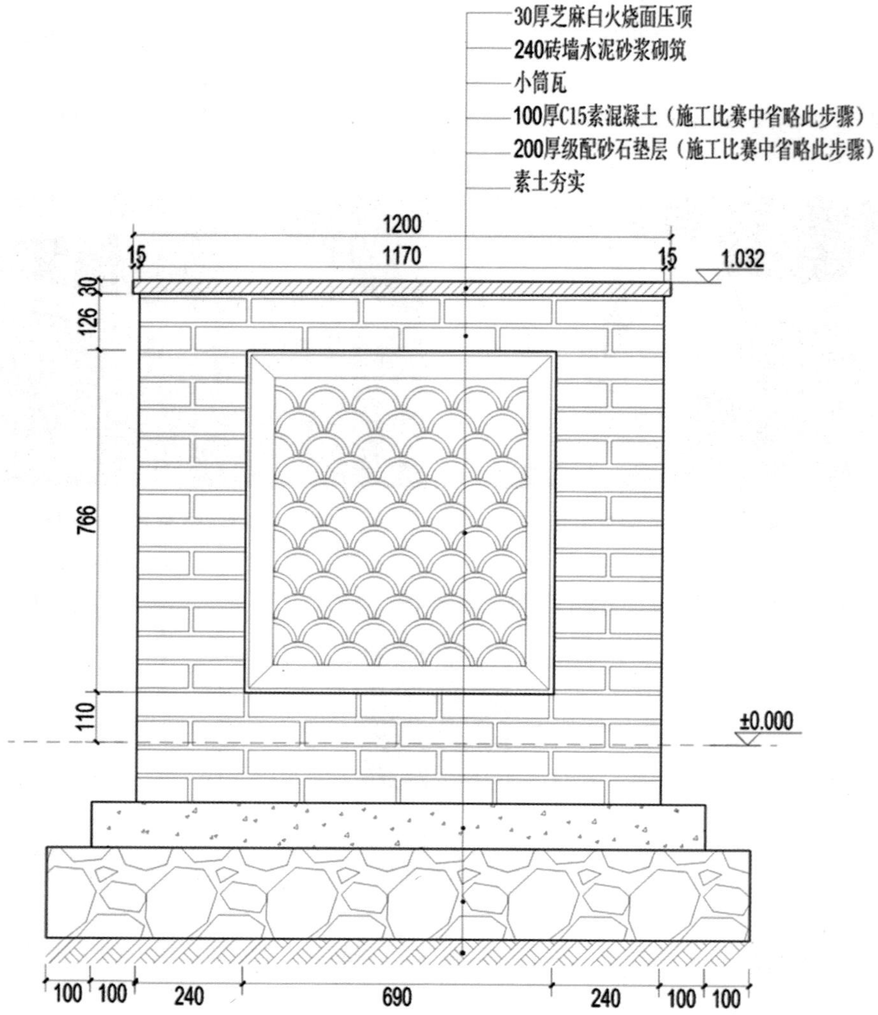

图 3-3-30　特色景墙断面图

2. 知识引领

景墙的施工步骤为施工前准备、定点放线、基槽施工、浇筑垫层、砌筑基础、砌筑主体、墙面装饰和复测数据，其中，浇筑垫层和砌筑基础在竞赛和实训中省略或简化，清水墙墙面装饰仅包括缝隙处理和墙面清洁。

景墙施工遵循 3.3.1 花坛砌筑中清水墙砌筑施工流程和方法。以下补充浇筑混凝土垫层、砌筑基础大放脚和墙面装饰等相关知识。

(1)浇筑混凝土垫层

清除基底表面的浮土及扰动土，不留积水，进行垫层混凝土施工。首先，操作人员按照混凝土的配合比例投料，拌制混凝土，每盘投料顺序为：石子→水泥→砂→水。浇筑混凝土一般从一端开始，并应连续浇筑。如连续进行较大面积施工时，应根据规定留置施工缝。垫层混凝土必须振捣密实(对卸入浇筑仓内的混凝土拌和物进行振动捣实的工序，保证混凝土构件的质量)，表面平整，严禁晾晒基土。

(2)砌筑基础大放脚

砖基础是由垫层、基础砌体的扩大部分和基础墙 3 部分组成的，其中扩大部分称大放脚，为满足地基承载力的要求，基础底面比墙身宽，呈阶梯形逐级加宽。大放脚部分通常分为二皮一收的等高式(图 3-3-31)和一皮一收与二皮一收交替的间隔式(图 3-3-32)两种砌法，间隔式砌法用料较省，每次收进时，两边各收 1/4 砖长。

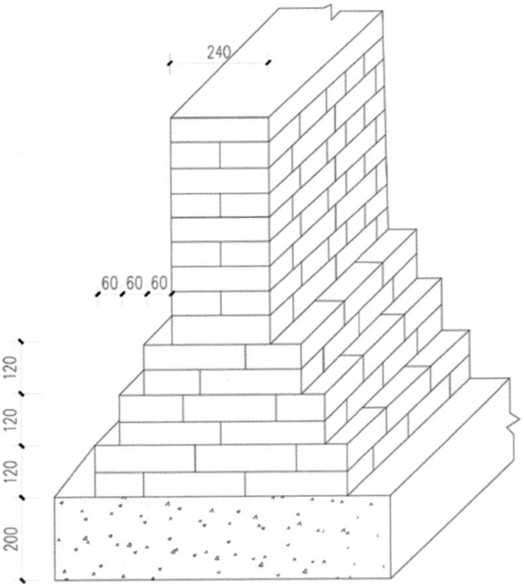

图 3-3-31 等高式大放脚

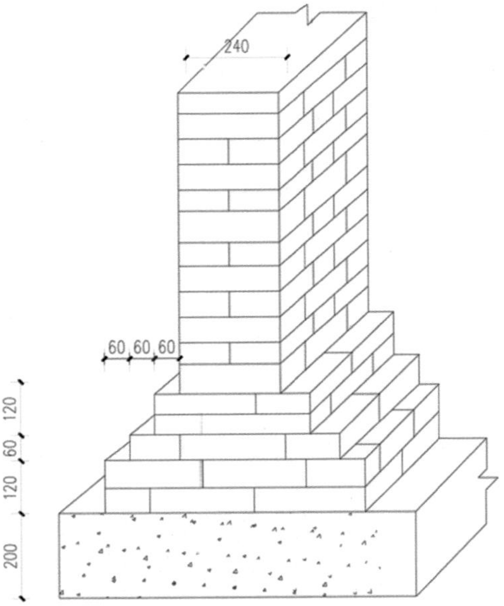

图 3-3-32 间隔式大放脚

(3)墙面装饰

勾缝装饰：墙面勾缝一般宜用 1∶2 的水泥砂浆。勾缝前应清扫墙面上黏结的砂浆、灰尘。勾凹缝时，宜按“从上而下，先平缝后立缝”的顺序进行。

抹灰装饰：根据使用材料、施工方法和装饰效果的不同分为水刷石(图 3-3-33)、喷砂(图 3-3-34)、喷涂和彩色抹灰等。一般分层涂抹底层主要起与基体黏结的作用，中层主要起找平的作用，面层起装饰的作用。

图 3-3-33　水刷石抹灰

图 3-3-34　喷砂抹灰

底层和中层砂浆宜采用 1∶2 水泥砂浆，总厚度控制在 12 mm。严禁在砂浆中添掺石灰膏，待中层凝结后才可抹面层石屑水泥砂浆。面层采用水泥∶石屑＝1∶1.25 的体积比，石屑颗粒直径为 2～4 mm。水泥标号不低于 425 号。抹面层时，底层糙面上洒水后抹一层水灰比为 0.37～0.4 的水泥素浆，随即抹水泥石屑浆，再用刮尺刮平，用水抹子横向、竖向反复压实压平。

3. 任务实施

(1)分析图纸、提炼数据

分析图纸，列出施工过程中需要的尺寸数据，如定点放线数据，墙体长度、压顶板长度、高度等(表 3-3-3)。

表 3-3-3　特色景墙砌筑高度数据

mm

长度	砌筑层数	标高数值	标高读数
1 200	压顶板	1 032	168
1 170	第十七层	992	208
	第十六层	929	271
	第十五层	866	334
	第十四层	803	397
	第十三层	740	460
	第十二层	677	523
	第十一层	614	586
	第十层	551	649
	第九层	488	712
	第八层	425	775
	第七层	362	838
	第六层	299	901
	第五层	236	964
	第四层	173	1 027
	第三层	110	1 090
	第二层	47	1 153
1 290	第一层	－16	1 216
	基层	－69	1 269

注意：

图纸显示景墙标高 1.032 m，宜选择 2 m 高的水平尺测量标高。景墙压顶板所用石材为 400 mm×200 mm×30 mm 的花岗岩，假设原点标高读数为 1 200 mm，则景墙顶层标高读数应为 168 mm，按照压顶板厚度 30 mm、标砖厚度 53 mm、缝隙 10 mm 计算，依次算出每一层的标高读数，见表 3-3-3。

(2)分析结构、科学排砖

通过特色景墙的立面图可以看出，景墙包括砖砌墙体、筒瓦和盖板 3 个部分，砖砌墙体部分为顺丁结合的 24 墙，24 墙小筒瓦底部有 2 层、顶部有 2 层，基础部分为 37 墙，以增加墙体的稳定性。两侧墙垛子共有砖砌结构 17 层。结合景墙断面图可以看出，景墙中部小筒瓦的边框为砖砌结构，全顺砌筑，转角处需要 45°倒角。小筒瓦应为错缝砌筑，故小部分筒瓦需要用半块(对中切开)。

(3)施工要点

放线与基槽施工：按照图纸尺寸放线，进而开挖和夯实。

砌筑第一层：搅拌水泥后，铺设第一层角砖，宽度为 365 mm，第一层标高读数调整为 1 216 mm，两端角砖铺设完成后，复测长度距离为 1 240 mm。随后，挂线填砖，按照预定的排砖方案砌筑角砖之间的砖块。

砌筑第二、第三层：砌筑时先铺水泥，进行拨浆，丁砖的方式砌筑角砖，保证第二层角砖的标高读数为 1 153 mm。第二层角砖与第一层相比左右各收 35 mm(原则上应收进 1/4 砖长)，角砖位置控制第二层景墙的长度为 1 170 mm。多余的水泥随砌随刮，提高墙体整洁度。然后，挂线填砖，为了竖缝砂浆更加饱满，需要砌头。第二层填砖完成后需测量水平，复测长度。同样的方法砌筑第三层，保证第三层以顺砖的方式砌筑角砖。

砌筑景墙两侧垛子：第四层开始仅砌筑景墙两侧垛子，保证 24 墙一顺一丁的砌法(图 3-3-35)，此过程中每砌筑 3 层需要借助水平尺测量墙体垂直度，及时调整。

砌筑小筒瓦边框：先以全顺的方式砌筑筒瓦底部边框，边框宽度为 120 mm，再贴着两侧 24 墙垛子分别立砌左右两侧边框，转角处进行 45°倒角(图 3-3-36)。

图 3-3-35　砌筑景墙垛子

图 3-3-36　筒瓦边框 45°倒角

摆放小筒瓦，砌筑顶部边框：1 块小筒瓦的长度为 110 mm，第一层摆放 5 块完整小筒瓦，第二层为实现错缝砌筑，首块小筒瓦需要用半块(图 3-3-37)，以此类推，隔层小筒瓦砌筑方式相同。小筒瓦摆放完毕，砌筑顶部边框（图 3-3-38）。

图 3-3-37 摆放小筒瓦

图 3-3-38 砌筑顶部边框

砌筑顶部 24 墙体和压顶板：在水泥砂浆硬结之前，要调整好压顶板的尺寸、高度及水平。如遇压顶板原材料有个体尺寸差异时，则尽量保证正面边线的整齐。压顶板之间的交接缝隙宽度不应大于 2 mm。

清洁回填和复测：处理墙体缝隙，清洁墙体和压顶板表面，基础回填。最后，复测压顶板尺寸、高度、水平、外沿一条线，各层墙体尺寸。施工成品见图 3-3-39。

欲了解特色景墙砌筑操作流程和方法详情，请扫描二维码 30，观看操作动画。

图 3-3-39 特色景墙砌筑成品

二维码 30

特色景墙砌筑操作

3.3.3 水池砌筑

1. 任务描述

园林中常见的水池是人工水池，形式多种多样。竞赛与实训中的水池为临时简易水池，一般用砖块、料石砌筑而成，如图 3-3-40 所示。水池大多低于地面，以便场地汇水和排水；也有高于地面，与水池中喷泉或雕塑结合，丰富立面，吸引视线，成为构图中心。本节任务要求用标准砖砌筑低于地面的水池。

图 3-3-40 临时简易水池

任务具体说明：
在某座 5 m×5 m 的小庭院中砌筑一处 24 砖规则水池(图 3-3-41、图 3-3-42)。

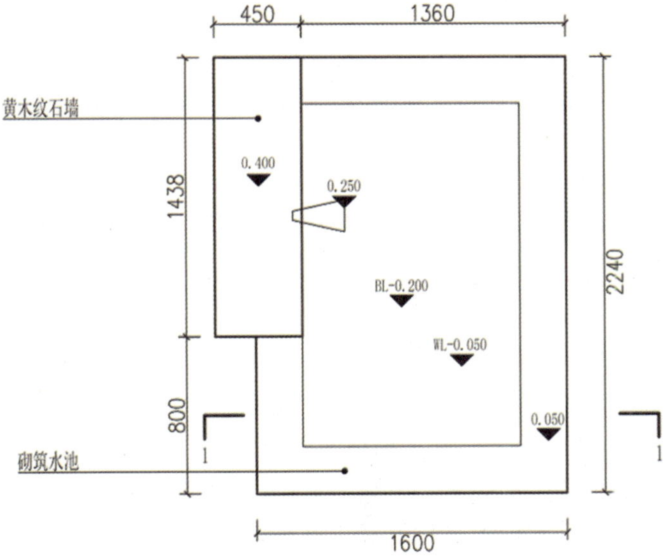

图 3-3-41 水池平面大样图

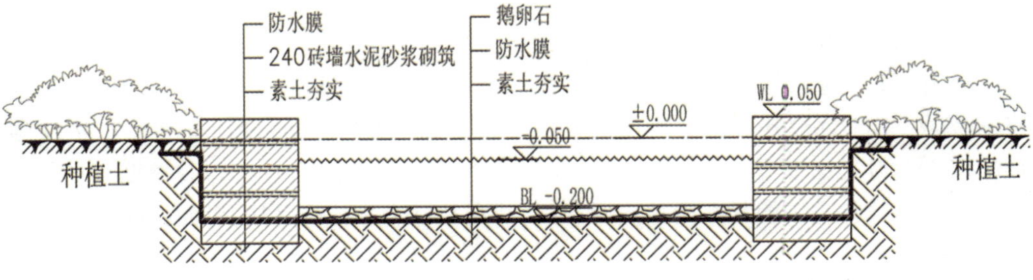

图 3-3-42 水池剖面图

2. 知识引领

水池施工步骤主要包括施工准备、测量放线、基槽施工、基础施工、池底施工、池壁施工、防水层施工、压顶、面层施工、水池装饰、试水。

(1)施工准备

技术准备:认真研读施工图纸,确定施工工艺流程,然后对现状进行调查,了解施工环境来确定施工方案。项目技术负责人应对技术员、施工员、质检员、实验员进行详细的技术交底,施工员对操作工人进行详细的技术交底,落实各环节应注意的施工要点。原材料合格证及复试报告单齐全、砂浆配合比经实验室确定。

物资准备:①基础与池底:水泥 1 份,细砂 2 份,粒料 4 份,所配的混凝土型号为 C20。②池底与池壁:水泥 1 份,砂 2 份,0.6～2.5 cm 粒料 3 份,所配的混凝土型号为 C15。③防水层:防水剂 3 份,或其他防水卷材。④添加剂:混凝土中有时需要加入适量添加剂,常见的有 U 型混凝土膨胀剂、加气剂、氯化钙促凝剂、缓凝剂、着色剂等。

池底池壁需用 425 号以上普通硅酸盐水泥且水灰比≤0.55;粒料直径不得大于 40 mm、吸水率不大于 1.5%,混凝土抹灰和砌砖抹灰用 325 号水泥或 425 号水泥。

(2)测量放线

根据设计图纸定点放线,放线时,水池的外轮廓应包括池壁厚度。为使施工方便,池外沿各边加宽 50 cm,用石灰或黄沙放出起挖线,每隔 5～10 m(视水池大小)打一小木桩,并标记清楚。方形(含长方形)水池,直角处要校正,并至少打三个桩;圆形水池,应先定出水池的中心点,再用线绳(足够长)以该点为圆心、水池宽的一半为半径(注意池壁厚度)划圆,用石灰标明,即可放出圆形轮廓。

(3)基槽施工

根据现场施工条件确定挖方方法,可用人工挖方,也可人工结合机械挖方。开挖时一定要考虑池底和池壁的厚度。如为下沉式水池,应做好池壁的保护。挖至设计标高后,应整平并夯实池底,再铺上一层碎石、碎砖作为底座。如果池底设置有沉泥池,应结合池底开挖同时施工。

池基挖方会遇到排水问题,工程中常用基坑排水,这是既经济又简易的排水方法。此法是沿池基边挖成临时性排水沟,并每隔一定距离在池基外侧设置集水井,再通过人工或机械抽水排走,以确保施工顺利进行。

(4)基础施工

施工前先对基槽进行清理。严格按配比要求将石子、沙子、水泥和水进行混合,并搅拌均匀。填筑时,垫层的占地面积应略大于水池面积。混凝土浇入后,及时用插入式振捣器进行快插慢拔地搅拌,插点应均匀排列,逐点进行,振捣密实,不得遗漏,防止出现空隙和存在气泡。

浇筑完成后,注意检查混凝土表面的平整度及是否达到垫层的设计标高。在垫层施工结束后的 12 h 内,对其加以覆盖和浇水养护,养护期一般不少于 7 个昼夜。养护期内严禁任何人员踩踏;若发生降雨,应用塑料布覆盖垫层表面,并在基槽边缘挖排水槽,以便排除槽内积水。

(5)池底施工

以刚性水池为例,介绍池底施工要点。如图 3-3-43 所示,水池池底为现浇钢筋混凝土,池底现浇混凝土要在一天内完成,必须一次浇注完毕。先在底基上浇铺一层 5～15 cm 厚的混凝土浆作为垫层，用平板振荡器夯实。保养 1～2 d，在垫层面测定池底中心，再根据设计尺寸放线定出柱基及池底边线，画出钢筋布线，依线绑扎钢筋，紧接着安装柱基和池底外围的模板。钢筋的绑扎要符合配筋设计要求，上下层钢筋要用铁撑加以固定，使之在浇捣过程中不产生变位。

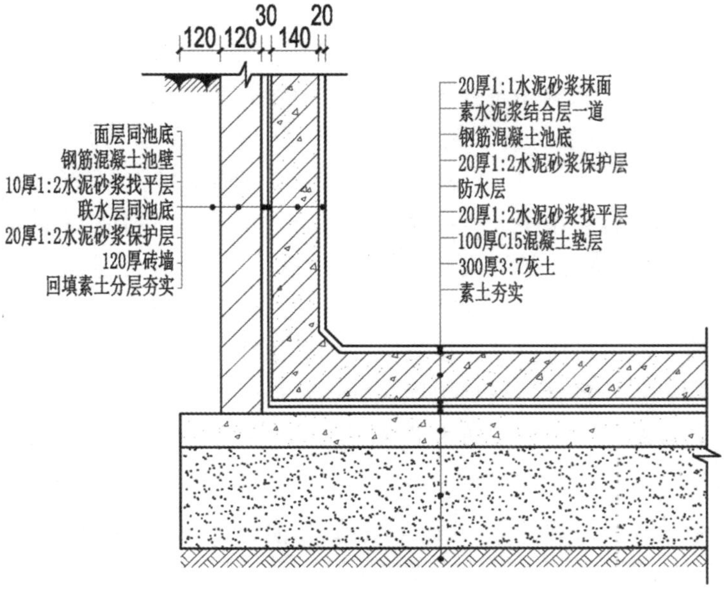

图 3-3-43 刚性水池结构

混凝土的厚度根据气候条件而定：一般温暖地区 10～15 cm 厚，北方寒冷地区以 30～38 cm 为好。浇注池底不能留施工缝，施工间歇时间也不得超过混凝土的初凝时间，在混凝土初凝前要压实抹光池底表面。如混凝土在浇灌前产生初凝或离析现象，应在现场搅拌板上进行二次搅拌，方可入模浇捣。混凝土厚在 20 cm 以下的可用平板振动器，厚度较厚的一般用插入式振动器捣实。

为使池底与池壁紧密连接，可将池底与池壁连接处的施工缝设置在基础上口 20 cm 处。施工缝可留成台阶形，也可加金属止水片或遇水膨胀止水胶带。

(6)池壁施工

以图 3-3-43 刚性水池为例，介绍池壁的施工要点。浇注混凝土池壁须用木模板定型，木模板要用横条固定，并要有稳定的承重强度。浇注时，要趁池底混凝土未干时，用硬刷将边缘拉毛，使池底与池壁结合得更好。池底边缘处的钢筋要向上弯起凸出与池壁结合部，弯入的长度应大于 30 cm，这种钢筋能最大限度地增强池底与池壁结合部的强度。

钢筋的绑扎，要预先准备好钢筋绑扎的工具，如铅丝钩、小扳手、撬杠、绑扎架、折尺、色笔及 20～22 号铁丝(镀锌铁丝)等，并认真校对施工图，再根据施工图画出钢筋安装位置线。如钢筋品种较多，要在安装好的模板上标明各种型号的钢筋规格、形状和数量。

绑扎池壁钢筋时，要让箍筋的接头交叉错排，垂直放置，箍头转角与竖向钢筋交叉点必须扎牢。绑扎钢筋时，铁线扣要相互成八字形绑扎，竖向钢筋的弯钩应朝向混凝土内侧。使用双层钢筋网时，要在两层钢筋之间设置撑铁(钩)来固定钢筋的间距。

固定模板用的铁丝和螺栓，不宜直接穿过壁池。当螺栓或套管必须穿过壁池时，应采取止水防漏措施，可焊接止水环。长度在 25 m 以上的水池应设变形缝和伸缩缝。

浇注混凝土池壁要连续施工。浇注时，要用木槌将混凝土浆捣实，不留施工缝。混凝土凝结后，应立即进行养护，并充分保持湿润，养护时间不得少于两周。拆模时池壁表面温度与周围气温不得超过 15 ℃。

(7)刚性结构水池防水层施工

可根据水池结构形式和现场条件来确定。工程中为确保水池不渗漏，常采用防水混凝土与防水砂浆结合的施工方法。防水混凝土是用 425 号硅酸盐水泥、中砂、卵石（粒径小于 40 mm，吸水率小于 1.5%）、U. E. A 膨胀剂和水经搅拌而成的混凝土。防水砂浆则是用 325 号普通硅酸盐水泥、砂（普径小于 3 mm、含泥量小于 3%）、外加剂（如素磺酸钙减水剂、有机硅防水剂、水玻璃矾类促凝剂等）按一定比例[水泥∶砂为 1∶(1～3)]混合而成。

水池内还必须安装各种管道，这些管道需通过池壁，因此务必采取有效措施防漏。管道的安装要结合池壁施工同时进行。在穿过池壁之处要预埋套管，套管上加焊止水环，止水环应与套管满焊严密。安装时先将管道穿过预埋套管，然后一端用封口钢板将套管和管道焊牢，再从另一端将套管与管道之间的缝隙用防水油膏等材料填充后，用封口钢板封堵严密。

(8)压顶

做成有沿口的压顶，可以减少水花向上溅溢，并能使波动的水面快速平衡下来。如做成无沿口的压顶，则会形成浪花四溅的效果，有强烈的动感。

(9)面层施工

面层施工是一道重要的工序，其中混凝土抹灰是混凝土结构水池常用的面层施工形式，它能使池面平滑，易于养护。抹灰前应先将池内壁表面凿毛，不平处要铲平，并用水清洗干净。抹灰的灰浆要用 325 号（或 425 号）普通水泥配制砂浆，配合比为 1∶2。灰浆中可加入防水剂或防水粉，也可加些黑色颜料，使水池更趋自然。抹灰一般在混凝土干后 1～2 d 内进行。抹灰时，可在混凝土墙面上刷上一层薄水泥纯浆，以增加黏结力。通常先抹一层底层砂浆，厚度 5～10 mm；再抹第二层找平，厚度 5～12 mm；最后抹第三层压光，厚度 2～3 mm。池壁与池底结合处可适当加厚抹灰量，以防止渗漏。如用水泥防水砂浆抹灰，可采用刚性多层防水层做法，此法要求在水池迎水面用五层交叉抹面作法（即每次抹灰方向相反），背水面用四层交叉抹面法。

(10)水池装饰

①池底装饰：可根据水池的功能及观赏要求进行池底装饰，可直接利用原有土石或混凝土池底，再在其上选用深蓝色池底镶嵌材料，以加强水深效果。还可通过特意构图，镶嵌白色浮雕，以渲染水景气氛。②池面饰品：水池中可以布设小雕塑、卵石、汀步、跳水石、跌水台阶、石灯、石塔、小亭等，它们共同组景，使水池更趋生活情趣，也点缀了园景。

(11)试水

水池施工所有工序全部完成后，可以进行试水，目的是检验水池结构的安全性及水池的施工质量。试水时应先封闭排水孔，由池顶放水，一般要分几次进水，每次加水深度视具体情况而定。每次进水都应从水池四周观察记录，无特殊情况可继续灌水直至达到设计水位标高。

达到设计水位标高后，要连续观察 7 d，做好水面升降记录，外表面无渗漏现象及水位无明显降落说明水池施工合格。

3. 任务实施

在竞赛和实训中，受场地、时间等因素的影响，水池垂直驳岸一般采用砖砌体砌筑。砖砌体砌筑其施工步骤为施工准备、测量放线、基槽施工、防水膜铺设、池壁施工、池底卵石铺设、试水、水池装饰。

(1)施工准备

分析图纸，列出施工过程中需要的尺寸数据。如定点放线数据，长度、宽度、高度等(表 3-3-4)。

表 3-3-4 24 砖砌体水池砌筑数据 mm

水池边长度	砌筑层数	标高数值	标高读数
800 1 600 2 240 1 360	第五层	50	550
	第四层	−13	613
	第三层	−76	676
	第二层	−139	739
	第一层(基础层)	−202	802
	基槽	−255	855

注意：

砌筑施工前，需要提前算出砌筑层数和每一层的标高读数，图纸显示水池标高为 0.050 m、池底标高−0.200 m、水面标高−0.050 m，假设原点标高读数为 600 mm，则水池顶层标高读数应为 550 mm，按照标砖厚度 53 mm、缝隙 10 mm 计算，每一层的砌筑高度是 63 mm，依次算出每一层的标高读数(表 3-3-4)。池底标高−0.200 m，第一层砖为基础层设在池底以下，因此基槽标高设为−255 mm，表示从原点高度下挖−255 mm(图 3-3-44)。

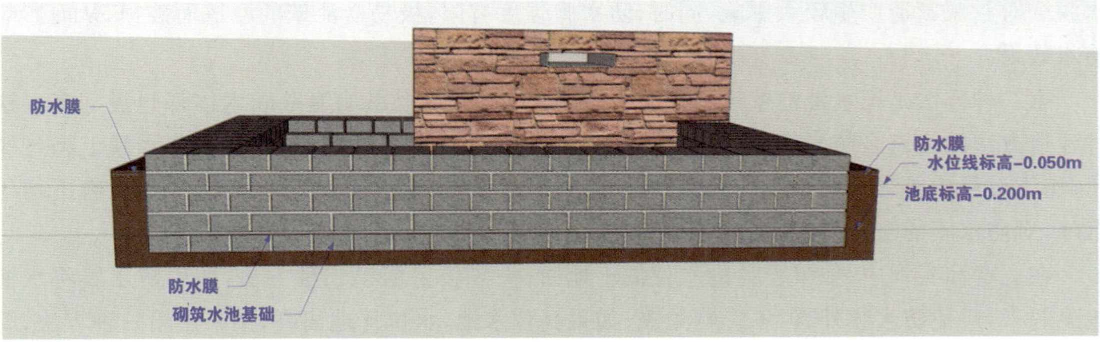

图 3-3-44 24 砖砌体水池砌筑模型

科学排砖、两层为一单元。砌筑前需要借助 AutoCAD 等软件或者现场摆砖来确定第一层和第二层的排砖方案，之后按照第一层、第三层、第五层排砖方式相同，第二层、第四层排砖方式相同进行砌筑。排砖的原则为尽量少切砖，且上下两层错缝砌筑。24 砖砌体水池第一层、第二层的排砖方式见图 3-3-45。

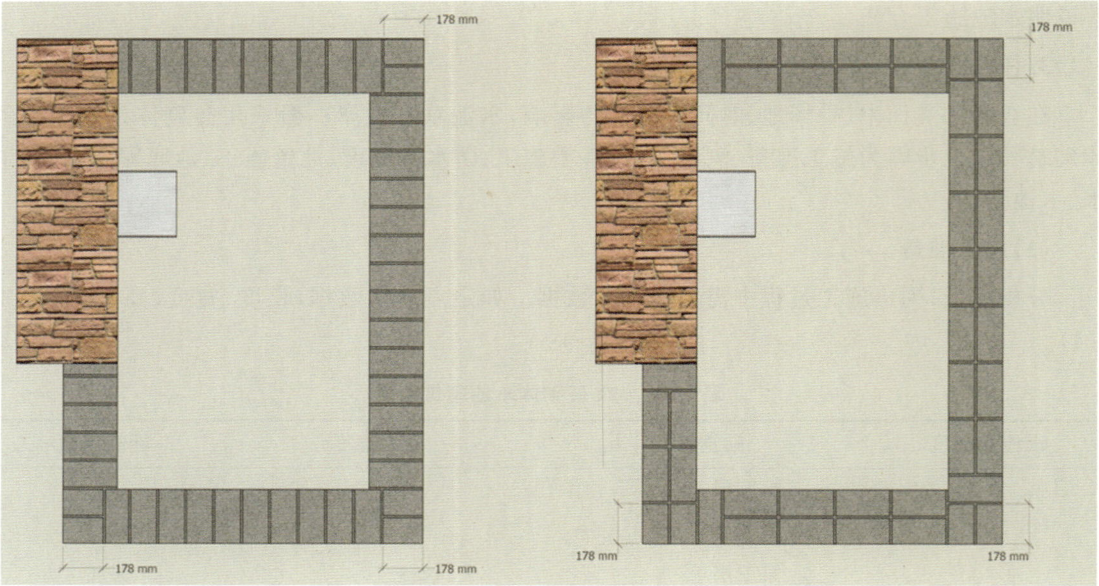

图 3-3-45　24 砖砌体水池两层排砖方案

(2)施工要点

水池池壁砌筑的施工遵循 3.3.1 花坛砌筑中清水墙砌筑施工流程和方法,在此不再赘述,重点介绍防水膜铺设和水池装饰施工要点。

防水膜铺设:铺设防水膜的方式通常有两种,即在水池池壁内壁挂设防水膜和把水池池壁建造在防水膜内。

第一种方法是在水池池壁内壁挂设防水膜,即水池内壁。这种施工方法是先砌筑水池,然后在水池内壁铺设防水膜。施工简单易行,但防水膜挂在水池内壁上,无法被遮挡,外露的防水膜会对景观营造产生较大影响,同时,防水膜强度有限,极易受池壁的摩擦而破损,从而影响防水效果。

第二种方法是把水池池壁建造在防水膜内,用防水膜把水池池壁和水体都包裹起来。这种建造方法的优点是防水膜不外漏,不影响景观营造,但建造过程中,需要在防水膜上砌筑驳岸,施工过程中必须对防水膜加以保护,同时对驳岸基础施工的要求更为严格,如果有不均匀沉降,对防水膜的防水效果将产生很大影响。

在竞赛和实训中,如果设计的水位低于地面,一般会采用第二种方法,即用防水膜将水池包裹起来,避免防水膜外露,不影响景观;如果高位水池,水位比地面高,则采用第一种方法,即在水池内壁挂设防水膜。

水池装饰:在竞赛和实训中,池壁为清水墙,一般不做过多装饰。但有的选手会在出水口下方放置景石或小品,制作跌水的效果。在时间充裕的前提下,有的选手会选择对水池底部进行装饰,利用黑白卵石或其他提供的竞赛材料特意构图,镶嵌浮雕,以渲染水景及整个园景的主题气氛,如图 3-3-46 所示。

图 3-3-46 池底装饰效果

3.3.4 黄木纹干垒石墙

1. 任务描述

黄木纹干垒石墙是园林中常见的一类通过黄木纹石块干垒建造的一种墙体。黄木纹干垒石墙在园林中很常见，其作用是解决地形高差、划分园林空间、丰富立面景观等。高度一般在40～180 cm，黄木纹石材还可以用于坐凳基础、叠水景墙、道路铺装等造景施工。本任务要求建造一段黄木纹干垒石墙。

任务具体说明：

在某座7 m×7 m的小庭院中建造一段黄木纹干垒石墙，平面大样图和断面图分别见图3-3-47、图3-3-48，根据石墙的构造设计要求，正确进行施工。

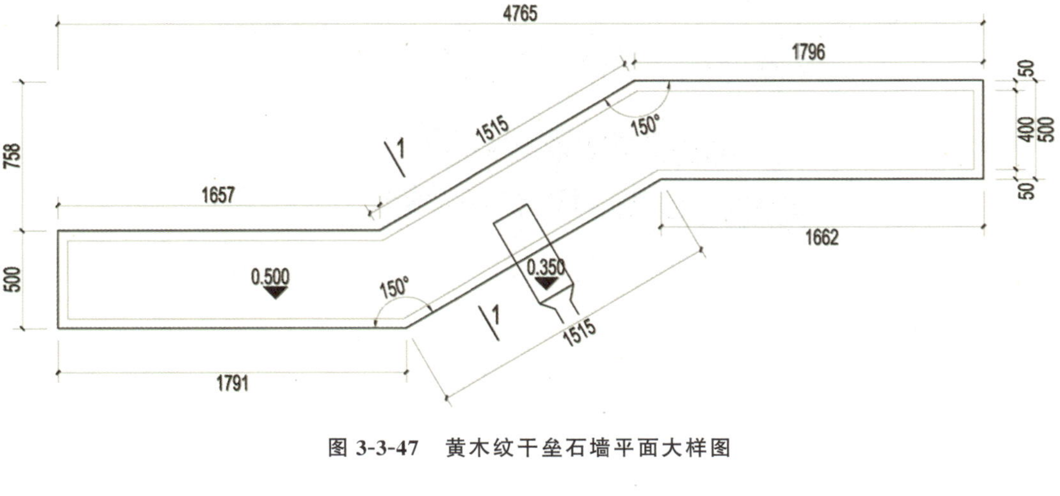

图 3-3-47 黄木纹干垒石墙平面大样图

2. 知识引领

不同形状的墙体，干垒的施工流程基本相同，大致按如下顺序进行：施工前准备、定点放线、基础开挖夯实、铺设垫层、干垒砌筑主体、控制高度和复测数据、施工收尾。

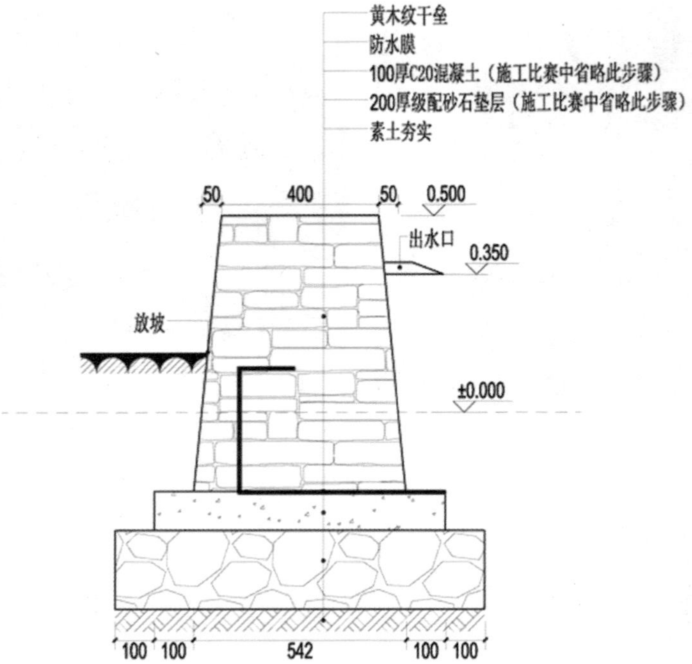

图 3-3-48　黄木纹干垒石墙断面图

(1)施工前准备

施工前需要熟悉施工图纸，确定施工顺序；准备好黄木纹石块等材料；准备好激光水平仪、水平尺、卷尺、放线绳、定位桩、记号笔、橡皮锤、铁锤、石凿子(图 3-3-49)、铁锹等设备和工具。

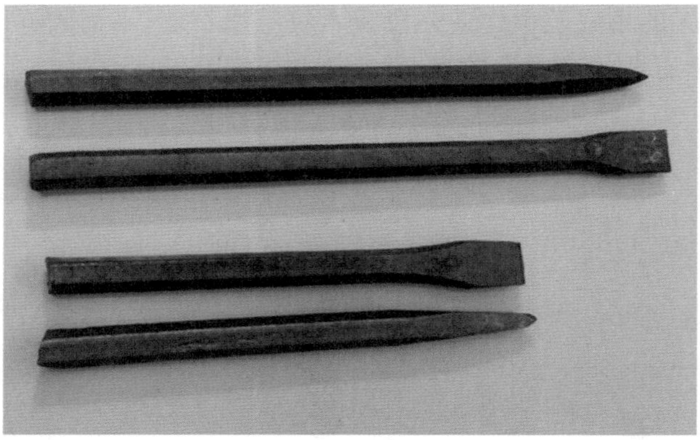

图 3-3-49　石凿子

(2)定点放线

把设计图纸中干垒石墙的区域在场地标定出来，作为施工的依据。放线主要先找到石墙的几个角点定位，用定位桩标记在角点位置，再将角点相连即可放出石墙形状。

(3)基础开挖夯实

放线完成后，按照已有的石墙边缘线开挖基槽，基槽开挖宽度应比墙体基础宽 100 mm 左右，深度根据设计而定，槽底要平整。随后进行夯实，夯实是为了让基础更稳固。

(4)铺设垫层

基础夯实后均匀铺撒一层 5～10 cm 碎石垫层以稳固基础。

(5)砌筑主体

石墙主体砌筑一般要先将角砖做好，在挑选角砖时要挑选与图纸角度匹配的砖去垒角(图 3-3-50)，每层角砖需要将高度调平，保证角砖在同一高度上。角砖垒好后，在角砖之间带线砌筑中间的砖块(图 3-3-51)，带线一方面能够控制中间砖块的线性，另一方面能够参考同一层砖的高度，便于将同一层砖垒在同一个水平上。当垒完一层后，需要将中间空的部分用石块填满，保证墙体稳固。

图 3-3-50 铺设角砖

图 3-3-51 砌筑中间

石墙在干垒时，因为第一层可以通过底下的基础进行高度调节，所以第一层石块可以挑选厚薄不一的石块去垒，但是石块上表面需要做成一个平面，这样便于堆砌下一层的石块。从第二层开始，每层石墙需要挑选厚度接近的石块去干垒，再通过小碎块的垫平，才能够保证每层的石块高度一致。

从第二层开始，还需要注意石墙的缝隙错位，不能让竖向缝隙贯穿起来，这对挑选石块又多出了一个长度要求。一般竖向缝隙错位距离需要大于 5 cm。

干垒石墙在垒的过程中还需要注意墙体放坡，要做到这一点就需要从第二层开始每层石块往内缩进 5～10 mm(图 3-3-52)。

当石墙宽度较大时，需要前后层垒墙，但需要在每层有一些横向搭接的石块，如图 3-3-53 红框内所示的搭接方式，这样能够保证墙体的稳固性。

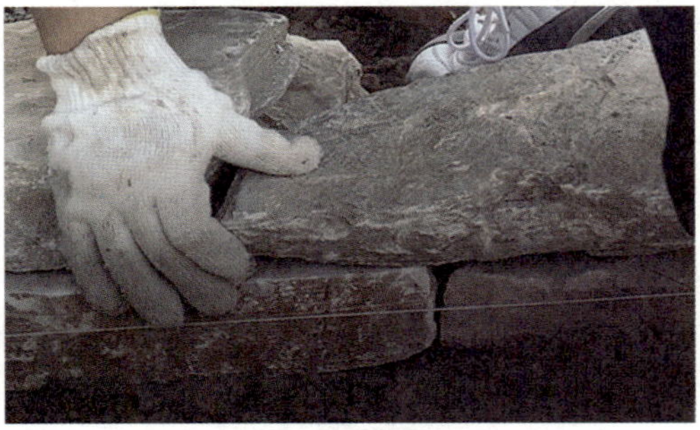

图 3-3-52 石墙错缝干垒

图 3-3-53 石墙横向搭接

(6)控制高度和复测数据

当石墙垒到距离顶部 20 cm 左右时，需要根据现场材料控制后面每层高度，防止出现最后一层挑选不到合适厚度的石材。最后一层干垒时，需要挑到厚度合适的石块将其垫到准确高度，并按要求标记测量点。

最后复测数据，发现问题及时调整。逐一测量顶部标记点高度、顶部墙体宽度、侧面墙体放坡、顶部横向搭接、通缝等情况。

(7)施工收尾

墙体施工完成后，需要将场地内石块整理归位，碎屑清理干净，工具设备整理收回指定位置，石墙墙体清扫干净并将其周边沙土进行平整清扫。

3.任务实施

(1)分析图纸、提炼数据

分析图纸，列出施工过程中所需数据，如定点放线数据，墙体长度、高度等。

(2)施工要点

放线定位：根据原点位置找到与图纸对应的放线数据，依据 4765 和 1791 的距离，定出黄木纹干垒石墙的边界线并标记。中间两个折角拐点，根据给定坐标(1791，1418)和(3103，660)，分别以横纵坐标为半径，用定位桩和盒尺配合画弧相交确定位置。找到拐点后，放置定位桩，定位桩需插入土内 10 cm 左右并压实。随后开始放线，注意定位桩上缠线要保证从外向内缠线，把线拉紧。

干垒第一层：干垒石墙往往与水池组合造景，石墙上设置出水口。此时，干垒前需要铺塑料膜，在膜上铺黄木纹，先铺角再铺边，黄木纹铺设后，需测量标高，在干垒黄木纹期间，要确保它的标高每两层大体一致。朝向水池内侧的黄木纹面是主观赏面，应该确保主观赏面的效果，将黄木纹平整顺滑的一面朝内，将稍微差一点的黄木纹放在后面，但是前后黄木纹的标高均需调整好。相邻两块黄木纹之间的夹缝不要超过 5 cm，如果超过 5 cm，需要用凿子和铁锤修理临近边。外凸的拐角，可以找自带相似角度的黄木纹来拼(图 3-3-50)。根据图纸在黄木纹第一层对应位置的石头中间放置 PVC 水管，用于连接出水口与水池，以备最后营造水景。黄木纹第一层宽度确保在 500 mm 以上，往上干垒需要逐渐放坡，形成堤坝的样式，保证最上一层的宽度在 400 mm 以上。

放置出水口：出水口放置的一层尽量选择比较平稳的石块，测量出水口下沿中部标高符合图纸给定标高数据，碎片垫稳，上面压好石头，复测标高后标记，水平尺量一下出水口上边大体水平，保证后期出水平稳。

干垒顶层：园艺赛项中，最上层干垒需注意以下 3 点：第一，需要 4 块以上横向搭接(宽度 400 mm 以上的一块黄木纹沿宽度方向摆放)；第二，找到 8 个标高点，进行标记；第三，如果最上一层有缝隙，需要用碎石材填塞。用石凿凿石块的时候一定要佩戴护目镜、口罩、手套等护具。施工成品见图 3-3-54。

欲了解黄木纹石墙砌筑操作流程和方法详情，请扫描二维码 31，观看操作动画。

二维码 31

黄木纹干垒

图 3-3-54 黄木纹干垒石墙砌筑成品

思想加油站

"勇于创新、敢为人先，不断提高技术技能水平，为推动高质量发展、实施制造强国战略、全面建设社会主义现代化国家贡献智慧和力量。"

——2022 年 4 月，习近平总书记致首届大国工匠创新交流大会的贺信

随着社会经济的进步，园林施工工艺发展迅速，创新施工工艺不仅能够显著提高工效，而且能够助推园林工程质量。新的施工工艺无论从材料选取、性价比程度、施工难度还是成品效果上都表现出一定的优越性。比如一种新型的砌筑方式——"积木式"砌筑（图 3-3-55），应用的砌筑材料为上下具有卡扣的"乐高砖"，砖中间有两个直径 6 cm 左右的圆孔。固定时只需要在砖块间涂抹少量的砂浆或者黏合剂，在孔洞中植入钢筋之后再进行混凝土浇筑，甚至还可以在砌体中预埋线材管道。这种砌筑方式最大的优势在于操作门槛低，普通人经过短时间的培训即可掌握。鉴于此，园林施工人员要与时俱进，多了解行业前沿信息并勇于尝试；同时在施工过程中应不断积累经验，对工艺环节进行技术革新，降低整体耗能，从而提升市场竞争力。

2019 年在俄罗斯喀山举办的第 45 届世界技能大赛园艺项目中"积木式"砌筑作为考点出现，引领砌筑发展新趋势，简化的施工流程见二维码 32。

二维码 32
积木式砌筑

"工欲善其事，必先利其器。"工具重新定义了时间和成本。在园林工程施工中，善于创新工具形成"利器"将产生事半功倍的效果。使用"勾缝刀"等传统工具对砖砌体进行勾缝时，砂浆容易掉落在地，回收的砂浆使用性差，影响工效。针对这一问题，目前已经产生出很多替代工具，如组合滚轮（图 3-3-56a）、注浆勾缝袋（图 3-3-56b）和平缝铺浆器（图 3-3-56c）等。铺浆器的工作原理是将适量砂浆加入模具内，用刮板将砂浆抹平，两侧限高挡板使抹平的砂浆厚度一致，利用滚轮向前平移完成下一位置的铺浆工作。这些创新的工具能降低砂浆浪费、减少墙面污染、提高工作效率，保障了施工质量。

对于清水墙砌筑，行业施工和竞赛、实训的要求有所不同，竞赛和实训的砌筑施工是行业真实砌筑施工的简化，目的是在有限的时间内锻炼学生的技能和素养，为岗位实操打下基础，

图 3-3-55 "积木式"砌筑

图 3-3-56 新型勾缝工具

所以在精准度方面要求更高，对比检验标准见表 3-3-5。

表 3-3-5 清水墙尺寸、位置的允许偏差和检验方法 mm

序号	项目	行业允许偏差	竞赛允许偏差	检验方法
1	尺寸	10	2	经纬仪(激光水平仪)测量和尺量
2	标高	15	2	水准仪(激光水平仪)测量和尺量
3	垂直度	7	气泡居中	经纬仪(或水平尺)测量
4	表面平整度	5	2	直尺和塞尺量
5	水平灰缝平直度	7	2	投线仪和直尺量

知识巩固

一、选择题

1. 为了增强构筑物外观效果，拐角位置常需要倒角拼装，拼接缝隙一般要求在(　　)以内。

A. 1 mm　　B. 2 mm　　C. 3 mm　　D. 4 mm

2. 在清水墙的质量评价中，要求灰缝均匀，最大缝隙和最小缝隙相差（　　）。

A. <2 mm　　B. 2～4 mm　　C. <4 mm　　D. <5 mm

3. 主体砌筑包括排砖撂底、盘角、（　　）和压顶等步骤。

A. 勾缝处理　　B. 清洁墙体　　C. 挂线填砖　　D. 整体复测

二、判断题

1. 不同厚度的墙体，砌筑的施工流程基本相同，大致按施工前准备、定点放线、基槽施工、砌筑主体和复测数据的顺序进行。（　　）

2. 砌筑主体时常采用“三一砌筑法”，“三一砌筑法”是指一铲灰、一块砖、一挤揉。（　　）

3. 砌筑时需要用到石材切割机、水泥搅拌器、激光水平仪、水平尺、卷尺、放线绳、定位木桩、记号笔、砖刀、橡皮锤和勾缝器等设备和工具。（　　）

三、简答题

1. 一座没有压顶板的砖砌花坛，顶层标高为 0.395 m，计算砌筑层数和每一层的标高读数。

2. 花坛砌筑与水池砌筑的异同点是什么？总结各自的施工要点。

3. 简述黄木纹干垒石墙的施工难点和破解方法。

项目演练

小组合作完成 5 m×6 m 小庭院藏青园施工图中红线区域内的砌筑施工（图 3-3-57），基本要求见表 3-3-6 所列。

表 3-3-6　基本要求

类型	时长	训练内容(红线范围)	考评点
4 人小组合作	6 h	花坛砌筑	尺寸、标高、水平、缝隙
		黄木纹干垒石墙	标高、缝隙、放坡

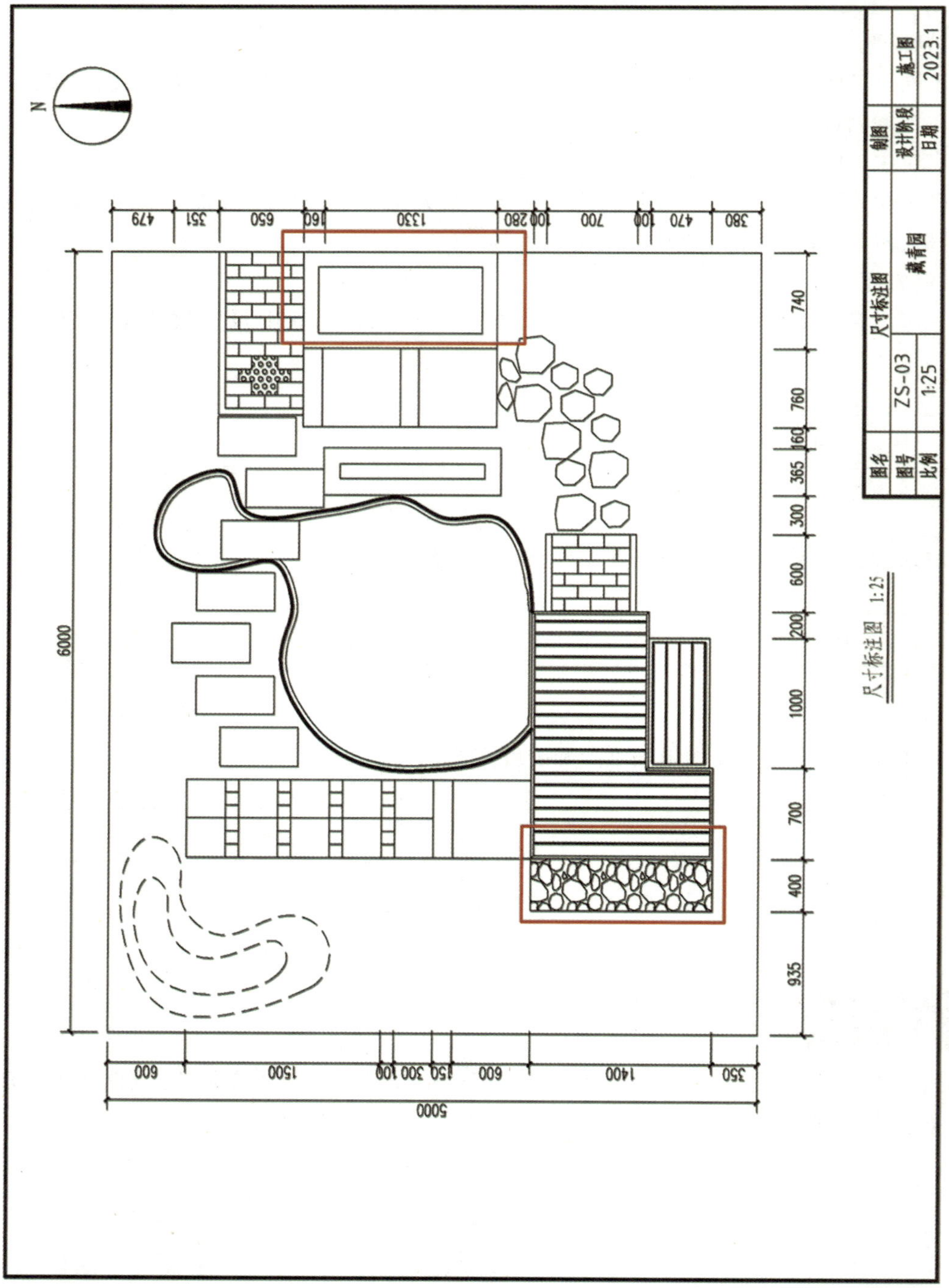

图3-3-57 藏青园砌筑设计图

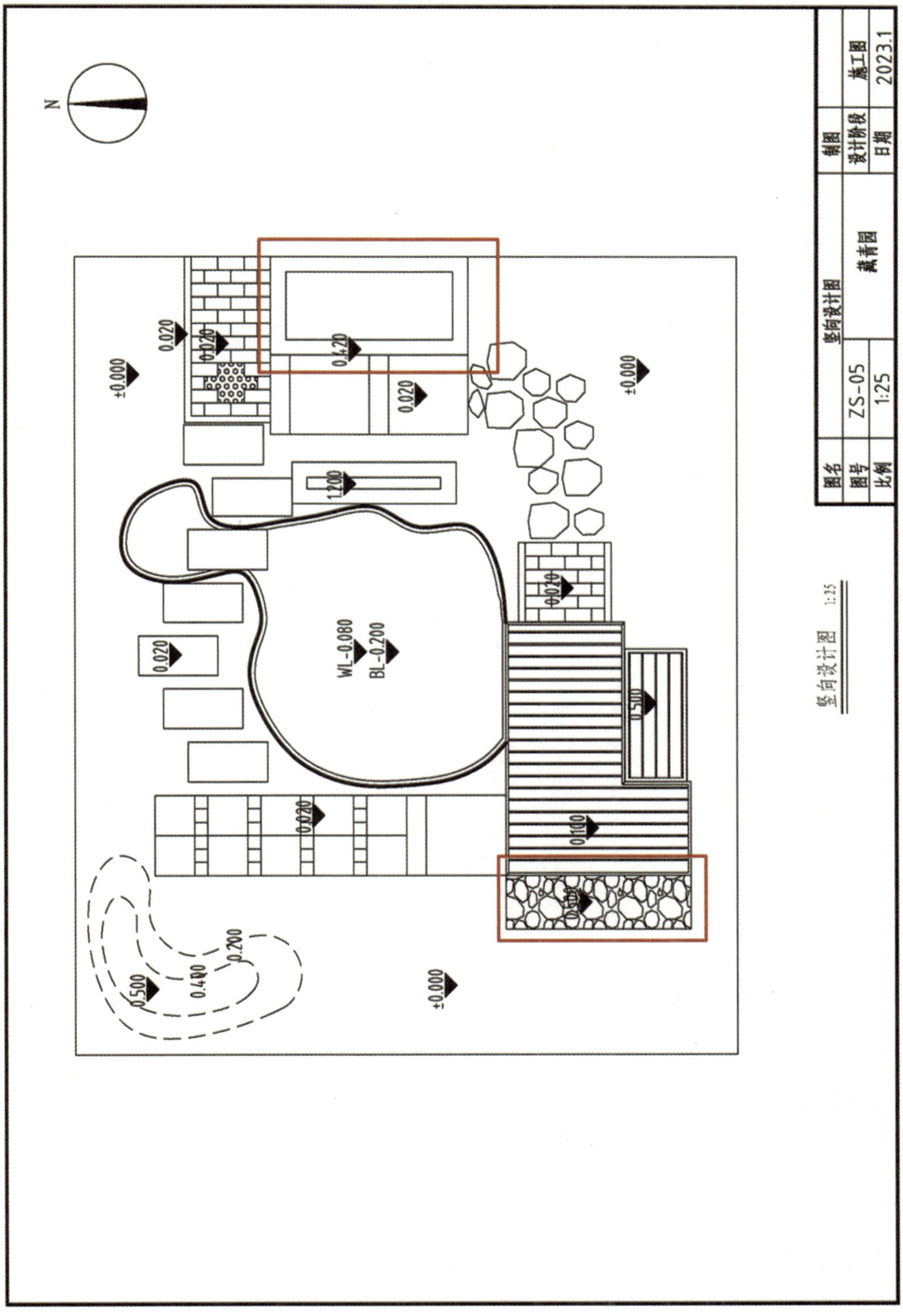
N
图名
竖向设计图
图号
ZS-05
比例
1:25
戴青园
制图
设计阶段
施工图
日期
2023.1
竖向设计图 1:25
±0.000
0.020
0.420
1.200
WL-0.080
BL-0.200
0.500
0.100
0.200
0.400

续图3-3-57

实践过程记录

评价总结

请结合本项目砌筑部分的学习过程完成学习评价，并自主从知识重难点、技能核心点、自我感受等方面进行梳理和总结，并记录在表 3-3-7 评价总结表中。

表 3-3-7　项目评价总结

序号	评价任务	评价标准		满分	评价		综合评价
		评分项	评价描述		自评 40%	师评 60%	
1	砖墙花坛砌筑	基础施工(是/否)	基础经过开挖、夯实等流程且按图纸要求施工	1			
		墙体尺寸 1	容差 0～2 mm,满分;2～4 mm,满分 1/2;>4 mm,0	1			
		墙体尺寸 2		1			
		墙体尺寸 3		1			
		完成高度 1		1			
		完成高度 2		1			
		完成高度 3		1			
		完成面水平(是/否)	水平尺气泡居刻度线间	1			
		错缝砌筑、灰缝均匀(是/否)	邻层错缝、隔层对缝、最大缝隙和最小缝隙相差 4 mm 内	1			
		墙体外观	灰缝不明显,墙面污染面积 50%,0;灰缝明显,墙面污染面积 25%～50%,满分 1/4;平缝水平,丁缝竖直,污染面积不到 25%,满分 1/2;平缝水平,丁缝竖直,灰缝填浆饱满,无污染,满分	2			

续表 3-3-7

序号	评价任务	评价标准		满分	评价		综合评价
		评分项	评价描述		自评 40%	师评 60%	
2	黄木纹石墙干垒	基础施工(是/否)	石墙基础经过开挖、夯实、回填砂砾等流程且按图施工	1			
		石墙高度 1	容差 0～2 mm,满分;2～4 mm,满分 1/2;＞4 mm,0	1			
		石墙高度 2		1			
		石墙高度 3		1			
		墙体宽度(是/否)	完成面宽度≥图示尺寸	0.5			
		墙体放坡(是/否)	墙身下部稍大于上部	1			
		横向搭接(是否)	每层均有不少于 3 块横向连接	0.5			
		错缝干垒	直缝(2 层黄木纹通缝视为一条直缝、接头重合部分小于 5 cm 视为直缝)数＞5 条,0;直缝数 3～4 条,满分 1/2;直缝数≤2 条,满分	1			
		墙体外观	墙体不稳固,0;墙体稳固,50%墙体面积外观整齐,放坡不自然,满分 1/2;墙体稳固,超过 50%的墙体外观整齐,放坡自然,满分	2			
	安全规范施工		护具佩戴规范、仪器工具使用正确	2			
	合计			22			

任务 3.4　木 作 施 工

3.4.1　木平台制作

1. 任务描述

木平台是园林中常见的一类通过木料建造的构筑物。木平台在园林中很常见，其作用是提供休憩空间、丰富景观材质等。木平台一般高度高于地面一个台阶高差，建造木平台的材料可以是防腐木，也可以是塑木等其他材料。本任务要求建造防腐木木平台。防腐木木平台可以分为榫卯结构和螺丝固定结构。本任务要求防腐木木平台为螺丝固定结构。

任务具体说明：

子任务 1，在某座 7 m×7 m 的小庭院中建造一处长 2 m、宽 1 m、标高 0.15 m 的木平台（图 3-4-1）。

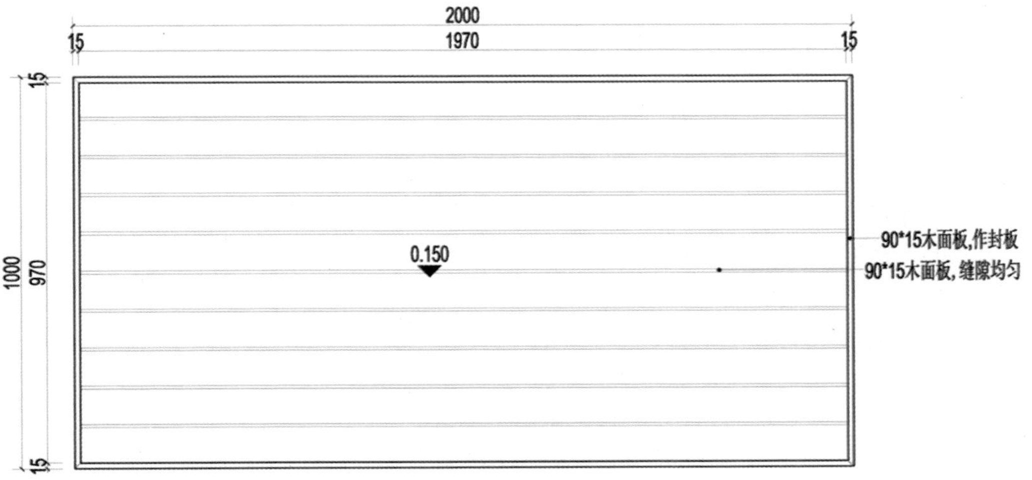

图 3-4-1　长方形木平台平面大样图

子任务 2，在某座 7 m×7 m 的小庭院中建造一处边长为 1 m、标高 0.15 m 的正六边形木平台（图 3-4-2）。

子任务 3，在某座 7 m×7 m 的小庭院中建造一处上层半径 1 m、下层半径 1.5 m，上层标高 0.3 m、下层标高 0.15 m 的双层半圆木平台（图 3-4-3）。

2. 知识引领

园艺项目木平台制作常用到的木材原料包括防腐木面板、防腐木龙骨和防腐木立柱等，详细规格见表 3-4-1。

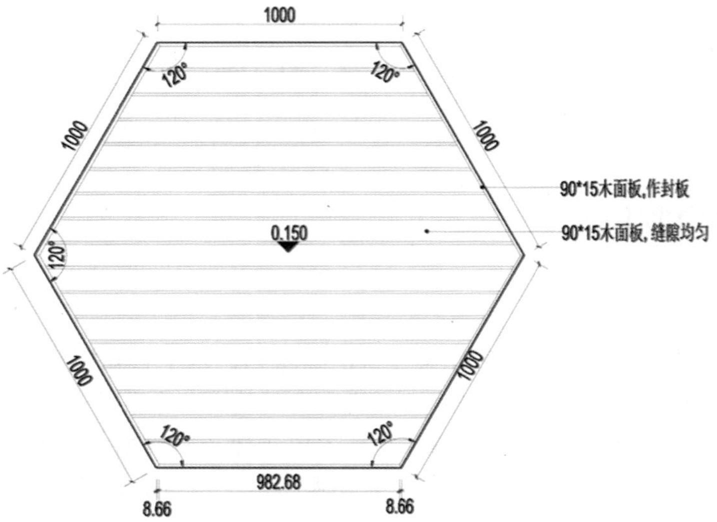

图 3-4-2　正六边形木平台平面大样图

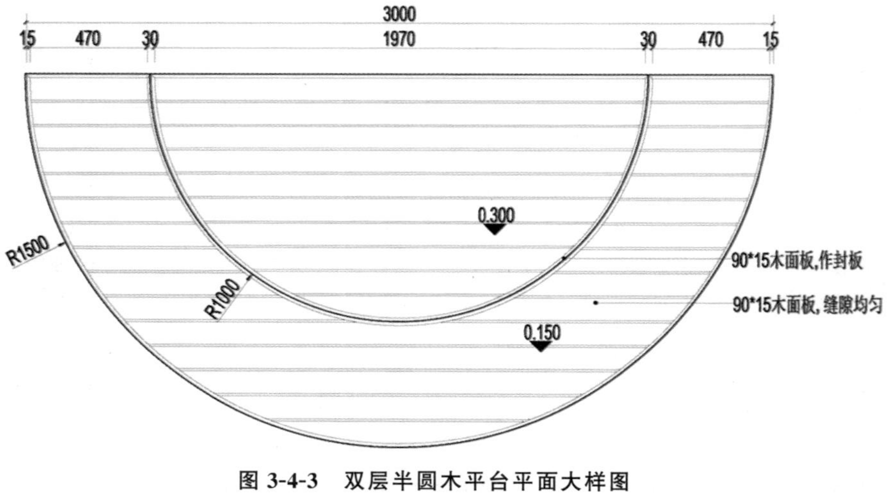

图 3-4-3　双层半圆木平台平面大样图

表 3-4-1　木作材料列表

序号	名称	主要规格/mm	备注
1	防腐木面板	4000×90×15	松木类(断面尺寸误差 2 mm),精细木作时需要 1∶1 放样
2	防腐木龙骨 1	4000×70×40	
3	防腐木龙骨 2	4000×50×50	
4	防腐木龙骨 3	4000×60×40	
5	防腐木龙骨 4	4000×40×40	
6	防腐木立柱	4000×85×85	

木作中用到的工具包括电动和手动两大类,其中主要的电动工具包括木工台式电锯(用于切割定好尺寸的木材)、手持切割机(用于切割异形木平台面板及封板)、曲线锯(主要用于切割圆弧、曲线等部分)、手持打磨机(用来打磨平台面和凳面)、水准仪(用于木作制作的高程控

制);非电动工具(图 3-4-4)包括钢卷尺(用于下料和度量部件,携带方便,使用灵活,常用 5～7 m 规格)、角尺(木作中用到的角尺一般为直角,用不锈钢制作,精度高且耐磨损,用于榫线、起线、槽线等精细木作方面的划线,常选用 500 mm 规格)、斜角尺(又叫作活动角尺,用于划 45°和其他任意角度的线)、木工铅笔(主要用于木材的划线)、墨线盒(多用于面板及龙骨上钉子的刻度参考线)、F 型夹具(用于一次放样很多木材及划线)、直角固定器(用于直角龙骨固定,可大大节省时间,龙骨衔接很紧密)。

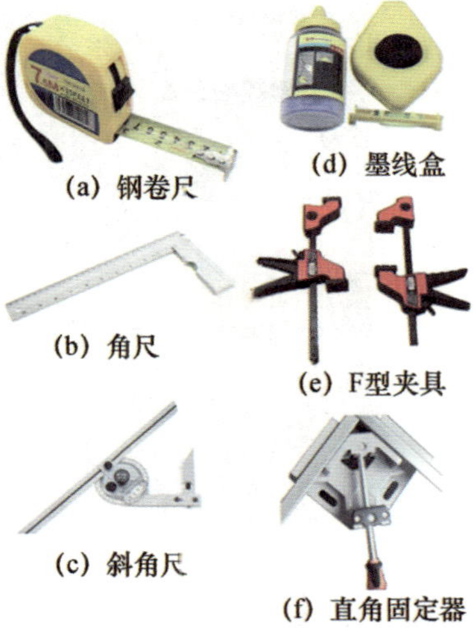

图 3-4-4　手动工具

制作一个木平台,需要熟悉工具的使用、熟知施工规范,并提前拟好思路去制作安装,这个过程对操作技术要求比较严格。

首先,要规范使用工具,工具使用不当不仅影响功效和质量,更关系到人身安全。因此在施工前要先了解每台机器、每个工具的正确使用方法和注意事项,要保证安全操作。接下来以手持切割机(曲线锯)为例介绍一下其操作要点:手持切割机一般用于异形的木作切割,例如,扇形、多边形、菱形和圆形等。切割时尽量逆时针进行,并且将电源线置于身体右侧,右手握着切割机握把,左手在后面扶着切割机,不让它左右摆动,切割时保持切割片和木板的被切割面垂直,这样切出来的切口平整光滑,不易有毛刺,后面也能和封板完全贴合。使用手持切割机前应戴好护目镜、耳塞、口罩、手套等防护用品,切割时千万不要用手去碰触被切割的木板边缘,以免造成身体上的伤害。

其次,做好安全防护工作,在使用电动工具的时候要求必须戴防噪声耳塞、护目镜、手套、口罩。如果长期使用电动工具不进行安全防护的话会对人体造成影响,如耳膜长期在噪声中会损伤等。

木平台制作分 5 个步骤:计算截料、基础施作、龙骨安装、面板打钉和打磨。

(1)计算截料

按图纸给出尺寸对提供的木料进行计算切割。截料的原则有两点:第一,先长后短,余料越短越好;第二,在对木料进行尺寸标注时尤其要避免由于划线不准或切割不准等导致尺寸产生误差。

木作切割主要分为两种,一种是切直边,即直切;另一种是切斜边,即斜切。直切的方法即把木材放在锯台上,锯片对准事先划好的线进行切割,如图 3-4-5(a)所示;斜切的方法即调动锯盘找到所需要的角度,然后按直切的方法进行切割,见图 3-4-5(b)。

(2)基础施作

基础可为木质基础,也可为水泥墩基础。无论使用哪种基础,都需要找到基础的位置,按定位、标高将基础预埋。基础施工时将土壤挖好夯实,注意:夯土高度要比计算高程的高度高出 3～5 mm,目的是预留下沉量,这个误差值在整个木作施工完成之后再来核对调整。

图 3-4-5　切割面板

(3)龙骨安装

简单的龙骨安装可直接在基础上依次拼接完成，复杂的龙骨在一个平面上组合好之后再一次性安装到位。龙骨的安装完毕后要进行第二次标高复测，此时标高误差应控制在 0～2 mm。龙骨拼接要严丝合缝、牢固稳定，打钉要密缝，防止平台倒塌。

(4)面板打钉

步骤一：打钉前，需要在面板上开孔，开孔的位置要规定好，每根面板上需要开 4 个钉孔（图 3-4-6），目的是最后整体效果统一美观。

图 3-4-6　每根面板 4 个钉孔

步骤二：开孔之后需要对每块木板进行抛光打磨，使木板的边角圆润自然，表面光滑平整。

步骤三：在安装过程中将首尾两块木板先固定，控制好长度尺寸，再均匀地将剩余的木板全部放到中间，测量剩余间距，平均分配算出每个缝隙的理论值。再从废料中截取 2 个与缝隙相等的木条用于卡缝打钉。

步骤四：由于面板事先开过孔，所以应该在首尾面板侧面固定一根平板，将中间木板一头靠着直板铺设保证孔在一条直线上。

步骤五：卡条控制缝隙，在最后 3～4 个缝隙的时候即可舍弃卡条，均分最后三块面板。这种做法会减少最后一个缝隙出现误差的可能性。

步骤六：面板打钉时需要保持钉子的上表面与面板齐平，不能出现高低错落的情况。

步骤七：最后根据计算将封板安装完毕。

(5)打磨

图 3-4-7 打磨面板

打磨是木作施工时必须要有的步骤。在截取木料时会产生毛刺,这是避免不了的,故需要打磨来去除毛刺。打磨分为手工打磨和机械打磨。手工打磨即用砂纸直接对木作进行全方位打磨;机械打磨即用角磨机对木作进行打磨。机械打磨比手工打磨速度快,但不易控制。需保持角磨机和面板面平行并呈45°夹角,顺着角磨机的转动方向匀速打磨,砂轮应轻轻接触工作面(图3-4-7),不能用力过猛,使用角磨机要轻拿轻放,用后及时切断电源或气源,妥善放置,严禁乱丢乱放甚至摔砸。打磨合格的标准,即用手触摸木作表面无明显毛刺感即可。

3. 任务实施

◇ 子任务1

(1)分析图纸、提炼数据

分析图纸,列出施工过程中需要的尺寸和角度数据。

根据图纸上给定的尺寸长2 000 mm、宽1 000 mm,需提前把木作龙骨的尺寸及位置计算出来,应用的电脑软件为AutoCAD,下面具体介绍计算的基本思路:

首先封板的尺寸就是图纸给定的尺寸(但是封板需要倒角,倒角即是木平台给的角度除以2,由于子任务1平台是矩形,那么封板的角度即45°)。接下来计算龙骨的尺寸和位置,龙骨的尺寸需要用总尺寸减去两个封板的厚度(封板厚度为15 mm、龙骨厚度45 mm)。龙骨的位置确定包括两点:第一,龙骨一般是和封板紧贴,起到连接封板和支撑的作用;第二,间隔500~600 mm增加一根龙骨起巩固支撑作用,根据上述分析计算后得到如图3-4-8所示的龙骨尺寸和布置图。

计算结果:长边龙骨 2 000－15×2＝1 970 mm;短边龙骨 1 000－15×2－45×2＝880 mm。

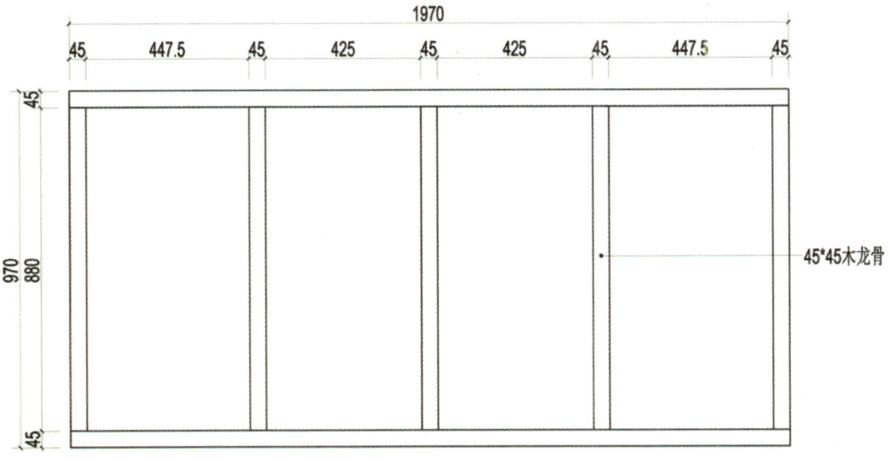

图 3-4-8 平台龙骨尺寸和布置图

龙骨数据计算完成后，需要计算满足平台标高的木立柱尺寸。例如现在这个平台高度是0.15 m，木立柱需要和面板衔接且下埋50 mm(面板厚度为15 mm)，那么木立柱的尺寸即为150－15＋50＝185 mm，之后确定木立柱的镶嵌位置，得到图3-4-9。

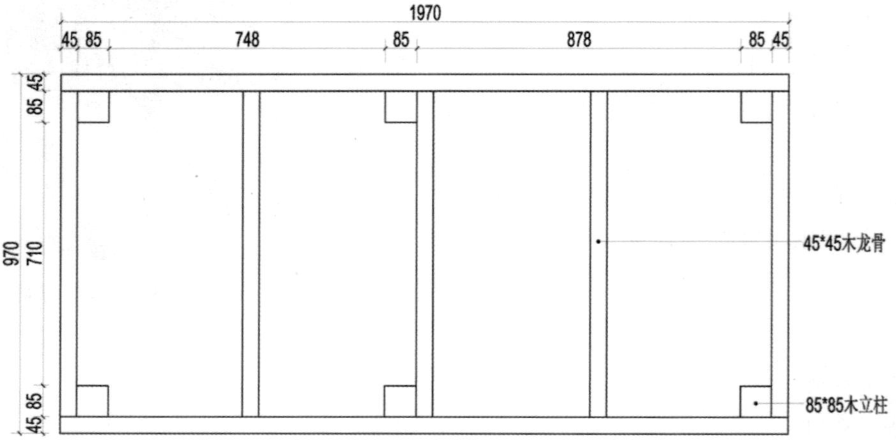

图 3-4-9　平台龙骨和立柱布置图

最后一步计算所需要的面板尺寸和数量。子任务1平台长2 000 mm、宽1 000 mm，这种在长边明显长于短边的情况下，适宜把面板横着放，能够减少材料浪费并提高施工效率。

面板长度计算：1 000－15×2＝970 mm，那么去除封板后面板的尺寸就是970 mm，已知每个面板宽85 mm，需要把85 mm的面板均匀排布在970 mm的尺寸内，计算后得到图3-4-10，最后制作出来的效果如图3-4-11所示。以上是矩形木平台尺寸的计算思路，异形木平台也可参照此方法进行计算。

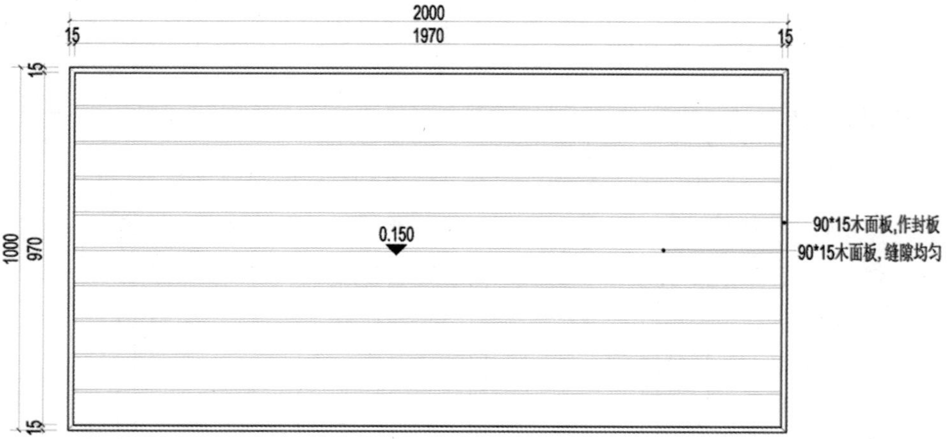

图 3-4-10　面板分布平面图

(2)施工要点

定点放线：从原点起，以木平台的一条边框作为基准，量出长边2 000 mm的距离，用记号笔在边框上标出位置线和数据；在与此垂直的边框上量出1 000 mm的距离，用记号笔在边框

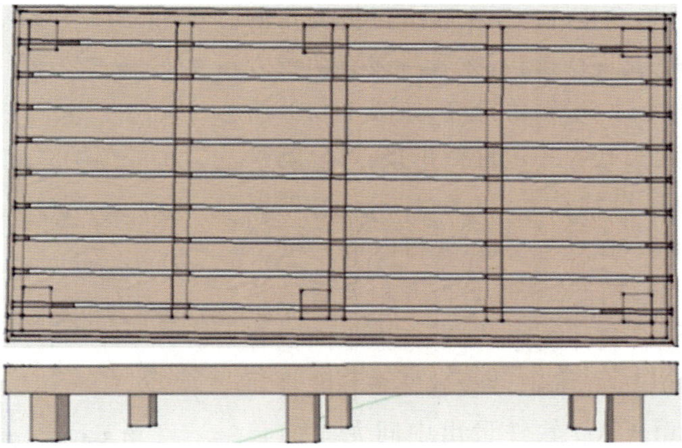

图 3-4-11 木平台成品效果图

上标出位置线和数据。如果场地其他要素已完成施工，影响放通线(平行的两条边框等距定点放线)，采用局部放线方法确定木平台的位置，具体做法如下：一根棉线两头分别缠在面包砖上，线的一端与边框标记线重合，另一端垂直放入场地内，通过测量与之垂直边的距离进行微调确定位置。

切割木料：依据计算出的切割所需面板、龙骨、立柱等尺寸做好标记并进行切割。

龙骨安装：在基础或平面上拼接龙骨并复测尺寸和对角线，龙骨拼接要严丝合缝，牢固稳定，打钉要密缝，防止平台倒塌。

立柱安装：将立柱和龙骨固定在一起。

面板安装：将切好的面板用螺丝钉固定在龙骨上，注意控制和计算面板的缝隙，使其均匀地分布在木平台上。

封板安装：将封板安装于龙骨的侧面，注意封板的高度应与面板一致。

基础开挖与夯实：操作过程中尽量避免碰触放好的位置线，开挖范围需大于放线范围，开挖后初步整平，并测量标高。夯实后复测调整放线尺寸。

铺设基础：将砖基础铺设于开挖基础中并确定其标高，使标高略高于所需的标高。

安装木平台：随后将拼接好的木平台安装在铺设的砖基础上，并将开挖的基础掩埋。

复测并打磨：复测木平台的尺寸与标高并调整；打磨切割面。

清扫木平台：可以用扫帚清扫木平台，使其干净、整洁。

欲了解长方形木平台的制作流程和方法详情，请扫描二维码 33，观看操作动画。

二维码 33

长方形木平台操作

◇ 子任务 2

(1)分析图纸、提炼数据

分析图纸，列出正六边形木平台施工过程中需要的尺寸和角度。

从图 3-4-12 可以看出，子任务 2 是一个正六边形木平台。施工重点是多边形龙骨结构的确定和拼接。

首先根据正六边形角度 120°,计算出封板倒角的度数为 60°。龙骨也需要进行拼接,龙骨拼接有两种方式。一种方式是两根龙骨 60°倒角拼接,如图 3-4-12 所示;另一种方式就是延长其中一边进行拼接,可以延长上边(图 3-4-13a),也可以延长下边(图 3-4-13b),即取原正多边形内角的补角 60°进行拼接,获得内角 120°。

借助 AutoCAD 软件计算靠近封板 6 根龙骨的长度(图 3-4-14),边缘龙骨尺寸确定后,再考虑中间龙骨的布置,龙骨间隔 500～600 mm,故设置 2 条长龙骨和 2 条短龙骨,通过 AutoCAD 软件量出中间龙骨的长度,如图 3-4-14 所示。

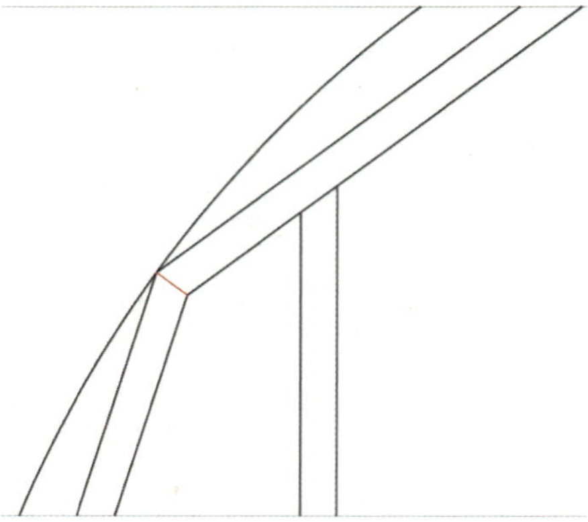

图 3-4-12 龙骨 60°倒角拼接

图 3-4-13 龙骨延长边拼接

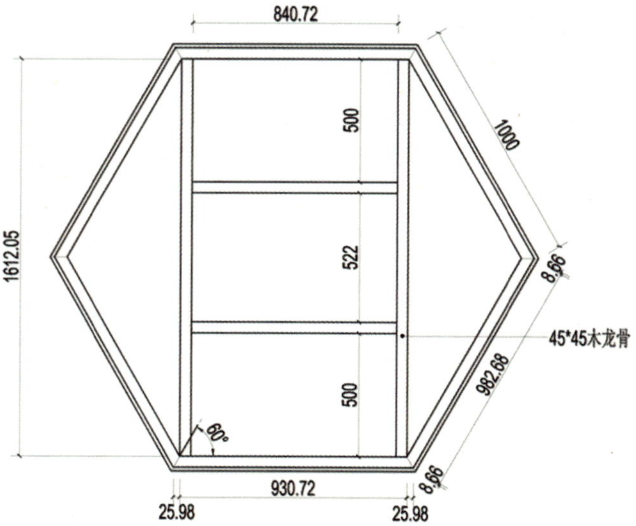

图 3-4-14 平台龙骨排布和尺寸

AutoCAD 测量得出边上龙骨为底角 60°的等腰梯形，短边长 930.72 mm、长边长 982.68 mm，中间支撑的 2 根长龙骨长度为 1 612.05 mm、2 条短龙骨长度为 840.72 mm。封板也是底角 60°的等腰梯形，同样的方法测量出封板的短边长度和长边长度。木立柱的排布及尺寸计算方法同长方形木平台，如图 3-4-15 所示。

(2)施工要点

根据计算出的龙骨、封板和木立柱尺寸进行切割。在基础或平面上拼接龙骨并复测尺寸和对角线，并且将立柱和龙骨固定在一起。

面板不需要提前在 AutoCAD 中测量尺寸，按照知识引领中“先两端再中间”的面板缝隙排布方法确定所需要的面板数量为 17 块。切割时，先以最长面板尺寸为基准，在此基础上多保留 15～30 cm，此平台最长面板长度约 2 m，故每块面板切割的长度定为 2.3 m。初步切割后的面板按照前期确定的排布方案，垂直于长龙骨方向在龙骨上均匀排布。将面板用螺丝钉固定在龙骨上，注意钉在一条线上。随后以边缘龙骨长边为边界，沿边界在面板上用红蓝铅画线或墨斗弹线，再按照标记的切割线切割面板（图 3-4-16），切割后打磨面板。

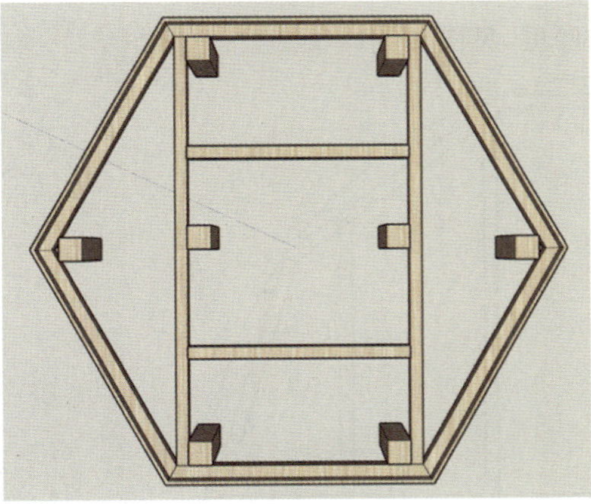

图 3-4-15　平台龙骨和立柱布置图

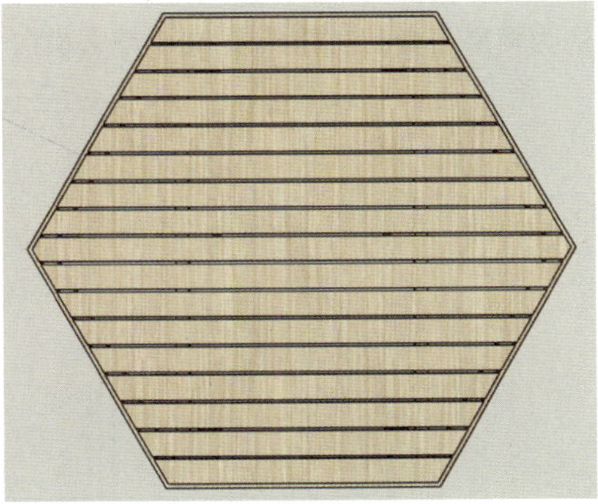

图 3-4-16　平台面板排布

接下来，将封板安装于龙骨的侧面，注意封板的高度应与面板一致。最后，将拼接好的木平台安装在铺设的基础中，并将开挖的基础掩埋。木平台安装完成后要复测尺寸与标高并调整，同时清扫平台表面。

欲了解正六边形木平台的制作流程，请扫描二维码 34，观看操作动画。

二维码 34
六边形木平台制作

◇ **子任务 3**

(1)分析图纸、提炼数据

圆形木平台的边缘龙骨一般设计为内接正多边形，比如正十边形龙骨，这样龙骨的计算和排布方法就可以参考子任务 2 进行。此任务是制作双层半圆木平台，所以每一层边缘龙骨的数量均为 5 根，借助 AutoCAD 软件测量出下层平台龙骨的尺寸，如图 3-4-17 所示。

仅有边缘龙骨还不够，因为中间缺少支撑不能承重，所以还需要给中间加上支撑龙骨（龙骨间隔 500～600 mm），中间龙骨的排布如图 3-4-18 所示。

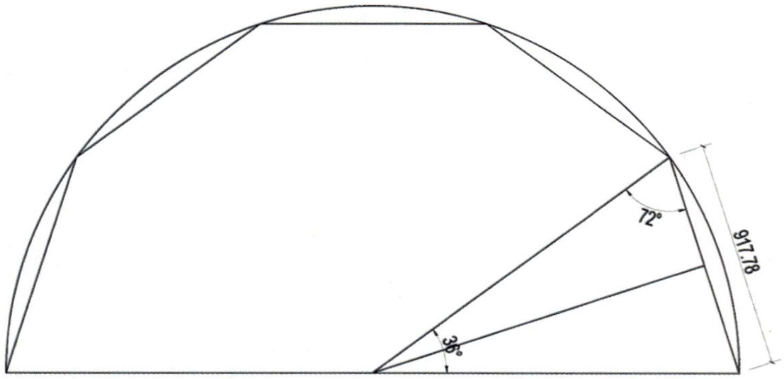

图 3-4-17　下层平台边缘龙骨排布和尺寸

同样的方法排布平台上层龙骨，并测量尺寸。根据任务描述可知两层龙骨的高度差为0.15 m，平台两层龙骨间用龙骨段立着支撑，底层木平台由木立柱作为支柱，如图 3-4-19(a)显示。木立柱高度的计算方式与子任务 1 相似，此处不再赘述；两层龙骨间立龙骨段高度的计算方法为两层平台高度差(150 mm)减去横向龙骨的厚度，见图 3-4-19(b)。

图 3-4-18　下层平台边中间龙骨排布

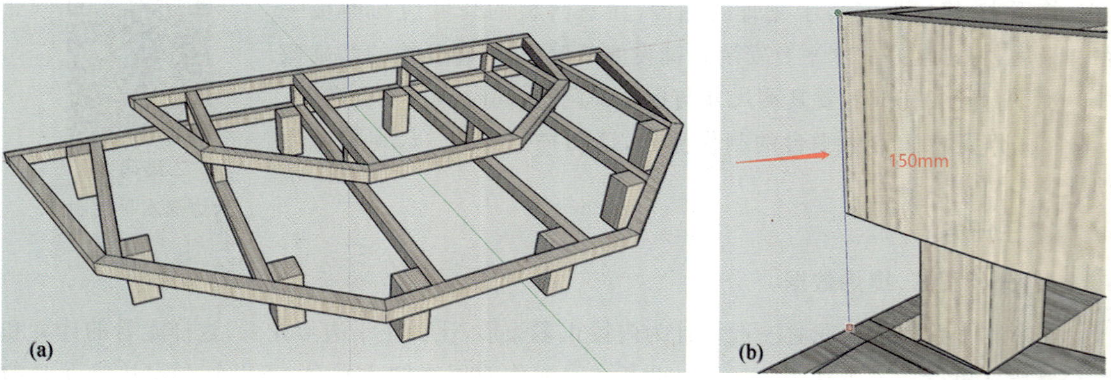

图 3-4-19　双层木平台支撑结构设计

(2)施工要点

双层半圆形木平台施工的重点是科学的施工流程、难点是面板长度的确定和弧形封板的安装。

双层龙骨和立柱等木平台骨架安装完成后，再装钉面板，最后装钉封板。面板的尺寸不需要提前测量，完成排缝后，将面板钉于龙骨上。在上层最长的龙骨外边中线处标点，作为圆心，线的一侧固定在圆心处，另一侧以平台半径减去封板厚度的数据作为新的半径在平台上画圆弧线，随后拿曲线锯沿线切割。底层面板长度的确定方法与上层相同，注意悬挂的线要与画线的平面平行，如图 3-4-20 所示。

图 3-4-20 悬挂的线与画线的平面平行

面板切割的时候需要从第二块开始(图 3-4-21a)，最后再反向切第一块面板(图 3-4-21b)。

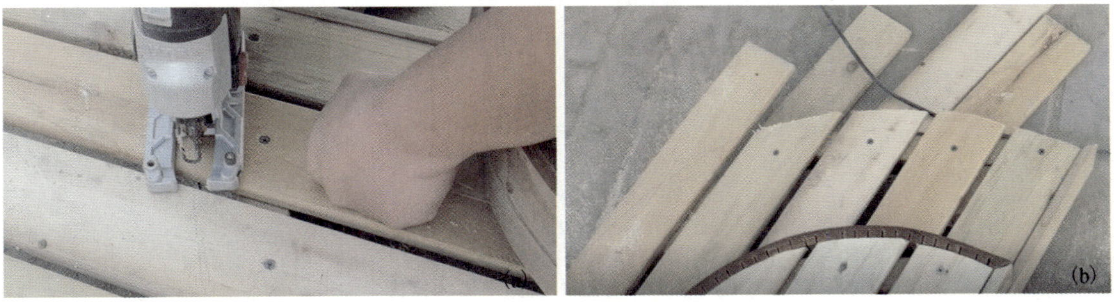

图 3-4-21 面板切割的顺序

弧形木平台的封板也需要随弧形而弯曲。为了增加封板的韧性，需要在封板边缘间隔 1 cm 左右切割出 1 条裂缝，如图 3-4-22 所示。侧封板从外侧钉钉时，要对准缝隙处。最后木平台的施工效果如图 3-4-23 所示。

图 3-4-22 弧形封板处理方法

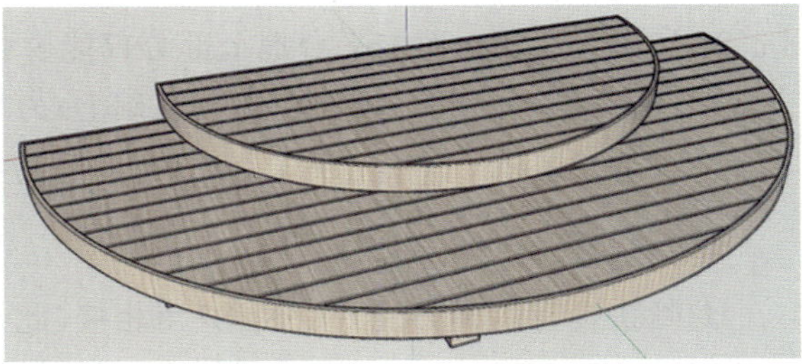

图 3-4-23 双层半圆木平台效果图

欲了解双层半圆形木平台制作的操作要点，请扫描二维码 35，观看操作动画。

二维码 35
双层半圆形木平台制作

3.4.2 木坐凳制作

1. 任务描述

木坐凳是园林中常见的一类通过木料建造的构筑物。木坐凳在园林中很常见，其作用是供游人休憩。木坐凳一般建设在休憩空间，建造木坐凳的材料可以是防腐木，也可以是塑木等其他材料。本任务要求建造樟子松防腐木木坐凳。

任务具体说明：

在某座 7 m×7 m 的小庭院中建造一处 L 形砖砌基础的木坐凳（图 3-4-24）。

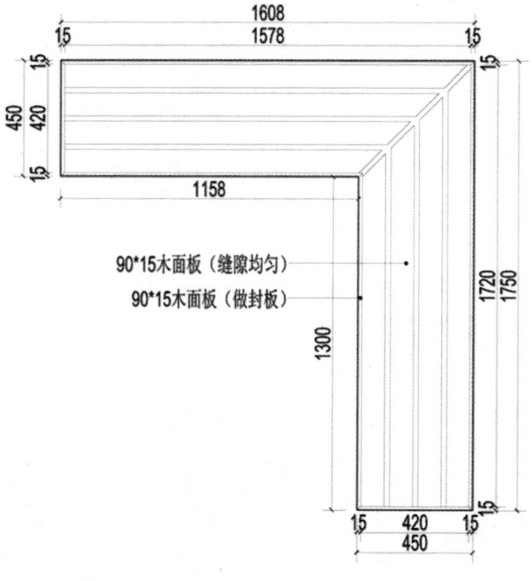

图 3-4-24　L 形木坐凳平面大样图

2. 知识引领

木坐凳一般是由 3 种结构组成，分别是龙骨、面板、侧封板，面板和侧板可以用同一种材料，但是它们的用法不同。木坐凳与木平台相比，设计和施工要点非常相似，明显的差异是木坐凳在地上部分有木立柱制作的凳腿或者由标准砖、轻质砖或黄木纹板岩砌筑的基础结构（图 3-4-25 和图 3-4-26），而木平台地上部分仅能看到面板和封板。将凳面放到砖基础上边有两种方法，一种方法是将侧封板立在砖砌基础上；另一种方法是龙骨放在砖基础上。

3. 任务实施

(1)分析图纸、提炼数据

龙骨拼接有两种方法，一种是直角相接（此任务）；另一种是其他角度相接，比如 135°。龙骨如果是直角相接的话，可以不用倒角；但是拼接 135°等角度的情况就需要倒角，在两根龙骨一端分别切出一半角度（67.5°）的斜面，再进行拼接。

图 3-4-25　砖砌基础木坐凳

图 3-4-26　木立柱支撑木坐凳

在计算龙骨的长度的时候，需要注意从给定长度的数据里把两边的封板厚度去除(一个封板的厚度就是 15 mm，两个封板的厚度是 30 mm)。然后，计算中间龙骨长度，除了要去除封板的厚度，还有去除两边龙骨的厚度。内侧的四根龙骨起到支撑和稳定的作用，斜着连接的龙骨一定要倒角，最好用两根平行的龙骨来连接(图 3-4-27 红色区域内)，便于切角。另外，为了保障木作的承重能力，龙骨间距一般为 500～600 mm。

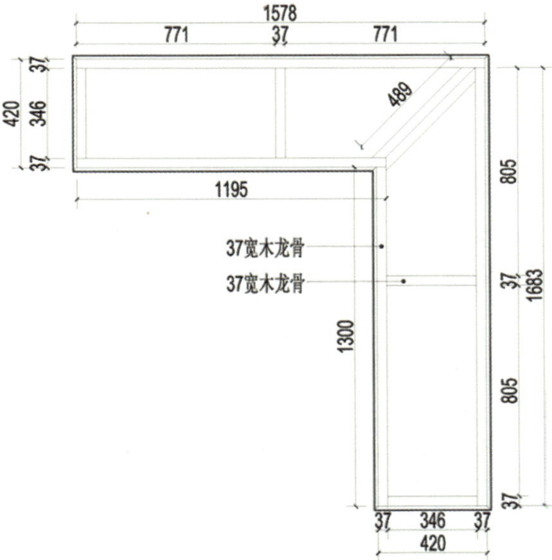

图 3-4-27　L 形木坐凳龙骨排布

(2)施工要点

切割龙骨：先切外侧龙骨，再切里侧龙骨。整根龙骨长度是 4 m，但是两端不能用，所以从顶端算起切割的话，应比实际尺寸多切一些，留出去头的余地，比如要切 1 478 mm，可先粗略地切出 1 600 mm，再精细切出实际需要的长度。

切斜角时，要先向下摁木材切割机操作盘顶端按钮，转动操作盘指针与表盘上的相应刻度对齐，比如要切 45°，则对准 45°的刻度线，确定好位置后，下压操作盘顶端把手固定。如果龙骨两端的斜切面是平行的话，在切割另一端时注意转动龙骨的方向，保证两个斜切方向相同。切好的木材要及时复测，保证误差在 2 mm 以内，随后在切好的木材上标记长度数据，便于后期有序拼接。龙骨斜角切割的具体做法见二维码 36。

拼接龙骨:龙骨拼接固定有两种方法,一种是徒手固定(需要队友辅助帮忙);另一种借助辅助器来固定(一个人即可完成)。钉龙骨一般用 7 cm 的长钉,钉封板和面板的时候一般用 4 cm 的短钉。需要用手持电钻打钉,一只手扶住钉子,另一只手平稳握钻,按动按钮,将钉子打进龙骨内。先拼接外龙骨,再拼接内龙骨。确定好内龙骨的位置,画线标记,将内龙骨一条边对准标记的位置,在两侧分别开孔打钉,然后调整内龙骨的高度使其和外龙骨在一个平面,再继续打钉到龙骨内侧。最后复测木坐凳龙骨宽度是否符合图纸数据,误差 2 mm 以内。

二维码 36
龙骨斜角切割

木坐凳面板和封板的切割、拼装和打磨的方法可参考木平台,此处不再赘述。

凳面做好后,需要砌筑 3 个 37 墙砖砌基础,砌筑方法参考任务 3.3。随后,将凳面放到砖砌基础上,调整标高和水平,如果高度高出要求值,可以用橡胶锤向下捶打,如果低于要求值,可以用碎石片垫高微调。最后复测尺寸和水平。

斜角木坐凳的做法可参考 L 形木坐凳,欲了解其制作流程和方法详情,请扫描二维码 37,观看操作动画。

二维码 37
斜角木坐凳做法

3.4.3 绿墙施工

1. 任务描述

绿墙施工在园艺项目竞赛中十分常见。绿墙施工一般主要包括 3 个方面内容:木质墙体制作安装、植生袋铺设、植物种植。本任务要求制作安装一面绿墙。

任务具体说明:

在某座 7 m×7 m 的小庭院中建造一面高 1.8 m、宽 1.8 m 的木作绿墙(图 3-4-28),可供选用的材料清单见表 3-4-2。

表 3-4-2 绿墙部件及尺寸清单

部件名称	尺寸/mm	数量/个	备注
立柱	85×85×2 250	2	埋深 250 mm
背板	85×30×1 800	7	
面板	85×30×696	44	缝隙 6 mm
角码	50×50	4	

2. 知识引领与任务实施

(1)木质墙体制作安装

①研读图纸:分析材料清单,在下料之前,先对材料进行尺寸复核,计算出到场材料和设计标称材料尺寸上的误差,然后对各部件加工尺寸进行计算并复核。

②下料:将各部件切割并归类堆放整齐。

③打磨:用 200 目的木砂纸或角磨机对切割的部件进行打磨。

④组装:先将背板钉于木立柱上(图 3-4-29)。背板的安装间距要根据植生袋的固定孔眼

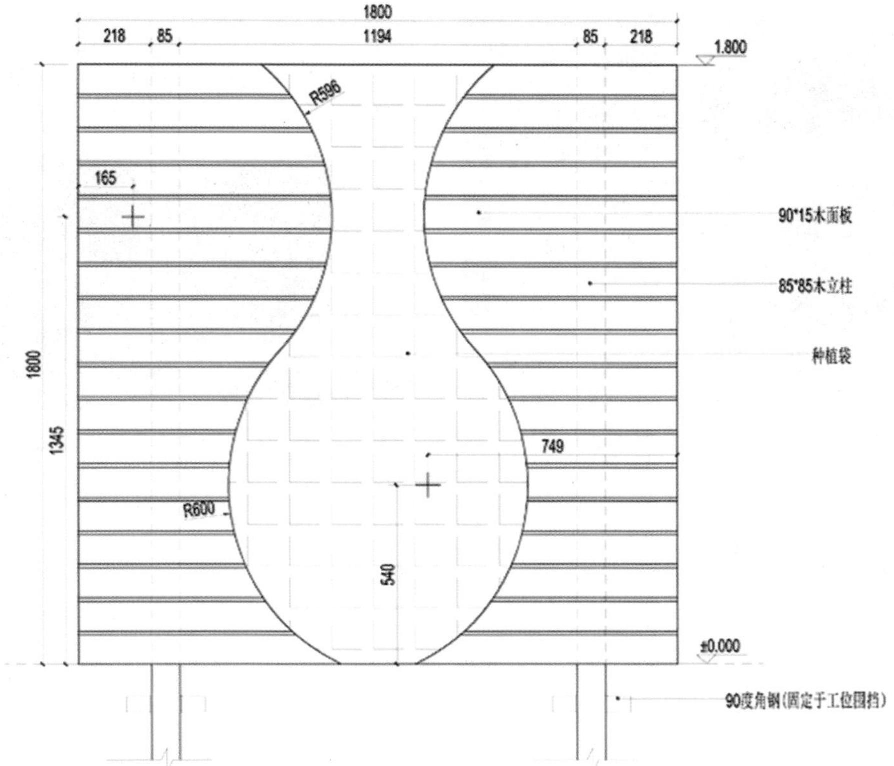

图 3-4-28 绿墙立面图

间距而定。本次植生袋固定孔眼间距约为 30 cm,背板的间距也应该为 30 cm,以方便植生袋的安装。

⑤面板安装及弧线切割:将切割好的面板安装在立柱的另一侧。安装面板时,要保证面板缝隙均匀。面板安装完以后,按照设计图,画出两侧的曲线,用曲线锯将曲线切割出来。

⑥木质景墙安装于工作站边框:在工作站上放样固定景墙的位置,根据立柱的尺寸,分别将两组角码用自攻螺丝钉固定在边框上,然后将景墙立柱安装在角码中间,调整高度用螺钉固定。

(2)植生袋铺设

在安装好的木质景墙上铺设植生袋(图 3-4-30)。施工时,将植生袋用木螺钉固定在背板上。为防止植生袋脱落,安装时加一片垫片压在孔眼上。

(3)植物种植

在植生袋里装入选定的植物。植物的种植通常有两种方法:一种连同营养袋一并装入植生袋中;另一种是先在植生袋中装入营养土,再将选好的植物种植在营养土中。

在实际工程中,为了保证植物的后期生长,给植物的生长补充水分和营养,还要安装灌溉设施,通常会选用滴灌系统。

二维码 38
绿墙制作

欲了解绿墙的制作流程和方法详情,请扫描二维码 38,观看操作动画。

图 3-4-29 景墙背板和面板安装

图 3-4-30 植生袋铺设和植物种植

思想加油站

“新时代的伟大成就是党和人民一道拼出来、干出来、奋斗出来的”“坚持发扬斗争精神”“团结奋斗是中国人民创造历史伟业的必由之路”。

——党的二十大报告

园艺项目是团体项目，由两名参赛选手组队、相互配合完成比赛。在此赛项中，充分体现出“二人同心，其利断金”的团结奋斗的力量。团队精神是每名大学生必须具备的品质，团队精神的核心是协同合作、优势互补。木作施工中，木立柱很长、很重，切割的时候队友在侧方帮忙扶住，既能提高切割效率，又能在心灵上给队友以支持；木平台或者木作绿墙在安装的时候，需要两名选手共同参与完成，共同抬举和搬运木平台或木作绿墙；或者，一名选手负责搬运面板，另一名选手排板(图 3-4-31a)；或者，一名选手画线，另一名选手开孔打钉(图 3-4-31b)。不管采用哪些合作形式，只要两个人心往一处想、劲往一处使，就能形成合力，产生“1＋1＞2”的效果。

木工是一项技巧性较强的工作，设计内容灵活多变，需要有自己的深入思考。同一个任务可能有很多种实施方案，需要将所学的知识和技能融会贯通，并灵活应对各种变化，选择最佳的施工方案。比如 3.4.1 中子任务 3 中，底层平台龙骨的排布方式不唯一，如图 3-4-32 所示；随之而来，底层平台面板的排布方式也不同，如图 3-4-33 所示。所以在学习过程中要肯动脑筋、踏实钻研，使自己学习得更加深入，同时也推动研究成果不断向前。

在园艺项目大赛中，随着竞赛水平普遍提高，以及木作专业工具的不断开发应用，园艺项目竞赛中木作模块的发展趋势如下：

第一，规则木质构筑物向异形构筑物方向发展

以往出现的竞赛试题当中的木作多为规则形状，如正方形、矩形。随着曲线锯等工具引入竞赛中，各类异形的木作，如自由曲线、圆弧等会越来越多地出现。

第二，平面结构向空间架构方向发展

以往赛题中的木作多以平面结构为主，如木平台。构筑物的各部位连接都是通过木螺钉

图 3-4-31 队友合作木平台施工

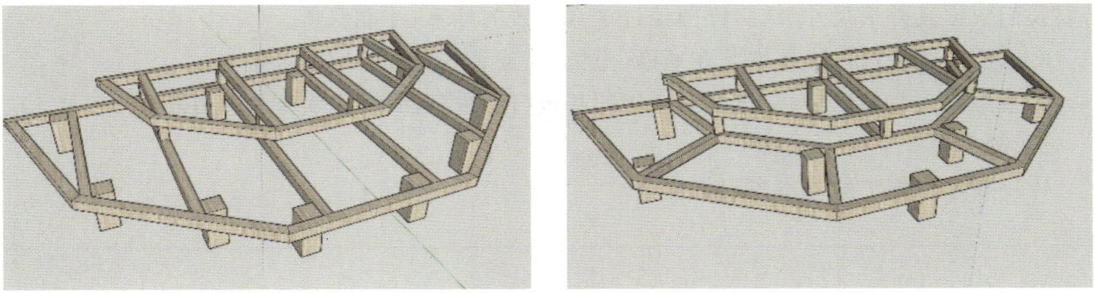

图 3-4-32 双层半圆形木平台龙骨不同设计方案

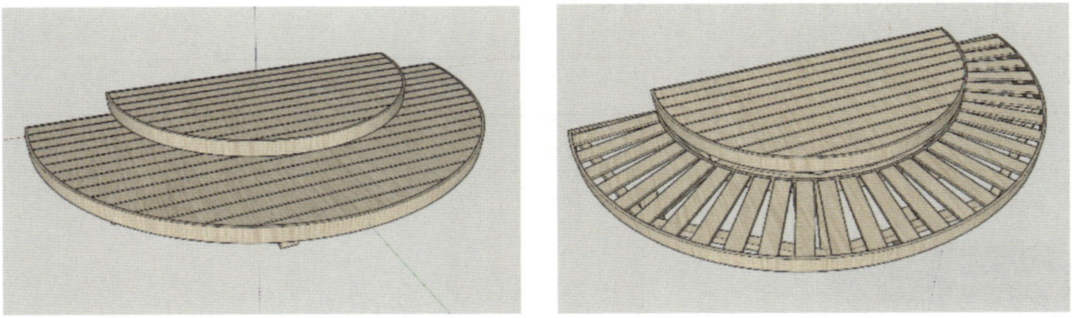

图 3-4-33 双层半圆形木平台面板不同排布方案

进行连接，结构单一、稳定性差。随着竞赛水平的提高，空间架构的木作会有所增加，如木质廊架、木质景墙等，还会在不同部件的连接方式上增加难度，引入一些简单的半榫卯结构、榫卯结构等。

第三，不同模块的组合更紧密

随着竞赛水平的提高，会设置一些不同构筑物之间的组合，增加竞赛的难度，提高选手解决问题的能力。如将木作模块与砌筑模块、木作模块与地面铺装结合。

知识巩固

一、选择题

1. 为了保证木质构筑物的稳定，通常要进行（　　）施工。

A. 龙骨　　B. 基础　　C. 构件组装　　D. 木立柱

2. 常见的小型简易木制构筑物结构比较简单，其构件不包括（　　）。

A. 立柱　　B. 面板　　C. 龙骨　　D. 额枋

3. 构件安装应遵循由主到次、由下而上、由内而外的顺序，具体解释为（　　）。

A. 先骨架后辅料、先下层后上层　　B. 先骨架后辅料、先上层后下层

C. 先上层后下层、先内部构件后外部构件　　D. 先骨架后辅料、先外部构件后内部构件

二、判断题

1. 尺寸图上会标注构筑物的外形尺寸，详图上会标注各个构件的尺寸，而有些构件的尺寸需要我们根据其外形尺寸、结构详图经过认真细致的计算，才能获得。（　　）

2. 木质的立柱可以直接安装在地面（土壤）上或者安置在特定的基础上（　　）

3. 基础施工完成以后，一定要对开挖的基坑（槽）进行回填、夯实并平整好场地。（　　）

三、简答题

1. 一般木作施工的基本流程是什么？

____

____

____

2. 如何应对木作模块施工的发展趋势？

____

____

____

项目演练

小组合作完成 5 m×6 m 小庭院藏青园施工图中红线区域内的木作施工（图 3-4-34），基本要求见表 3-4-3 所列。

表 3-4-3　基本要求

类型	时长	训练内容（红线范围）	考评点
4 人小组合作	9 h	木平台 木坐凳 组合景墙	尺寸、标高、水平、缝隙、打磨、螺钉安装、整体效果

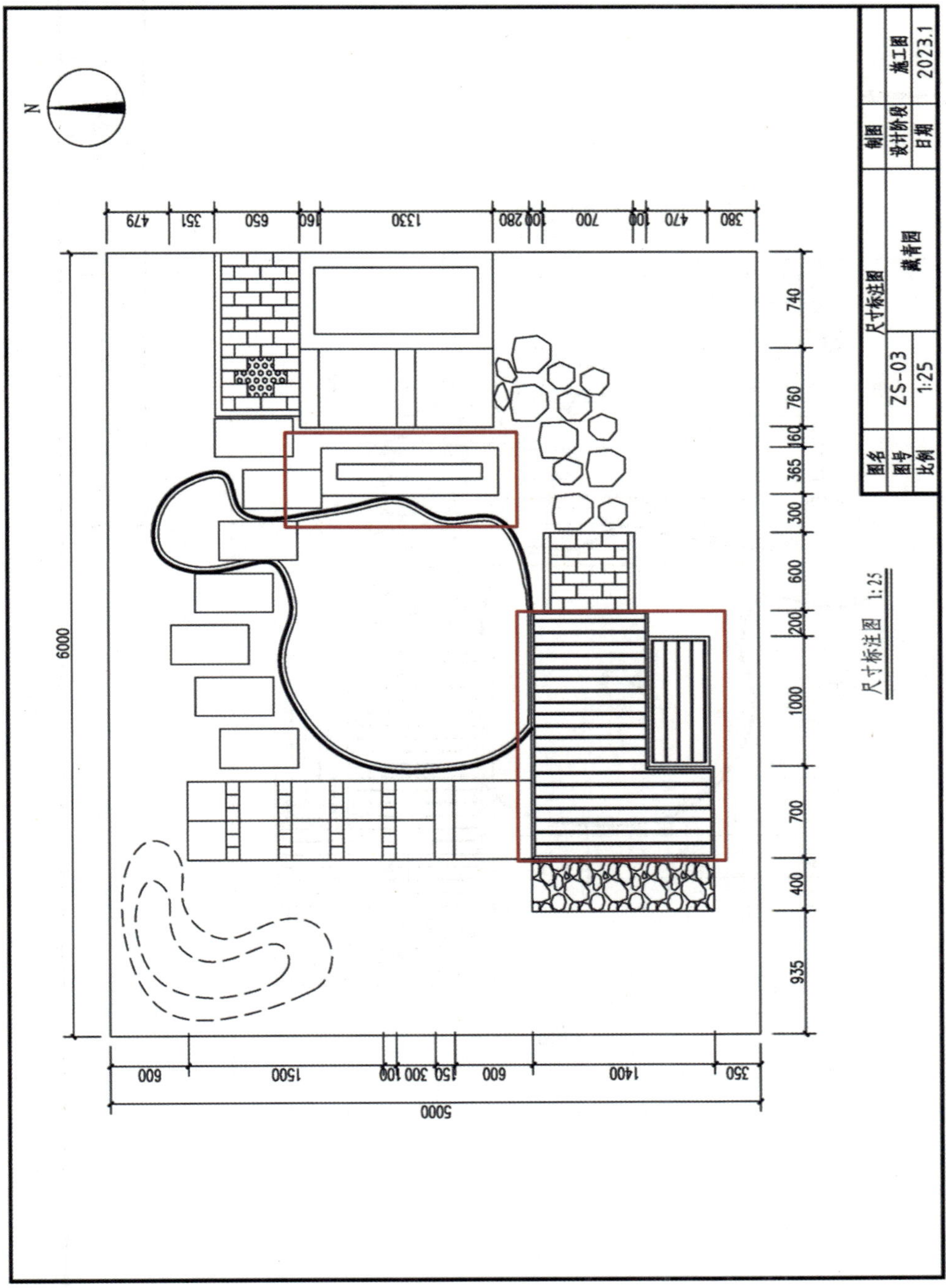

图3-4-34　藏青园木作设计图

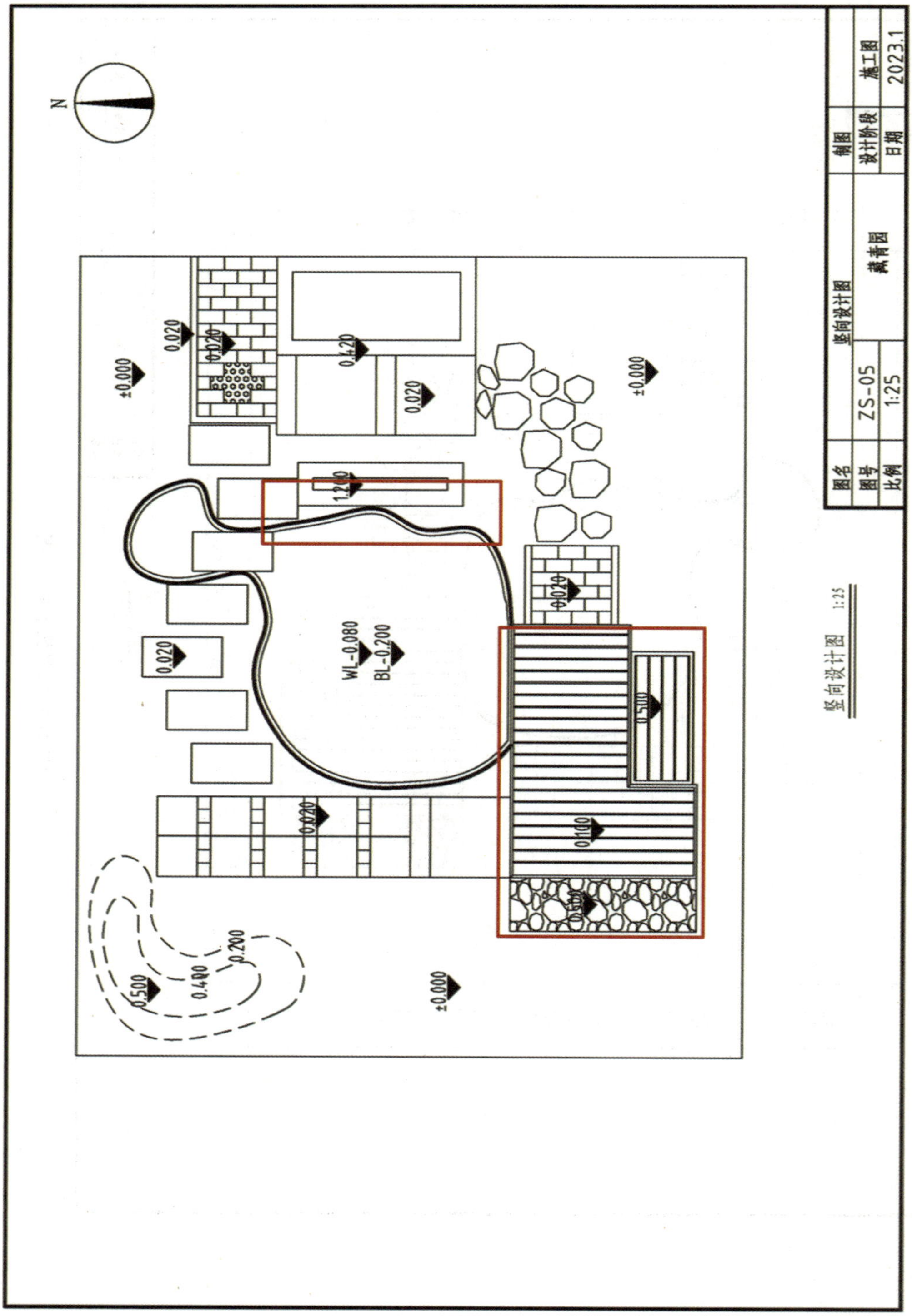

N
±0.000
0.020
0.420
1.200
WL-0.080
BL-0.200
0.500
0.100
0.200
0.400
竖向设计图 1:25
图名
竖向设计图
图号
ZS-05
比例
1:25
藏青园
制图
设计阶段
施工图
日期
2023.1

续图3-4-34

实践过程记录

评价总结

请结合本项目木作部分的学习过程完成学习评价，并自主从知识重难点、技能核心点、自我感受等方面进行梳理和总结，并记录在表 3-4-4 评价总结表中。

表 3-4-4　项目评价总结

序号	评价任务	评价标准		满分	评价		综合评价
		评分项	评价描述		自评 40%	师评 60%	
1	木平台	尺寸 1	容差 0～2 mm，满分；2～4 mm，满分 1/2；>4 mm，0	1			
		尺寸 2		1			
		尺寸 3		1			
		完成高度 1		1			
		完成高度 2		1			
		封板倒角（是/否）					
		完成面水平（是/否）	水平尺气泡居刻度线间	1			
		面板缝隙均匀		1			
			大部分木板间缝隙不均匀	0～0.2			
			50%的木板间缝隙均匀一致	0.3～0.5			
			超过 50%的木板间缝隙均匀一致	0.6～0.8			
			所有木板间缝隙均匀一致	0.9～1			
		龙骨上的螺钉均位于一条直线上		1			
			螺钉安装未经思考，杂乱	0～0.2			
			大于 50%的龙骨上的螺钉位于一条直线上	0.3～0.5			
			所有龙骨上的螺钉位于一条直线上	0.6～0.8			
			所有龙骨上的螺钉位于一条直线上且不高于木板表面	0.9～1			
		木作的整体表现		1			
			整体没有完成（没做完）	0～0.2			
			整体完成且看起来一般	0.3～0.5			
			整体完成且看起来很好	0.6～0.8			
			整体完成且看起来非常美观	0.9～1			
		木作所有切割部分均打磨过		1			
			切割面打磨不超过 50%	0～0.2			
			60%～70%切割面打磨	0.3～0.5			
			70%～85%切割面打磨	0.6～0.8			
			超过 85%切割面打磨	0.9～1			

续表3-4-4

序号	评价任务	评价标准		满分	评价		综合评价
		评分项	评价描述		自评 40%	师评 60%	
2	木坐凳	尺寸 1	容差 0～2 mm，满分；2～4 mm，满分 1/2；>4 mm，0	1			
		尺寸 2		1			
		高度 1		1			
		凳面水平（是/否）	水平尺气泡居刻度线间	1			
		封板倒角（是/否）		1			
		面板缝隙均匀（是/否）		1			
			大部分木板间缝隙不均匀	0～0.2			
			50%的木板间缝隙均匀一致	0.3～0.5			
			超过 50%的木板间缝隙均匀一致	0.6～0.8			
			所有木板间缝隙均匀一致	0.9～1			
		凳面切割面全部打磨		1			
			切割面打磨不超过 50%	0～0.2			
			切割面 60%～70%顶端打磨	0.3～0.5			
			切割面 70%～85%顶端打磨	0.6～0.8			
			切割面超过 85%顶端打磨	0.9～1			
3	组合景墙	尺寸 1	容差 0～2 mm，满分；2～4 mm，满分 1/2；>4 mm，0	1			
		尺寸 2		1			
		高度 1		1			
		高度 2		1			
		水平（是/否）	水平尺气泡居刻度线间	1			
		木作是否与砌筑有机结合（是/否）		1			
4	安全规范施工		护具佩戴规范、仪器工具使用正确	2			
	合计			26			

任务 3.5 水景施工

3.5.1 自然式水池施工

1. 任务描述

按水体形式不同，园林水景可分为自然式水景、规则式水景。自然式水景是指边缘不规则、变化自然的水体，具有较好的水质、较缓的驳岸和流畅的岸线，大多数综合性公园的水景都属于此类。规则式水景是指边缘规则、具有明显轴线的水体，多为砌筑型边缘。规则式水景施工工艺参照 3.3.3 水池砌筑，本节任务要求建造自然式水池。

任务具体说明：

在某座 7 m×7 m 的小庭院中建造自然式水池。水池岸线要求通过图中 3 个坐标点，其他位置可自行设计(图 3-5-1、图 3-5-2)。

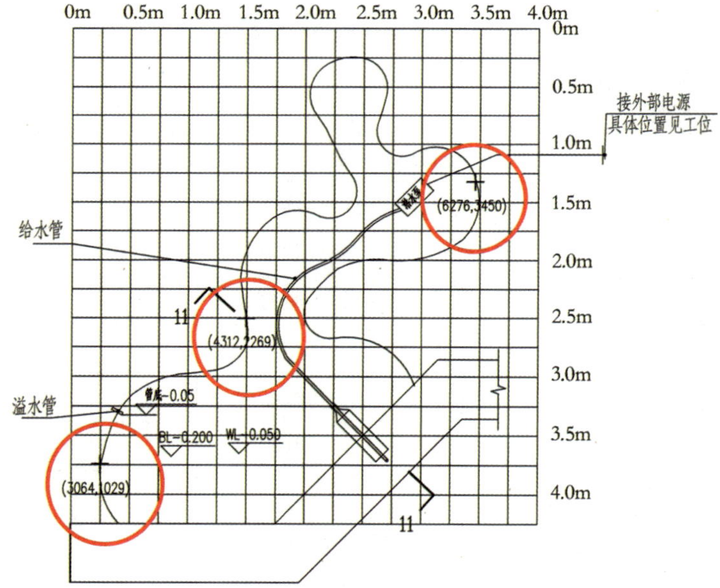

图 3-5-1 水池施工平面图

2. 知识引领

自然式水池的建造，因设计方案中水体形式存在一定差异，施工过程也会存在差异，大致可按如下顺序进行(图 3-5-3)：施工准备、定点放线、基槽施工、池底施工、池岸施工、调试与试水。

(1) 施工准备

包括图纸识读、放线数据计算、工具和材料准备等。

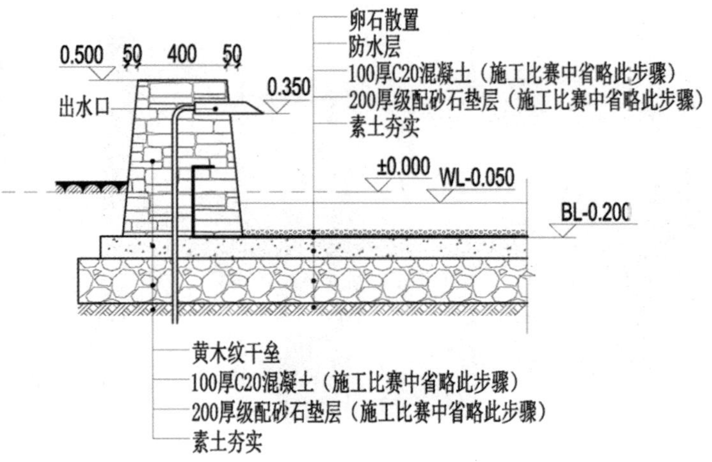

图 3-5-2 水池施工断面图

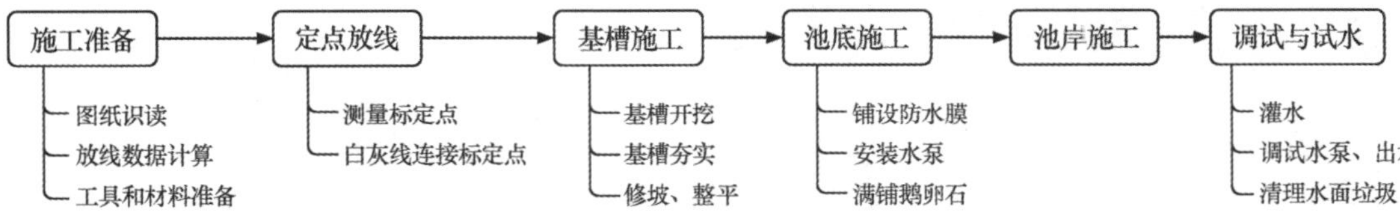

图 3-5-3 自然式水池施工流程

①图纸识读、放线数据计算：对平面图进行仔细阅读，计算出水体的平面位置；对竖向设计图进行仔细研读，计算出水体的池底、水面、溢水口、出水口等点位高程；通过断面图的识读、了解和掌握水体结构组成以及不同结构层的厚度、材料及施工要求。

②工具和材料准备：通过对设计图的识读、确定水体建造需要的材料种类、规格、数量。水景用到的材料根据营建的水景种类不同会有较大的区别，主要有隔根板、防水 PVC 薄膜、鹅卵石、标准水泥砖、水泥砂浆、防压水管、水泵、喷泉头、不锈钢出水口等。

防水材料：园艺项目受比赛时间、场地的限制，多采用柔性防水的施工方法。故防水材料一般采用 PVC 卷材、氯丁橡胶、HDPE 土工布、橡胶等。

水岸收边(岸线)材料：自然式水池的驳岸因与周围地面衔接自然，因而岸线多为隐形。有直接用小卵石压边代替岸线的，也有用隔根板（图 3-5-4）代替岸线的。在竞赛和实训中，为了获得流畅、稳定的岸线，同时便于测量岸线的位置，大多采用隔根板作为水岸收边的做法。目前较为常用的隔根板是 15 cm 宽、20 cm 宽两种规格，绿化人员通常将其埋进土里 10～15 cm，地面上留出 5 cm。

池底材料：柔性防水施工中，防水膜上需要覆盖一层黏土层，对防水膜进行保护。在园艺项目的训练与竞赛中，一般在池底覆盖一层细砂或卵石，除了起到保护防水膜的作用外，也避免了外露的防水膜对园林景观产生影响。需要注意的是，施工中对镇压的材料要轻拿轻放、以免损伤防水膜，造成水池渗（漏）水。有条件的可以分别在防水膜的下面衬垫和上面覆盖一层无纺布，对防水膜进行保护。

其他材料：水景营造中，为了营造动态的水景，需要建立水循环。建立水循环需要的材料

图 3-5-4　隔根板

有水管及卡箍、水泵、水口、电线等。

图 3-5-5　水循环需要的材料

竞赛与实训中一般常用的水管是透明软管、内衬钢丝(图 3-5-5a);为了营造瀑布、跌水等动态水景,在竞赛与实训中都会设置水口(图 3-5-5d)。水口的形状和安装要求会根据造景和设计的需要而异。需了解和掌握常见出水口的形式以及加工安装的方法。安装过程中要注意设计要求的出水口的位置和标高。

(2)定点放线

根据计算出的放线数据，使用钢尺、水准仪等工具和设备将水体从设计图测设到施工场地。规则水体通过设点埋桩确定水体关键点位；自由水体往往通过测设若干关键点位后，用光滑的曲线(白灰线)对水体进行标定，若设计有小跌水在关键点位要做特殊标记，标注清楚相应的设计高程。自由水体也有使用网格法进行放线的。从基点开始，按一定间距在场上放出网格，对照设计图纸、依照网格，标出曲线经过的点位，再依次用光滑的曲线连接起来(白灰线标定)。由于要先放出网格线，因此只有在场地比较空旷时适用，如果周围已有若干构筑物，而且构筑物的存在对网格线的放样产生影响，则不建议采用。

(3)基槽施工

放线完毕后，即进行基槽开挖。基槽开挖时一般先从池底最深位置向岸边推进，根据两者高差均匀放坡。标高需要严格控制，在设计标高的基础上考虑土壤的松散系数，适当预留标高。

基槽开挖施工时，因水池多数较浅，表层土壤较肥沃，要注意将表土堆放好，作为池岸种植用土。还要考虑场内土方的搬运路线和土方量，是回填花坛还是堆坡营造微地形等都要事先确定，一定要争取一次性将土方回填到位，避免土方在场地内多次搬运。

基槽开挖完成后，要进行池底夯实。经过夯实，池底结构稳定，可以避免沉降带来防水膜损坏，造成渗(漏)水。夯实过程中，发现土壤中有大的颗粒(硬)物，一定要清除干净，避免对防水膜造成损伤。如果营造动态水景，还需要在水池合适的位置预留泵坑。为了更好地保护防水膜，还应该在池底均匀洒铺一层细砂，并修坡，使池底均匀一致，如昇池底用混凝土结构，需先在池底铺 10～15 cm 厚碎石层作为垫层。营造溪流景观，开挖基槽时，注意溪流宽窄及深浅的变化，一般的溪流在落入下一段之前都应有至少 7 cm 的水深，故挖溪道时每一段最前面的深度都要深些，以确保小溪的自然。

(4)池底施工

柔性结构：在竞赛与实训中，最简单的就是使用加厚薄膜代替专业防水膜，不仅施工方便、还可以降低成本。基础施工完成以后，在水体上铺设裁剪好的防水膜。防水膜在裁剪时要比实体水面稍大。铺设时要松紧适当，留有一定的伸缩空间，不能太紧。岸线边缘部位留有足够的余量，沿岸线开槽，在埋设岸线(隔根板)之前，将多余的防水膜埋在隔根板的下面。如果不使用隔根板，也要把防水膜余量埋在沟槽里。防水膜强度较差，很容易被损坏，造成渗(漏)水。有条件的可以在防水膜下面衬垫一层无纺布(150～200 g/m^2)，上面再覆盖一层无纺布，以对防水膜加强保护，防止相邻构造分离滑动。

池底覆压：防水膜铺设完成后，要在防水膜(无纺布)上回填一层细的黏土层，厚度一般为 5～10 cm，对防水膜进行保护，提高防水膜的使用寿命，增加防水性能。在园艺项目的训练与竞赛中，一般以小的卵石(粒径 3～5 cm)来进行防水膜(无纺布)的覆压。覆压时，卵石层不宜太厚，以不露出防水膜(无纺布)为宜。注意覆压均匀，使池底(河床)平顺。

(5)池岸施工

池岸可用大卵石、砾石、瓷砖、石料、隔根板(图 3-5-6)等铺砌处理。和池底一样，池岸也必须设置防水层，防止水体渗漏。自然式水池池岸坡度尽量平缓，便于呈现自然、亲水的效果。

水岸线处理(隔根板埋设)：在竞赛中有时会提供隔根板，因此开设岸线沟槽时，要准确控制水体的形状,沟槽的深浅要根据隔根板的规格以及池岸的标高来确定。埋设隔根板时,要将防水膜从隔根板的下面穿过去。覆土填埋沟槽时,要进行夯实,并且填埋高度要适当,注意和周围地形衔接。隔根板的高度要控制好,不能高于池岸表面。

图 3-5-6 隔根板水岸

(6)调试与试水

动态水景还需要水景中的水电能正常良好运转。连接好水管和电路,并进行试运转和调试。根据设备的使用说明,初步安装好水电设备。在预留的水电设备的安装位置放置水泵喷头、电线、水管等设备和管件等。放置相关设备的时候做好防水材料的保护。布置完成之后,再次检查水景相关的水管、电路,检查完毕后,对水池进行注水,注水前对水池进行全面清洁,注水到达设计水位后,打开水泵、灯光的开关,进行水电调试。注意观察水池的水位变化,可了解防水膜是否漏水。竞赛中,一般一小时内水位没有明显下降的,可判断为防水膜防水效果良好。

3. 任务实施

(1)施工准备

分析图纸,计算水体的平面位置;仔细研读竖向设计图,计算出水体池底和水面点位高程;识读断面图,掌握水体结构组成以及不同结构层的厚度、材料及施工要求。

(2)定点放线

根据图纸上几处水岸线的定位坐标,在场地内用定位桩定位;并根据图纸上水池的形状,用白灰将定位桩用曲线相连,形成曲折有致的水岸线。

(3)基槽施工

根据放样线开挖水池,注意开挖坡度(30°～ 45°)、深度及水池边线形状,水池边线外沿约10 cm 处预留“U”形沟,并对水池底部进行夯实。对于开挖水池的砂土要有明确的规划,通常用于花坛内填土或微地形营造堆坡,尽量避免砂土的“二次搬运”。

(4)池底施工

考虑到竞赛和实训场地及材料的可循环利用,池底垫层和水泥砂浆省略,基槽开挖夯实后,池底铺设防水膜和卵石即可。在竞赛和实训中常用塑料薄膜替代防水膜。铺设防水膜时注意不要将塑料膜过分拉伸并要将塑料膜四周固定于水池外围的“U”形沟内。防水膜固定好之后，均密铺雨花石(或鹅卵石)，防水膜必须不可见。

(5)池岸施工

本任务中不提供隔根板，因此可将池岸做成草皮护坡，坡度尽量平缓，临水处用卵石封边即可，为保证水岸线自然流畅，需对水池边线进行修整。

(6)调试与试水

根据设备的使用说明，初步安装好水电设备。在预留的水电设备的安装位置放置水泵喷头、电线、水管等设备和管件等。用场外水龙头和塑料软管给水池灌水，蓄水高度低于地面零点 50 mm，并把水面杂物清理干净。

二维码 39
自然式水池施工

欲了解自然式施工流程和方法详情，请扫描二维码 39，观看操作动画。

3.5.2　水景营造

1. 任务描述

水景是园林景观的灵魂，有画龙点睛之妙，但水景向来不是孤立的，水景施工的同时也要把握好周围景观的营造，彼此呼应、彼此衬托，充分体现水景景观的艺术感和美感。在竞赛中，水景施工是考核选手技能和审美的一个重要模块，此模块更侧重考核选手的审美、造型能力。水岸线的美感，与地形的衔接，与植物、置石及其他园林小品的搭配与映衬关系等，直接决定水景的效果，并影响整个作品的景观质量。本节任务是池岸线修饰。

任务具体说明：

对某座 5 m×6 m 小庭院自然式水池的池岸线进行修饰(图 3-5-7)，营造出自然式水池蜿蜒曲折、灵动变化的景观视觉效果。

2. 知识引领

池岸线修饰即沿池岸线进行园林景观的营造，包括布置景石、栽植滨水植物。

(1)布置景石

岸边或水中的景石布置可结合周围环境、池底结构、岸线形态一起考虑。景石的大小、形态、材质和位置的把握必须遵循美学原则和自然规律。

一般选择大石头、薄石头、小石头，三种石头各占 1/3，这样对于后期石头造型很有帮助。置石的放置方法包括：

①平与正：在置石过程中，无论石头是圆是方，是直立还是横卧，都应该平正，不要出现歪斜的姿态。

②曲折变化：从平面上看，石头不应该是一条光滑的线条，要或前或后，不呈一条直线。从立面上看，石头应该是高低不平的，如果石头大小高矮一致，就用几块石头叠加，叠加的时候注意下面做底的石头要比旁边的矮些更好。

③疏密有致：疏密变化在置石中尤其重要，只要不是孤植的石头，就要注意与其他石头之间的位置关系，要疏密结合，不要出现平接或是全部散点的情况。疏密变化中，除了要注意平

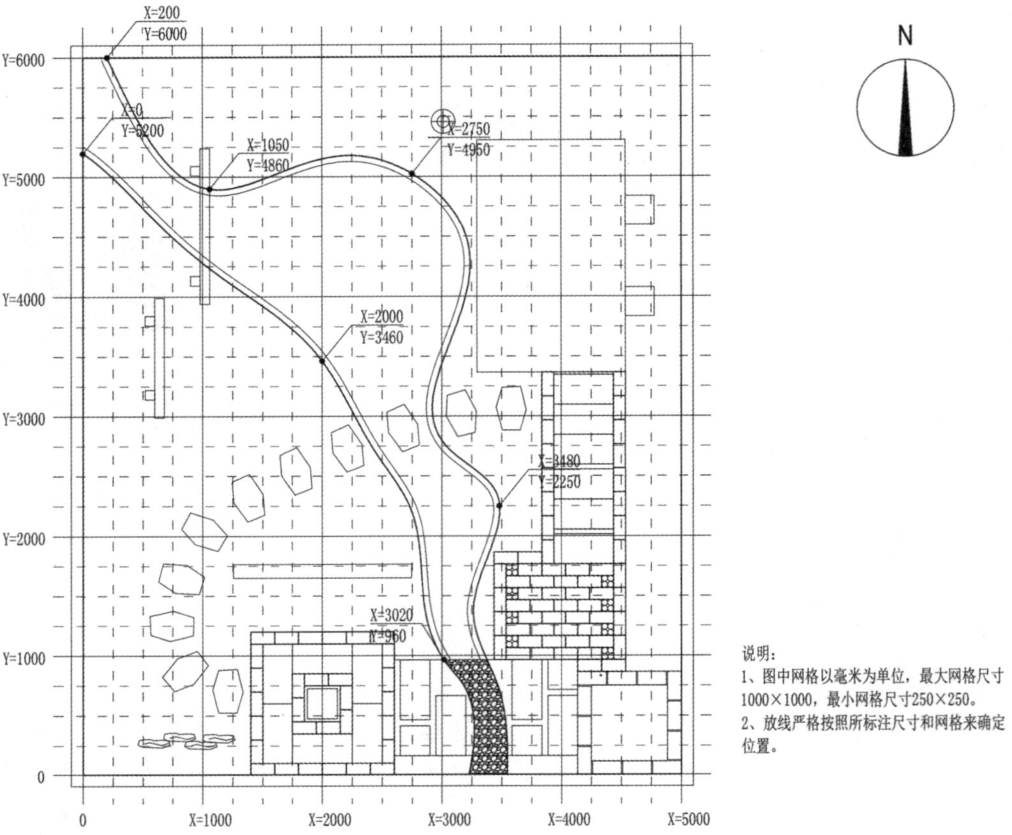

图 3-5-7　定位放线图

面中的疏密布局以外，更多的是要从人的视角度去调整，摆放石头的时候多从几个角度进行观察，力求每个角度都能有较好的视觉感受。

④大小搭配：石头的大小搭配在任何时候都是需要注意的，由变化产生美感，这种变化体现在石头的体量、高低、前后等方面。

⑤与其他元素相结合：与植物结合，适当围出小的种植池，可以让植物渗透进来。另外，把植物的叶子从石头上垂下来，也能修饰单调的石岸。

置石用的材料比较少，一般比赛要求置石在 10 块以内，结构比较简单，量虽少而对质的要求更高。这就要求在水景放线开挖的时候，操作者就应该很明确造景的目的性，格局要严谨、手法要熟练，寓浓于淡，有独到之处。

(2)栽植滨水植物

植物配置是自然式水景工程的收尾阶段，也是最能体现“自然”特色的关键之一。水生、喜湿植物所在的临水空间，将水域和陆地的景观融为一体，极大地丰富了水体景观。

自然式土岸的植物配置：自然式土岸的植物配置最忌等距离，即用同一树种，同样大小，甚至整形式修剪，绕岸栽植一圈。应结合地形、道路、岸线配置，有近有远，有疏有密，有断有续，曲曲弯弯，自然有趣。自然式土岸的植物配置，多半以草坪为底色，为把游人的视线引导到水景上，常种植花卉。

自然式石岸的植物配置：自然式石岸的岸石，有美、有丑。植物配置时要露美、遮丑，必要时还需对山石做简单的修整，打造出类似自然名胜景点的样式。

水边植物配置应讲究艺术构图。大小水面的植物配置，与水边的距离要求有远有近，有疏有密，切忌沿边线等距离栽植，避免单调呆板的整齐形式。在构图上，注意应用探向水面的枝干，尤其是似倒未倒的水边大灌木，以起到增加水面层次的作用。水中景观低于人的视线、水中的植物配置要与水边景观呼应，加上水中倒影，最宜观赏。水中植物配置可选荷花、红萍或绿萍等多种植物，但配置一定要与水面大小呈比例、周围景观的视野相协调，切忌拥塞，不要妨碍倒影产生的效果。

3. 任务实施

(1)布置景石

首先分析图纸，预先构思景石布置位置，一般会选择水岸线向内凸的位置，如图 3-5-8 所示，当水池放线开挖的时候，操作者需要在布置景石的位置挖坑槽，以保证景石的稳固。石面略高于水面，切忌过于分散或集中。在竞赛中提供的景石数量有限，可以选择大小、高低不同的两到三块景石组团布置，效果如图 3-5-9 所示。景石布置方法见二维码 40。

二维码 40
庭院流水景石的布置方法

(2)栽植滨水植物

在竞赛和实训中提供的植物材料有限，根据现有植物材料，尽量选择亲水植物栽植于景石周边，如图 3-5-10 所示。

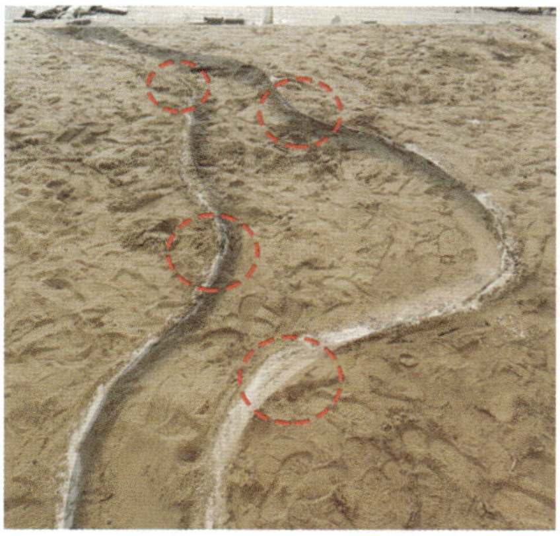

图 3-5-8 景石布置位置构想

图 3-5-9 景石布置效果

图 3-5-10 自然式水池水岸线植物景观

思想加油站

“我国已进入新发展阶段，推进‘双碳’工作是破解资源环境约束突出问题、实现可持续发展的迫切需要，是顺应技术进步趋势、推动经济结构转型升级的迫切需要，是满足人民群众日益增长的优美生态环境需求、促进人与自然和谐共生的迫切需要，是主动担当大国责任、推动构建人类命运共同体的迫切需要”。

——2022 年 1 月，习近平总书记在主持中共中央政治局第三十六次集体学习时的讲话

园林景观作为城市自然生态环境的重要组成部分，必须首先承担改善自然生态环境的实质功能，而不仅仅是观赏功能。因此节约型、生态型和功能性是园林发展的必然趋势，其内涵就是园林景观的可持续性、低碳、自持、循环、高效和低成本。以保护为导向的园林生态工程将逐步成为园林产业未来发展的主要方向之一。竞赛要求向行业看齐，体现行业要求，可能会要求选手进行海绵式花园、自净式花园等的营建。

1. 海绵式花园

海绵式花园来源于海绵城市。海绵城市是指城市能够像海绵一样，在适应环境变化和应对自然灾害等方面具有良好的“弹性”，下雨时吸水、蓄水、渗水、净水，需要时将蓄存的水释放并加以利用(图 3-5-11)。顾名思义，“海绵式花园”也具备了此功能。

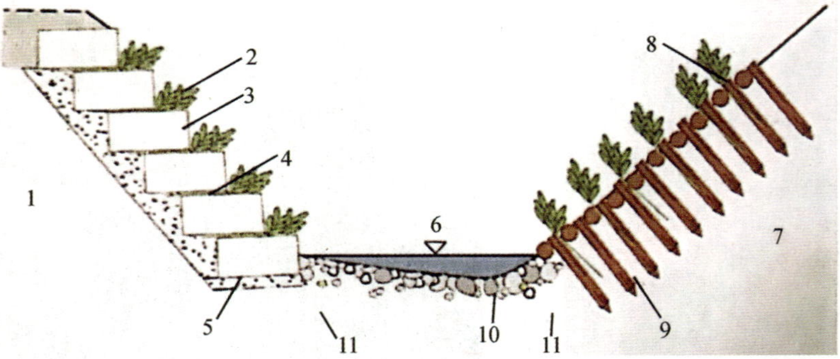

图 3-5-11　海绵式花园结构示例

剖面图：1. 附有植被冲刷层的石笼；2. 植被冲刷层填石丝网；3. 石笼篮(100 mm×100 mm×50 mm)；4. 选择的填充材料；5. 砾石层(路基)；6. 假设平均水位；7. 木质框架挡土墙；8. 植被冲刷层和/或生根固土植物；9. 木材建造的木质框架挡土壤；10. 河床基底；11. 未受干扰的既存土壤

2. 自净式花园

自净式花园是自然形成的或人工挖掘的浅凹绿地，被用于汇聚并吸收来自屋顶或地面的雨水，通过植物、砂土的综合作用使雨水得到净化，并逐渐渗入土壤，涵养地下水，或补给景观用水、厕所用水等城市用水，它是一种生态可持续的雨洪控制与雨水利用设施(图 3-5-12)。雨水花园也被称为生物滞留区域，是指在园林绿地中种有树木或灌木的浅凹区域，由树皮或地被植物作为覆盖。它通过将雨水滞留下渗来补充地下水并降低暴雨地表径流的洪峰，还可通过吸附、降解、离子交换和挥发等过程减少污染。

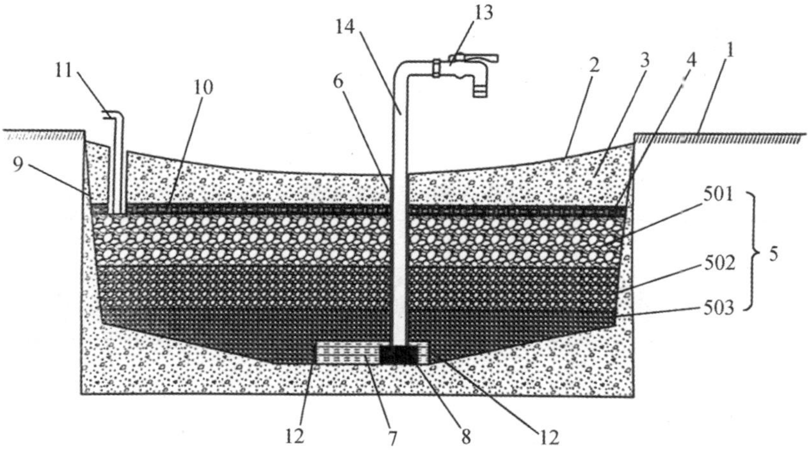

图 3-5-12　自净式花园结构示例

1. 基围；2. 覆盖层；3. 种植层；4. 碎石层；5. 玻璃轻石层；6. 窑井；7. 水泥管体；8. 潜水泵；9. 遮水膜；10. 透水布层；11. 通气管；12. 渗水膜；13. 水阀；14. 水管；501. 孔隙为 1～2 mm 的玻璃轻石层；502. 孔隙为 0.5～0.9 mm 的玻璃轻石层；503. 孔隙为 1～20 μm 的玻璃轻石层

知识巩固

一、选择题

1. 在水景项目评价中，以下(　　)不是评价标准。

A. 防水膜安装正确，不漏水　　B. 水景中水能正常循环

C. 水口水平，出水均匀　　D. 水岸线安置景石

2. 自然式水池池岸常见的护坡方式有铺石护坡和(　　)。

A. 草皮护坡　　B. 混凝土护坡　　C. 砖砌体护坡　　D. 隔根板护坡

二、判断题

1. 自然式水池的施工大致可按施工准备、定点放线、基槽施工、池底施工、池岸施工、调试与试水等顺序进行。(　　)

2. 园林水景可分为自然式水景、规则式水景。(　　)

3. 池岸线修饰主要包括布置景石、栽植滨水植物。(　　)

三、简答题

1. 池岸线修饰中布置景石的方法与要点是什么？

2. 池岸线修饰中驳岸的植物配置要点是什么？

项目演练

小组合作完成 5 m×6 m 小庭院藏青园施工图中红线区域内的自然式水池的建造(池底标高−0.02 m),基本要求见表 3-5-1 所列。网格定位放线图见图 3-5-13。

表 3-5-1 基本要求

类型	时长	训练内容(红线范围)	考评点
4 人小组合作	4 h	自然式水池建造	定位、不漏水、出水口均匀、水景正常循环、水面无垃圾

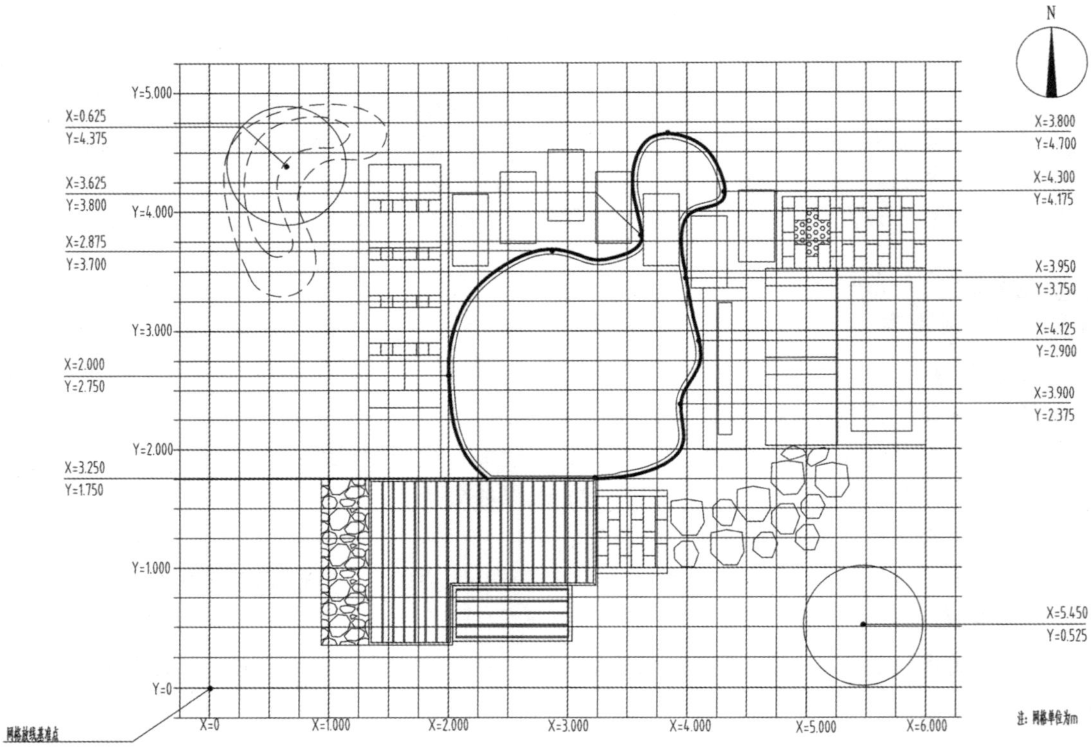

图 3-5-13 藏青园网格定位放线图

实践过程记录

评价总结

请结合本项目水景部分的学习过程完成学习评价，并自主从知识重难点、技能核心点、自我感受等方面进行梳理和总结，并记录在表 3-5-2 评价总结表中。

表 3-5-2 项目评价总结

序号	评分任务	评价标准		满分	评价		综合评价
		评分项	评价描述		自评 40%	师评 60%	
1	水景	定位点 1	容差±0～2 cm，1； ±>2～3 cm，0.5； >3 cm，0	1			
		定位点 2	容差±0～2 cm，1； ±>2～3 cm，0.5； >3 cm，0	1			
		定位点 3	容差±0～2 cm，1； ±>2～3 cm，0.5； >3 cm，0	1			
		水面上没有垃圾（是/否）		1			
		防水膜安装正确，不漏水（是/否）		1			
		水景中水能正常循环（是/否）		1			
		水泵安装及设置合理（是/否）		1			
		防水膜未露出地表（是/否）		1			
		水口水平，出水均匀	水流未布满出水口宽度的30%，0～0.2； 水流布满出水口宽度的31%～60%，0.3～0.6； 水流布满出水口宽度的61%以上，但未满，0.7～0.9； 水流均匀布满水口，1。	1			
	安全规范施工		护具佩戴规范、仪器工具使用正确	2			
	合计			11			

任务 3.6　绿色空间布局

3.6.1　地形塑造

1. 任务描述

绿色空间是指所有种植植物的场地空间，包括地面种植空间、水域种植空间和容器种植空间等。园艺项目中，绿色空间布局模块考核的内容包括植物搭配方案、不同植物种类栽种技术和植物生存基底的塑造。在地理学中，地形是指地表以上分布的固定性物体共同呈现出的高低起伏的各种状态，微地形则是相对而言的概念，表示在一定范围内依照地面整体起伏状态，结合植物、水体、构筑物布置，模仿自然形态设计的面积较小的地形。景观微地形常常具有起伏错落的韵律，如凹凸地面、坡地、台地、下沉广场、堆砌的假山等。微地形是在园林营造中常用的手法，能够创造出更丰富的景致，在街道、小区、公园等区域也被广泛运用，以打破小型地块单调的场地形态，并与场所内人的行为充分结合，创造趣味活动空间。

任务具体说明：

在某座 7 m×7 m 的小庭院中营造一处标高 0.5 m 的微地形，实现小庭院内部土方平衡。

2. 知识引领

地形可以营造丰富的种植环境，改善植物种植的条件，提供坡度、湿度、光照等环境因子变化的多样性种植场地，种植设计结合地形塑造会形成更加丰富的景观层次和更加优美的空间效果。场地地形的高低起伏变化以及与其他活动场地的空间关系，形成或开敞或私密，或动或静的空间类型，直接影响游人在其中的感官体验。丰富多变的地形自身也是重要的视觉景观元素。

地形塑造使用的工具有铁锹、木夯、铁抹、铅笔、卷尺、标高尺、水准仪(用于高程控制)。一个地形的营造，需要提前拟好思路去施作，首先要求的是安全防护工作，在地形营造的时候要求戴上护目镜、手套、口罩。如果长时间不进行安全防护会对人体造成影响，如呼吸道感染等。地形营造分为四个步骤：定点放线、粗造型、夯实和细塑型。

3. 任务实施

园艺项目中，结合每天的施工任务，需要满足当日模块的土方需求，做到随挖随填，避免土方的二次搬运，同时兼顾就近平衡的原则。若当天的挖填方量不平衡，需结合后续考评模块就近挖填方。

(1)分析图纸、提炼数据

分析图纸，列出施工过程中需要的坐标数据。

(2)施工要点

定点放线：按图纸给出定位点利用网格坐标进行定位点放样。放样点一般为标高正负零上等高线的凹凸点及凹凸结合点，依据图纸给出的坐标找到每个控制点，随后根据图纸形状用圆滑的曲线连接。

粗造型:根据放样出来的边界线将土方进行回填,填方时选用平锹。施工时应从制高点开始沿着脊线位置不断堆填土方,随着土方的自然滑落,两条脊线之间自然形成谷线(图 3-6-1)。回填过程中注意土方回填量及各部分标高。

图 3-6-1 山脊线与山谷线

夯实:为保证土方稳定,在填方的过程中,应进行分层压实,通常每填高 100 mm 左右,用刮耙推平,用木夯夯实 2～3 遍,夯实的过程中用力应先轻后重。

细塑形:在粗造型的基础之上,先运用尖锹对微地形进行布局挖补和调整,然后运用刮尺将地形表面整体刮平顺。由于本任务中场地规模较小,打夯完成后用抹子进行地形修整和抹平。

欲了解地形的塑造流程和方法详情,请扫描二维码 41,观看操作动画。

二维码 41 地形塑造

3.6.2 植物造景

1. 任务描述

绿色空间具有重要的生态价值和美学价值,对人居环境的影响巨大。植物对于生态系统的构建和功能效益的发挥起到基础性作用。同时,各种各样的植物在花、果、叶、枝、干、根、形体、色彩、芳香以及文化内涵等方面千差万别,四季更迭、生命轮回,更增添了植物的秀美和灵动。园林植物作为绿色空间的基本元素之一,是品种最多、数量最大的一类元素,对绿色空间的效益发挥起到不可替代甚至决定性的作用。相对于木材、石材等无生命的建构材料,园林植物素材的运用并不简单。施工人员需要掌握植物的生物学特性、生态习性和观赏特性,因地制宜地选择搭配植物,营造舒适、科学、美好的植物景观。

任务具体说明:

在某座 7 m×7 m 的小庭院中运用给定的植物材料,合理搭配,种植乔木、灌木、草花,铺设草坪,完成植物造景。小庭院总平面图如图 3-6-2 所示,给定植物材料的名称和规格见表 3-6-1。

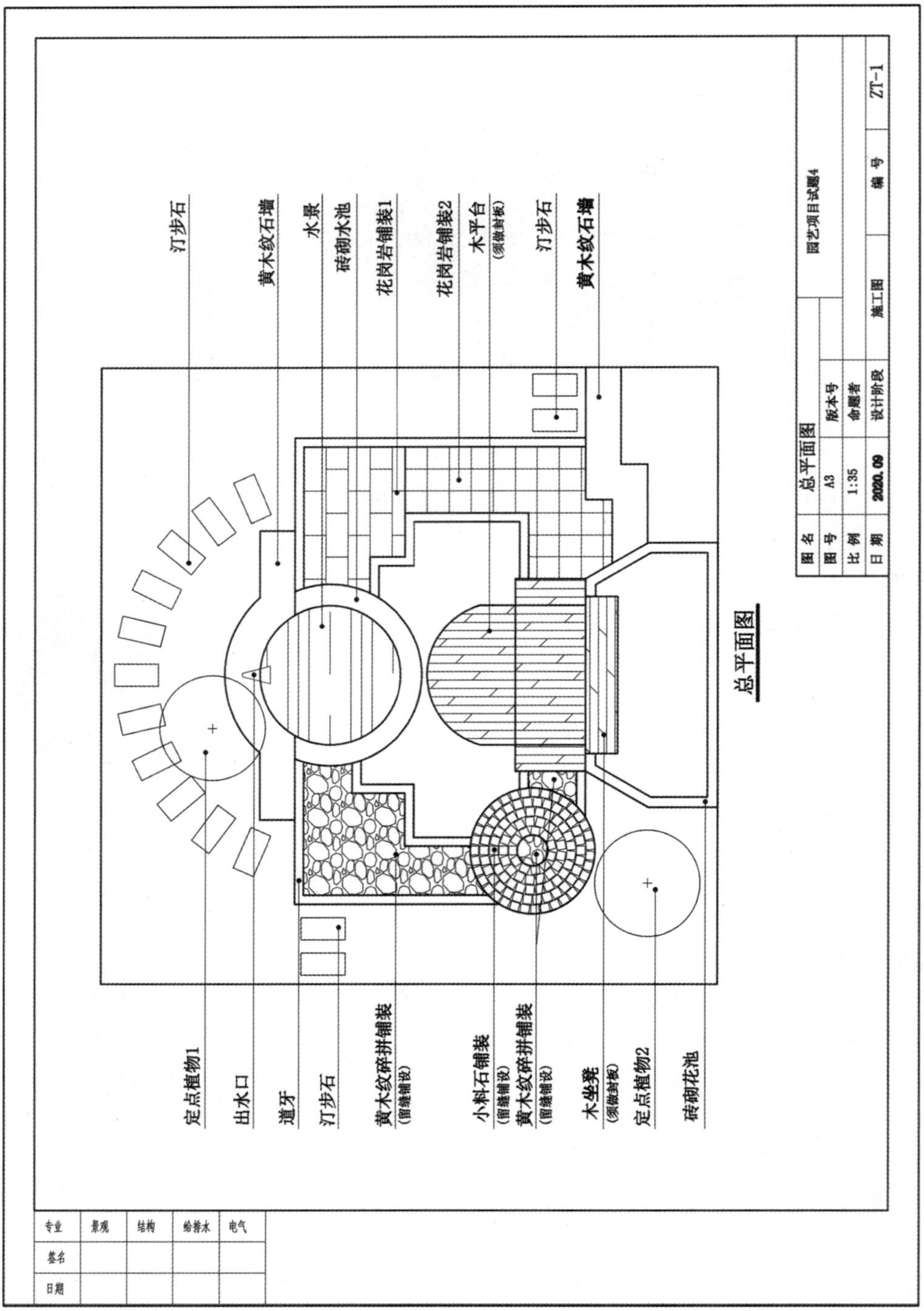

图3-6-2　7 m×7 m的小庭院尺寸标注图

表 3-6-1 植物材料名称及规格

序号	名称	主要规格	数量	备注
1	独干石楠	高 1.6～1.8 m，地径 5 cm 以上，分支点 0.9～1.1 m，树形圆满整齐	1 株	定位树
2	白皮松	高 1.3～1.5 m	1 株	定位树
3	四季桂	高 0.8～1.0 m，冠径 0.5～0.6 m	3 株	
4	红叶石楠球	高 0.5～0.7 m，冠径 0.5～0.6 m，地径 3 cm，分支 4～5 个	8 株	
5	南天竹	高 0.4～0.6 m，冠径 0.3～0.4 m，3 头以上	15 丛	
6	散尾葵	高 0.5～0.6 m，3～4 分枝	20 株	
7	时令草花	蓬径 0.3 m，分支 4～5 个	300 盆	3 种，各 100 盆
8	变叶木	0.4 m×0.3 m(高×冠)，3 分支	5 盆	
9	广东万年青	高 0.5～0.6 m	10 盆	
10	草皮	面积足量	30 m^2	

2. 知识引领

(1)园艺项目中植物造景考核的知识和能力

①植物景观设计方案。植物景观设计，除少量乔木(一般为 2～3 株)作为定点植物，标注了坐标位置，其余的植物均不明确具体的位置和搭配的方式。这需要选手结合给定的植物清单，按照“适树适地”或“适地适树”的原则进行各类植物生境的选择或营造。

②正确地准备和处理(含假植，去除包装，修剪病、残枝及枯叶等)草本植物(含蔬菜、草药；一年生、多年生及地被植物等)、木本植物、草坪。

③按规范要求(挖穴、种植、回土、扶正、浇水、捣实、修剪等)种植草本植物、树木和草坪(确保草坪的根系和土壤密接，平整、无缝隙)。

④种植时考虑植物的生长模式(留出生长空间)及视觉效果(单株的植物之间、植物组团之间以及绿色空间和整个花园之间的效果)。

(2)乔、灌木种植施工流程

试摆及放线定位：根据图纸，若植物为定点测量植物，则按照标注的坐标尺寸拉尺确定种植中心点的位置；若植物为非定点测量植物，则可以采用网格放线法或目测参照法确定种植中心点的位置，位置确定后，可用木桩插入地面进行标记。

挖穴：通常以植物土球直径为半径围绕种植中心点在地面画圆，使用尖头锹开挖种植穴，使其呈直筒状，挖深与植物土球高度一致。

修剪：栽植前对植物进行第一次修剪，剪去阴枝、病弱枝、徒长枝、重叠或过密的枝条，并适当摘去部分叶片；对于断根、劈裂根、病虫根和过长的根，也应进行适当修剪。

栽植：以拌有基肥的土作为树坑底部种植土回填，使穴深与土球高度相符，尽量避免深度不符来回搬动。将苗木土球放到穴内，土球较小的苗木应拆除包装材料再放穴内；土球较大的苗木，宜先放穴内，把长势好的一面朝外，竖直看齐后垫土固定土球，再剪除包装材料。行列树一般要求按从粗到细、从高到低进行排列。在接触根部的地方应铺放一层没有拌肥的干净植土，填入好土至树穴的一半时，用木棍将土球四周的松土插实，然后继续用土填满种植沟并插实，使种植土均匀、密实地分布在土球的周围。栽植后，适当做出围水堰，在当天浇透定根水。

覆盖：水堰上覆树皮、火山石、石子等遮盖物，用于透气、保水、美化。

(3)地被植物种植施工流程

放线定位：地被植物常成片种植，具体放线定位是针对其种植范围而言，种植形态风格不同，放线定位的方法有所差异。若地被植物种植形态为自然式，则采用网格放样法或目测参照法，找到种植边界曲线的控制点并做标记，利用木棒在地面上画曲线，将所有的控制点串联起来，并保证曲线顺畅；若地被植物种植形态为规则式，则利用卷尺和尼龙线测量后定出位置，用木棒画出种植范围线。

试摆：对植物试摆是现场设计的一个重要环节。试摆过程中，单个品种要着重考虑植株的种植密度、高矮苗位置和种植方式，具体设计形式参考 2.1.5 中丛植设计，多种植物还要着重考虑群落景观之间的空间层次、色彩搭配等。

种植：栽种植物时，一般从中央向四周种起，一个图样栽种完成后再进行下一个图样。种植时应一株种植完成后，再种植下一株，一般情况下，不采用整体挖种植沟后整排种植。单株植物挖种植穴时，挖穴深度应与植株土球深度持平或略深。剪去营养袋、包装物和一些干枯、残断、病弱的枝条。若植株位于地被种植线的最外围边缘线上，还要考虑植株的种植角度，一般情况下向外倾斜 15°左右。回填土壤，按压密实。

浇水：用洒水壶对整个地被种植区域进行浇灌。

(4)草坪种植施工流程

场地清理及放线定位：在塑造好的平地形和微地形上，对大块的砾石、树枝等杂物进行清理。运用网格放样法或目测参照法，用木棒画出草坪的种植轮廓线(一般情况下，草坪的种植边界线即为其他植物、水体、道路、铺装或场地的边界)。

翻耕：将土壤改良基质均匀地撒在草坪种植范围内，然后用钉耙翻耕土壤，待基质与砂土充分融合后，再用刮耙修平。

铺植草皮草：草坪需满铺，不允许土壤裸露。草皮卷铺植时按照成排或成行的顺序依次铺开，但注意局部位置要避免横向衔接处通缝。草皮的铺植顺序应遵循先中心后边缘、先远后近的原则。草皮在拼接时应避免露缝，如果草皮衔接处翘起，可采用美工刀沿草皮四边做 45°切割，削薄周边土层。另外，需注意草皮颜色的一致性或变化过渡的均匀性。当遇到曲线边界的草坪时，草皮先超出边界范围铺植，再用美工刀沿弧度切割。

洒水：待草坪铺植完成后，用洒水壶对其均匀洒水。

3. 任务实施

(1)分析图纸

分析图纸，找出两株定位乔木的坐标，独干石楠横纵坐标分别为 1 135 mm 和 794 mm，白皮松的横纵坐标分别为 2 894 mm 和 5 735 mm。分析图纸数据可知，花坛的面积较大，需要的种植土较多，种植的草花数量也较多。为了减少种植土的回填量，同时丰富花坛内植物群落的层次效果，考虑将某种灌木种植于花坛中央。从表 3-6-1 中可知，四季桂和红叶石楠球体量过大，不适合栽植于花坛中；南天竹比较细弱，数量不多，很难形成花坛的焦点；变叶木稍显低矮、广东万年青质地偏柔软，故选择几株散尾葵栽植于花坛中作为草花的背景和视觉的焦点。

同一颜色的草花成片种植，形成色带，两种草花色带可以拼接在一起，与散尾葵搭配成景(图 3-6-3)。另外，根据 2.1.5 中所描述的植物配置原则，对景墙后面、水池边缘、铺装的折角等区域进行绿化种植(图 3-6-4)。

图 3-6-3 花坛植物景观

图 3-6-4 花境植物景观

(2)施工要点

定位乔木放线种植：依据独干石楠和白皮松的定位坐标，采用平行边等距定点的放线方法(图 3-6-5)确定定位植物的栽植位置，用木桩插入地面进行标记。随后，遵循乔木的种植流程和方法，在定位点挖穴栽植，复测栽植坐标。

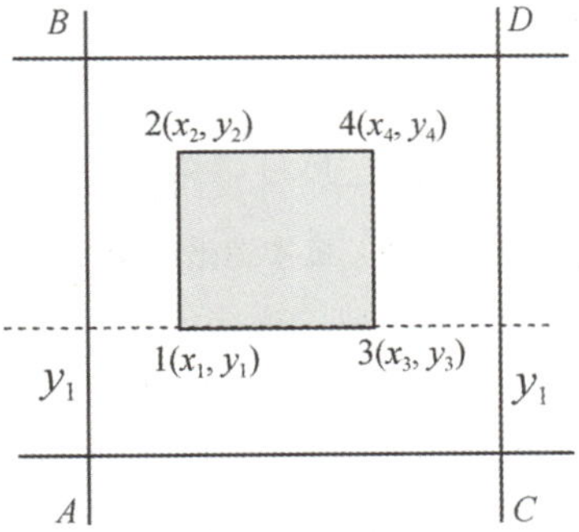

图 3-6-5 平行边等距定点放线

依据植物配置方案，按照灌木种植→草花种植→草皮铺植的顺序进行施工，施工流程和方法参照 3.6.2 知识引领。需要注意的是，在铺植草皮前一定要将种植基础整平，先用刮耙推平，再用刮尺或抹刀进行修整。

思想加油站

“必须牢固树立和践行绿水青山就是金山银山的理念”“协同推进降碳、减污、扩绿、增长，推进生态优先、节约集约、绿色低碳发展”。

——党的二十大报告

传统的植物造景定义为:“利用乔木、灌木、藤木、草本植物来创造景观,并发挥植物的形体、线条、色彩等自然美,配置成一幅幅美丽动人的画面,供人们观赏”。其主要特点是强调植物景观的视觉效应,其植物造景定义中的“景观”一词也主要是针对视觉景观而言的。随着生态园林建设的深入和发展以及景观生态学、全球生态学等多学科的引入,植物景观的内涵也随着景观的概念范围不断扩展,传统的植物造景概念、内涵等已不能适应生态时代的需求。植物造景不再仅仅是利用植物来营造视觉艺术效果的景观,它还包含着生态上的景观、文化上的景观甚至更深广的含义。我们应该看到,植物造景概念的提出具有其时代背景,应随着时代的发展而不断进步。当今的植物造景需要有全局观、长远观以及以人为本的理念,发园林植物独特的生态优势,推进“双碳”目标的实现、生物多样性保护和城市“双修”等区域环境的解决进程。因而优秀的植物造景需满足科学性、生态性、实用性和观赏性等特征(图 3-6-6)。

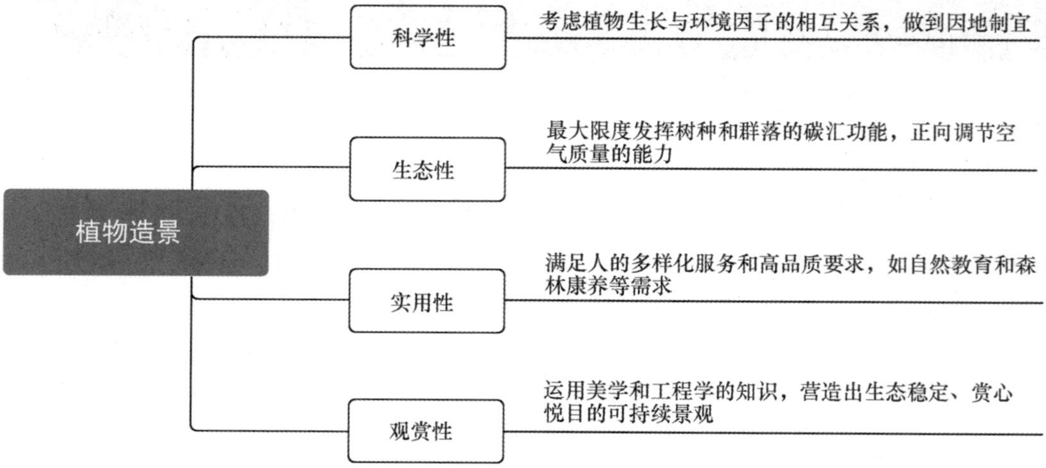

图 3-6-6 植物造景的特性

在营造植物景观时,通过科学设计、绿色施工、智慧养护等措施,充分发挥园林绿地减缓和适应气候变化为主的生态功能。更加注重合理选择乡土、适生树种促进自然群落结构的形成,通过合理疏伐、补植补造、乔灌草科学配置等措施最大限度提高园林绿地生态系统的稳定性和固碳释氧、水土保持、水源涵养、物种多样性保护、降噪滞尘、缓解城市热岛效应等多重生态效益。

知识巩固

一、选择题

1. 园艺项目中,需按照图纸给定的坐标定位点种植的植物为(　　)。

A. 乔木　　B. 灌木　　C. 藤本　　D. 草花

2. 微地形营造的施工流程不包括(　　)。

A. 绘制土方调配简图　　B. 粗造型　　C. 查验水平　　D. 细塑形

3. 乔灌木种植施工中,第一次修剪在(　　)阶段。

A. 挖穴前　　B. 脱盆前　　C. 定植前　　D. 浇水前

二、判断题

1. 通常以植物土球直径为半径围绕种植中心点在地面画圆，使用平头锹开挖种植穴，使其呈直筒状，挖深与植物土球高度一致。（ ）

2. 在塑造微地形时，粗造型填方伴随着分层夯实，在此基础上进行细塑形。（ ）

3. 栽种植物时，一般从中央向四周种起，一个图样栽种完成后再进行下一个图样。种植时可以一株种植完成后，再种植下一株，也可以整体挖种植沟后整排种植。（ ）

三、简答题

1. 乔木种植施工流程是什么？

2. 草坪铺植的注意事项是什么？

项目演练

小组合作完成 5 m×6 m 小庭院藏青园施工图中植物造景任务，2 株定位植物需按照定位坐标种植，乔木 1 坐标为(0.625 m，4.375 m)，乔木 2 坐标为(5.450 m，0.525 m)。其他植物布局可于施工现场二次设计。造景材料见图 3-6-7 苗木统计表中所列，除草皮外，其他植物材料必须用完。具体要求见表 3-6-2 所列。

表 3-6-2 具体要求

类型	时长	训练内容	考评点
4 人小组合作	3 h	乔木定点种植	按坐标定位、种植技术
		灌木和草花种植	种植技术，去除容器、土球包裹和标签，植物布局
		草坪铺设	草坪铺设技术、整体效果

实践过程记录

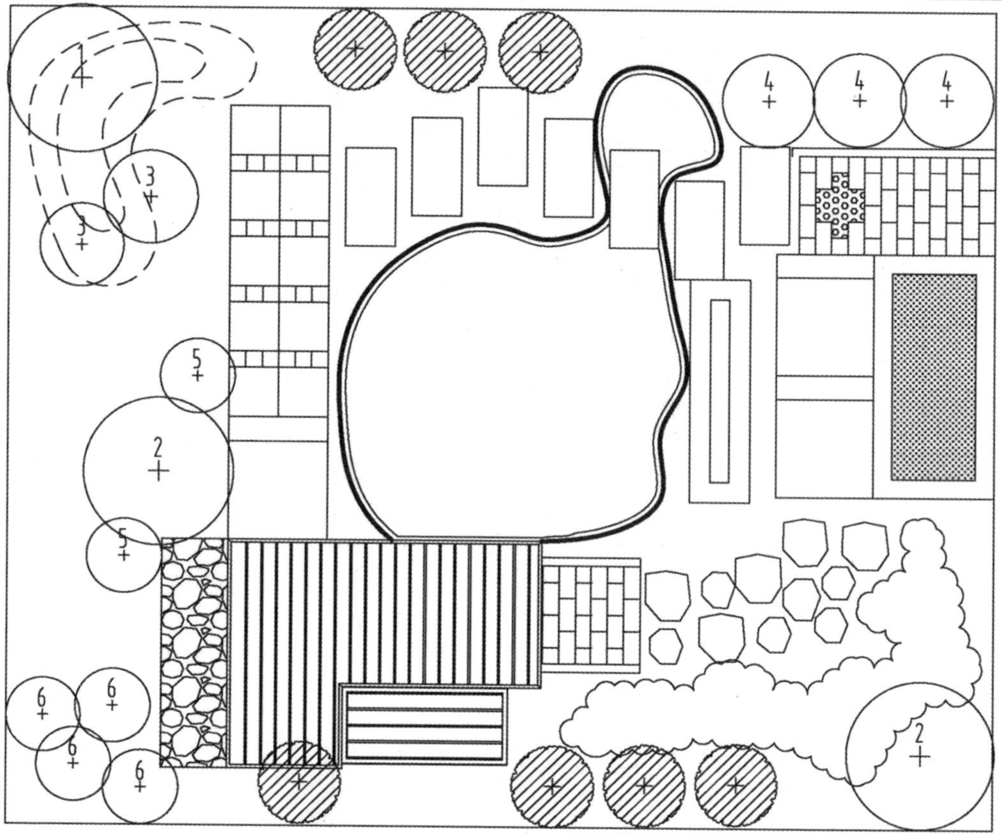

植物配置图 1:25

苗木统计表

序号	图例	植物名称	规格	数量	单位
1	①	西府海棠	高1.8m,地径6cm	1	株
2	②	樱花	高2m,地径6cm	2	株
3	③	迎春	高0.6-0.8m	2	株
4	④	火焰卫矛	高0.6-0.8m	3	株
5	●	大叶黄杨	高0.6-0.8m	7	株
6	⑥	金叶女贞	高0.6-0.8m	2	株
7	⑦	木槿	高0.8-1.2m	4	株
8	▒	月季	多年生	0.64	平米
9	☁	野花混播	-	1.51	平米

注：铺装水池外区域均种植草坪，面积14.24平米

图名	植物配置图		制图	
图号	LS-01	藏青园	设计阶段	施工图
比例	1:25		日期	2023.1

图3-6-7 植物配置方案

评价总结

请结合本项目绿色空间布局部分的学习过程完成学习评价，并自主从知识重难点、技能核心点、自我感受等方面进行梳理和总结，并记录在表 3-6-3 评价总结表中。

表 3-6-3 项目评价总结

序号	评价任务	评价标准		满分	评价		综合评价
		评分项	评价描述		自评 40%	师评 60%	
1	植物种植	乔木 1(横坐标)	容差±0～2 cm,0.5；±>2～3 cm,0.25；>3 cm,0	0.5			
		乔木 1(纵坐标)		0.5			
		乔木 2(横坐标)		0.5			
		乔木 2(纵坐标)		0.5			
		提供的植物(草坪除外)全部被使用(是/否)		1			
		种植技术		2			
			不符合行业标准——栽种深度失误，种植过程中没有分层捣实、浇水定根，标签及包扎物没有去除	0～0.5			
			符合行业标准	0.6～1.0			
			符合行业标准，植物垂直并修剪	1.1～1.5			
			符合行业标准，植物垂直并适度修剪，植物最美的那面朝向花园入口	1.6～2.0			
		绿地植物布局		2			
			植被布置很随机，没有层次感	0～0.5			
			植物布置有一定层次感	0.6～1.0			
			植物布置有层次感，各层次过渡比较自然	1.1～1.5			
			植物布局合理，层次分明，过渡自然	1.6～2.0			
		草皮铺设		2			
			坪床不密实，表面不平整	0～0.5			
			坪床密实，表面平整	0.6～1.0			
			坪床密实，表面平整且坡度均匀	1.1～1.5			
			坪床密实，表面平整且坡度均匀，草皮铺设整齐，不漏缝、不重叠	1.6～2.0			

续表3-6-3

序号	评价任务	评价标准		满分	评价		综合评价
		评分项	评价描述		自评 40%	师评 60%	
2	整体印象	花园整体印象		3			
			园区没完成	0			
			园区完成并且看起来可以，所有部分均按照图纸施工	0～1.0			
			所有部分均按照图纸，园区完成并看起来很好	1.1～2.0			
			园区非常优质地完成，所有部分完成得都很优秀，很大程度加强了花园视觉美感	2.1～3.0			
	合计			12			

参考文献

[1] 刘玉华，曹仁勇．园林工程[M]．北京：中国农业出版社，2009.

[2] 刘向宇．建筑识图与构造[M]．北京：清华大学出版社，2018.

[3] 夏振平．园林制图[M]．北京：中国农业出版社，2008.

[4] 何礼华，黄敏强．园林庭院景观施工图设计[M]．杭州：浙江大学出版社，2020.

[5] 白丹，闫煜涛．园林工程[M]．2 版．武汉：武汉理工大学出版社，2017.

[6] 张辛阳，陈丽．园林景观施工图设计[M]．武汉：华中科技大学出版社，2020.

[7] 王健，崔星，刘晓英．景观构造设计[M]．武汉：华中科技大学出版社，2014.

[8] 郭宇珍，高卿．园林施工图设计[M]．北京：机械工业出版社，2018.

[9] 韩阳瑞．园林工程[M]．北京：中国建材出版社，2022.

[10] 朱燕辉．园林景观施工图设计实例图解——土建及水景工程[M]．北京：机械工业出版社，2022.

[11] 张志伟，李莎．园林景观施工图设计[M]．重庆：重庆大学出版社，2020.

[12] 熊运海．园林植物造景[M]．北京：化学工业出版社，2009.

[13] 何礼华，王登荣．园林植物造景应用图析[M]．杭州：浙江大学出版社，2017.

[14] 张柏．图解景观种植设计施工[M]．北京：化学工业出版社，2017.

[15] 刘欣，亓爽．CAD\BIM 技术与应用[M]．北京：北京理工大学出版社，2021.

[16] 麓山文化．AutoCAD 中文版园林设计与施工图绘制实例教程(2022 版)[M]．北京：机械工业出版社，2021.

[17] 朱春阳，陈晓艳，胡仁喜．AutoCAD 全套园林图纸绘制自学手册[M]．北京：人民邮电出版社，2013.

[18] 谷道宗，王光炎．鲁班文化与工匠精神[M]．北京：清华大学出版社，2021.

[19] 赵昌恒，伍全根．世界技能大赛园艺项目赛训教程[M]．北京：中国林业出版社，2022.

[20] 李本鑫，史春风，杨杰峰．园林工程施工技术[M]．3 版．重庆：重庆大学出版社，2021.

[21] 刘玉华．园林工程[M]．北京：高等教育出版社，2015.

[22] 张树民．园林工程[M]．北京：航空工业出版社，2012.

[23] 何礼华，卢承志．园林景观设计与施工[M]．杭州：浙江大学出版社，2023.

[24] 刘向宇．建筑工程施工技术[M]．北京：清华大学出版社，2019.

[25] 夏利梅，赵秋雨．安装工程识图与施工工艺[M]．北京：清华大学出版社，2022.

[26] 孔杨勇．园林工程施工[M]．杭州：浙江大学出版社，2015.